First published in English under the title
Guide to Competitive Programming, by Antti Laaksonen, 3rd edition

Copyright © The Editor(s) (if applicable) and The Author(s), under exclusive license to Springer Nature Switzerland AG 2024

This edition has been translated and published under licence from Springer Nature Switzerland AG

Springer Nature Switzerland AG takes no responsibility and shall not be made liable for the accuracy of the translation

# 算法竞赛
# 核心教程

## 策略与算法深度解析

〔芬〕安蒂·拉克索宁 著

陈 锋 译

科学出版社

北 京

图字：01-2025-0659号

## 内 容 简 介

本书依据IOI大纲编写，旨在提供一份全面的现代算法竞赛入门指南。

本书介绍仅在论坛和博客文章中讨论的算法竞赛技巧，内容包括递归算法和位运算、时间复杂度、排序算法和二分查找、数据结构、动态规划、图论算法、算法设计专题、区间查询、树上算法、数学专题、高级图算法、计算几何、字符串算法、根号分治技术、动态规划优化、回溯技术、如何准备IOI、算法竞赛的未来等。本书覆盖了从基础到高级的所有重要主题，形成了一套完整的学习体系，不仅能帮助你迅速提升编程技巧，还能让你深入了解各种基本算法和解题思路。

本书可作为信息学相关竞赛培训教材，也可供需要学习算法、提高计算思维的计算机工作者参考阅读。

**图书在版编目（CIP）数据**

算法竞赛核心教程：策略与算法深度解析 /（芬）安蒂·拉克索宁（Antti Laaksonen）著；陈锋译. -- 北京：科学出版社，2025.3.
ISBN 978-7-03-081644-3

Ⅰ．TP301.6

中国国家版本馆CIP数据核字第2025WB2421号

责任编辑：杨 凯 / 责任制作：周 密 魏 谨
责任印制：肖 兴 / 封面设计：杨安安

科学出版社 出版
北京东黄城根北街16号
邮政编码：100717
http://www.sciencep.com

天津市新科印刷有限公司印刷
科学出版社发行 各地新华书店经销

\*

2025年3月第 一 版　　开本：787×1092　1/16
2025年3月第一次印刷　　印张：21 3/4
字数：438 000
**定价：88.00元**
（如有印装质量问题，我社负责调换）

# 第三版前言

自本书第二版出版以来，发生了许多意想不到的事情，许多现场算法竞赛因某些原因被取消或改为线上举办。其后，生成式 AI 的进步使其能够自动解决许多算法竞赛问题。

尽管如此，算法竞赛仍然是学习编程和问题解决的流行且有效的方法。本书第三版新增了 Python 在算法竞赛中的应用、如何准备 IOI，以及算法竞赛的未来等章节。

芬兰 赫尔辛基

2024 年 4 月

安蒂·拉克索宁

# 第二版前言

本书第二版新增了许多章节，讨论了高级主题，例如傅里叶变换、最小费用流及字符串问题中的自动机。

感谢 Olli Matilainen 审阅了大部分新增内容并提出了许多有用的建议。

芬兰 赫尔辛基

2020 年 2 月

安蒂·拉克索宁

# 第一版前言

本书旨在为您提供一份全面的现代算法竞赛入门指南。本书涵盖不同难度级别的主题，既适合初学者入门，也适合有经验的读者进一步提升。

算法竞赛已有相当长的历史。针对大学生的国际大学生程序设计竞赛（ICPC）始于 20 世纪 70 年代，针对高中生的国际信息学奥林匹克竞赛（IOI）于 1989 年首次举办。这两项比赛现已成为全球参与者众多的知名赛事。

如今，算法竞赛比以往更受欢迎。互联网在这一进程中发挥了重要作用。一些活跃的线上算法竞赛社区，每周都会举办许多比赛。同时，比赛难度也在不断提升。几年前仅为顶尖选手掌握的技术，如今已成为许多人熟悉的标准工具。

算法竞赛的根源在于算法的科学研究。计算机科学家通过证明来展示算法的正确性，而算法竞赛选手则通过实现算法并向比赛系统提交来验证其正确性。系统会使用一组测试用例对算法进行测试，如果通过所有测试用例，即被判定为 AC(accepted)。这是算法竞赛中一个关键要素，因为它提供了一种自动化的方式，强有力地证明算法是可行的。事实上，算法竞赛已被证明是学习算法的绝佳方式，因为它鼓励设计真正可行的算法，而不是仅仅勾勒出可能或可行的想法。

算法竞赛的另一大优势在于，比赛问题需要思考。尤其是题目中不会包含任何提示。这实际上是许多算法课程中的一个严重问题。例如，您可能会得到一个漂亮的问题，但题目最后一句话可能会说："提示：修改 Dijkstra 算法以解决此问题。"读到这里，问题的解决方法已经显而易见，不再需要太多的思考。而在算法竞赛中，这种提示不会出现。取而代之的是，您拥有一整套工具，需要自己找出使用哪些工具。

解决算法竞赛问题还可以提高编程和调试能力。通常，解决方案只有在正确通过所有测试用例时才能获得分数，因此成功的算法竞赛选手必须能够实现没有错误的程序。这在软件工程中是一项非常宝贵的技能，这也是 IT 公司对有算法竞赛背景的人感兴趣的原因。

成为一名优秀的算法竞赛选手需要花费很长时间，但这是一个学习的机会。如果您能花时间阅读本书、解决问题并参加比赛，那么您一定会对算法有一个良好的总体理解。

如果您有任何反馈，我很乐意倾听！

您随时可以给我发送邮件至 ahslaaks@cs.helsinki.fi。

# 目　录

**第 1 章　引　言** .................................................................. 1
    1.1　什么是算法竞赛? ........................................................ 2
    1.2　关于本书 .................................................................. 4
    1.3　CSES 题目集 ............................................................. 5
    1.4　其他资源 .................................................................. 7
    参考文献 ......................................................................... 8

**第 2 章　编程技巧** .................................................................. 9
    2.1　语言特性 ................................................................. 10
    2.2　递归算法 ................................................................. 16
    2.3　位运算 .................................................................... 19
    参考文献 ....................................................................... 25

**第 3 章　算法效率** ............................................................... 27
    3.1　时间复杂度 ............................................................. 28
    3.2　算法设计示例 .......................................................... 33
    3.3　代码优化 ................................................................. 37

**第 4 章　排序与搜索** ........................................................... 43
    4.1　排序算法 ................................................................. 44
    4.2　通过排序解决问题 ................................................... 49
    4.3　二分查找 ................................................................. 53

**第 5 章　数据结构** ............................................................... 57
    5.1　动态数组 ................................................................. 58
    5.2　集合结构 ................................................................. 61
    5.3　实　验 .................................................................... 66

# 第 6 章　动态规划 ... 69
## 6.1　基本概念 ... 70
## 6.2　更多示例 ... 75
参考文献 ... 82

# 第 7 章　图论算法 ... 83
## 7.1　图论基础知识 ... 84
## 7.2　图遍历 ... 88
## 7.3　最短路 ... 92
## 7.4　有向无环图 ... 98
## 7.5　后继图 ... 102
## 7.6　最小生成树 ... 104
参考文献 ... 110

# 第 8 章　算法设计专题 ... 111
## 8.1　位并行算法 ... 112
## 8.2　均摊分析（amortized analysis） ... 115
## 8.3　查找最小值 ... 119
参考文献 ... 121

# 第 9 章　区间查询 ... 123
## 9.1　静态数组上的查询 ... 124
## 9.2　树结构 ... 126
参考文献 ... 132

# 第 10 章　树上算法 ... 133
## 10.1　基本技术 ... 134
## 10.2　树上查询 ... 139
## 10.3　高级技术 ... 145
参考文献 ... 146

# 第 11 章　数学专题 ... 147
## 11.1　数　论 ... 148
## 11.2　组合数学 ... 157
## 11.3　矩　阵 ... 165

| 11.4 概　率 | 174 |
| 11.5 博弈论 | 181 |
| 11.6 傅里叶变换 | 187 |
| 11.7 猜测公式 | 192 |
| 参考文献 | 196 |

## 第 12 章　高级图算法 — 197

| 12.1 强连通性 | 198 |
| 12.2 完整路径 | 201 |
| 12.3 最大流 | 205 |
| 12.4 深度优先搜索树 | 214 |
| 12.5 最小费用流 | 216 |
| 参考文献 | 221 |

## 第 13 章　计算几何 — 223

| 13.1 几何技术 | 224 |
| 13.2 扫描线算法 | 231 |
| 参考文献 | 234 |

## 第 14 章　字符串算法 — 235

| 14.1 基本约定 | 236 |
| 14.2 字符串哈希 | 239 |
| 14.3 Z 算法 | 242 |
| 14.4 后缀数组 | 245 |
| 14.5 字符串自动机 | 248 |
| 参考文献 | 254 |

## 第 15 章　附加主题 — 255

| 15.1 根号分治技术 | 256 |
| 15.2 线段树再探 | 262 |
| 15.3 Treaps | 269 |
| 15.4 动态规划优化 | 272 |
| 15.5 回溯技术 | 276 |
| 15.6 杂　项 | 280 |
| 参考文献 | 285 |

## 第 16 章　Python 在算法竞赛中的应用 ... 287

　16.1　引　言 ... 288
　16.2　数据结构 ... 292
　16.3　没有二叉搜索树的情况下的对策 ... 297
　16.4　递归函数 ... 299
　16.5　运行效率 ... 302
　16.6　将 Python 作为工具使用 ... 304

## 第 17 章　如何准备 IOI ... 309

　17.1　竞赛概述 ... 310
　17.2　赛前准备 ... 314
　17.3　技术技能 ... 316
　17.4　竞赛期间 ... 321
　参考文献 ... 324

## 第 18 章　算法竞赛的未来 ... 325

　18.1　生成式 AI ... 326
　18.2　接下来会发生什么 ... 328
　参考文献 ... 328

## 附录　数学背景知识 ... 329

# 第1章 引 言

本章将引领读者一窥算法竞赛的精彩世界，对本书的精华内容进行提纲挈领的概述，并讨论其他学习资源。

1.1 节介绍算法竞赛的要素，以及一系列热门的编程竞赛，并给出如何练习算法竞赛的建议。

1.2 节讨论本书的目标和主题，并简要描述每章的内容。

1.3 节介绍 CSES 题目集，其中包含一系列练习题。在阅读本书时解决这些问题是学习算法竞赛的好方法。

1.4 节讨论其他与算法竞赛和算法设计相关的书籍。

## 1.1 什么是算法竞赛？

算法竞赛包含以下两个主题：

### 1. 算法设计

算法竞赛的核心是为明确定义的计算问题设计高效的算法。算法设计需要问题解决能力和数学技能。通常一个问题的解决方案是已知方法和新见解的组合。

数学在算法竞赛中起着重要作用。事实上，算法设计和数学之间没有明确的界限。本书的编写方式使读者不需要掌握太多的数学背景知识。本书附录回顾了书中使用的一些数学概念，如集合、逻辑和函数，可以在阅读本书时作为参考。

### 2. 算法实现

在算法竞赛中，问题的解决方案是通过使用一组测试用例来评估实现的算法。因此，在想出解决问题的算法之后，下一步是正确地实现它，这需要良好的编程技能。算法竞赛与传统的软件工程有很大的不同：程序很短（通常最多几百行），可以快速编写，并且在比赛后不需要维护。

在写这本书时，C++ 显然是算法竞赛中最受欢迎的语言。Java 和 Python 也有一定的受欢迎程度，其他语言使用较少。例如，在 2023 年，C++ 在 CSES 题目集提交中占 91%，Java 占 3%，Python 占 5%。

C++ 是算法竞赛程序员公认的最佳选择。特别是，几乎所有顶尖的算法竞赛程序员都使用 C++。使用 C++ 的好处是它是一种非常高效的语言，其标准库包含大量的数据结构和算法。

### 1.1.1 编程竞赛

#### 1. IOI

IOI（国际信息学奥林匹克竞赛）是一项面向高中生的年度编程竞赛，每个国家或地区可以派出 4 名学生组成的队伍参加比赛。

在每场比赛中，参赛者需要解决三个困难的编程任务。这些任务分为多个子任务，每个子任务都有相应的分数。虽然参赛者被分成团队，但他们是作为个人进行竞争。

在 IOI 之前，会组织许多地区性比赛，如波罗的海信息学奥林匹克竞赛（BOI）、中欧信息学奥林匹克竞赛（CEOI）和亚洲与太平洋地区信息学奥林匹克竞赛（APIO）。

#### 2. ICPC

ICPC（国际大学生程序设计竞赛）是一项面向大学生的年度编程竞赛。比赛中每个队伍由三名学生组成，与 IOI 不同的是，学生们要一起工作，每个队伍只有一台计算机可用。

ICPC 包括几个阶段，最后最优秀的队伍将被邀请参加世界总决赛。虽然参赛者有数万人，但总决赛名额有限，所以能够进入总决赛本身就是一个很大的成就。

在每场 ICPC 比赛中，团队有 5 小时的时间来解决大约 10 个算法问题。只有当解决方案能够高效地处理所有测试用例时，问题的解决方案才会被接受。在比赛期间，参赛者可以查看其他队伍的成绩，但在最后一小时计分板会被冻结，无法看到最后提交的结果。

#### 3. 在线竞赛

还有许多向所有人开放的在线竞赛。在写这本书时，AtCoder 和 Codeforces 是活跃的竞赛网站，大约每周都会组织比赛。一些公司也会组织线上比赛并举办现场决赛。公司利用这些比赛进行招聘：在比赛中表现出色是证明编程能力的好方法。

## 1.1.2 练习技巧

学习算法竞赛需要进行大量的练习。

需要注意的是，解决高质量的问题比单纯追求解决问题的数量更为重要。许多人倾向于选择那些看起来容易的问题来解决，而跳过那些看似困难和烦琐的问题。然而，真正提升技能的方法在于专注于那些更具挑战性的问题。

另一个重要的观察是，大多数编程竞赛问题都可以使用简单和简短的算法来解决，但困难的部分是设计算法。算法竞赛不是要死记硬背复杂和晦涩的算法，而是要学习解决问题和用简单工具处理困难问题的方法。

最后，有些人轻视算法的实现：设计算法很有趣，但实现它们很无聊。然而，快速和正确地实现算法是一项重要的技能，而且这项技能是可以练习的。将大部分比赛时间用于编码和查错，而不是思考如何解决问题，这个就很糟糕了。

## 1.2 关于本书

IOI 大纲[1]规定了可能出现在国际信息学奥林匹克竞赛中的主题，这也是本书选择主题时的初衷。然而，本书也讨论了一些高级主题，这些主题（截至 2024 年）在 IOI 中被排除在外，但可能出现在其他竞赛中。这类主题的例子包括最大流、NIM 博弈理论和后缀结构。

虽然许多算法竞赛主题在标准算法教科书中都有讨论，但也存在差异。例如，许多教科书专注于从头实现排序算法和基本数据结构，但这些知识在算法竞赛中并不太相关，因为可以使用标准库功能。此外，还有一些主题在算法竞赛界广为人知，但在教科书中很少讨论，例如线段树数据结构，它可以用来解决大量的问题，这些问题如果用其他方法可能需要复杂的算法。

本书的目的之一是揭示那些通常仅在论坛和博客文章中探讨的算法竞赛技巧。在可能的情况下，对算法竞赛特有的方法都给出了学术参考文献。然而，这种情况并不常见，因为许多技巧现在已经成为算法竞赛的传统知识，没有人知道最初是谁发现了它们。

本书的结构如下：

- 第 2 章回顾 C++ 编程语言的特性，然后讨论递归算法和位运算。
- 第 3 章专注于效率：如何创建能够快速处理大型数据集的算法。

- 第 4 章讨论排序算法和二分查找，重点关注它们在算法设计中的应用。

- 第 5 章介绍 C++ 标准库中的一些数据结构，如向量、集合和映射。

- 第 6 章介绍动态规划，并展示可以使用它解决的问题示例。

- 第 7 章讨论基本图算法，如寻找最短路和最小生成树。

- 第 8 章处理一些高级算法设计主题，如位并行和摊销分析。

- 第 9 章专注于高效处理数组区间查询，如计算值的和、确定最小值。

- 第 10 章介绍专门用于树的算法，包括处理树查询的方法。

- 第 11 章讨论算法竞赛中相关的数学主题。

- 第 12 章介绍高级图技术，如强连通分量和最大流。

- 第 13 章专注于几何算法，并介绍可以方便解决几何问题的技术。

- 第 14 章介绍字符串技术，如字符串哈希、Z 算法和使用后缀数组。

- 第 15 章讨论一些更高级的主题，如平方根算法和动态规划优化。

- 第 16 章专注于 Python 在算法竞赛中的应用以及 C++ 和 Python 之间的差异。

- 第 17 章概述 IOI 竞赛，并为准备参加竞赛的学生提供建议。

- 第 18 章展示如何使用生成式 AI 解决问题，并讨论算法竞赛的未来。

## 1.3 CSES题目集

CSES 题目集提供了一系列可用于练习算法竞赛的问题，这些问题按难度排序，本书将讨论解决这些问题所需的许多技巧。题目集可通过封面二维码获取。

让我们看看如何解决题目集中的第一个问题——"怪异算法"。

问题陈述如下：

考虑一个以正整数 $n$ 为输入的算法。如果 $n$ 是偶数，算法将其除以 2；如果 $n$ 是奇数，算法将其乘以 3 再加 1。算法重复这个过程，直到 $n$ 变为 1。例如，当 $n = 3$ 时，序列如下：$3 \to 10 \to 5 \to 16 \to 8 \to 4 \to 2 \to 1$，你的任务是模拟给定 $n$ 值的算法执行过程。

唯一的输入行包含一个整数 $n$。输出一行，包含算法执行过程中 $n$ 的所有值。

约束条件：$1 \leqslant n \leqslant 10^6$。

样例输入：

    3

样例输出：

    3 10 5 16 8 4 2 1

这个问题与著名的 Collatz 猜想有关，该猜想认为上述算法对任何 $n$ 值都会终止。然而，至今没有人能够证明它。不过在这个问题中，我们知道 $n$ 的初始值最多为一百万，这使得问题变得容易得多。

这是一个简单的模拟问题，不需要太多思考。下面是用 C++ 解决这个问题的一种方法：

```cpp
#include <iostream>
using namespace std;

int main() {
    int n;
    cin >> n;
    while (true){
        cout << n << " ";
        if (n == 1) break;
        if (n%2 == 0) n /= 2;
        else n = n*3+1;
    }
    cout << "\n";
}
```

代码首先读取输入数字 $n$，然后模拟算法并在每一步后输出 $n$ 的值。我们可以很容易地测试算法是否正确处理了问题陈述中给出的示例情况 $n = 3$。

将代码提交到 CSES，随后代码会被编译并使用一组测试用例进行测试。对于每个测试用例，CSES 会告诉我们代码是否通过，我们也可以检查输入、预期输出和我们提交的代码产生的输出。

测试我们提交的代码后，CSES 给出以下报告：

| 测 试 | 结 果 | 时间 /s |
|---|---|---|
| #1 | ACCEPTED | 0.06/1.00 |

续表

| 测 试 | 结 果 | 时间/s |
|---|---|---|
| #2 | ACCEPTED | 0.06/1.00 |
| #3 | ACCEPTED | 0.07/1.00 |
| #4 | ACCEPTED | 0.06/1.00 |
| #5 | ACCEPTED | 0.06/1.00 |
| #6 | TIME LIMIT EXCEEDED | –/1.00 |
| #7 | TIME LIMIT EXCEEDED | –/1.00 |
| #8 | WRONG ANSWER | 0.07/1.00 |
| #9 | TIME LIMIT EXCEEDED | –/1.00 |
| #10 | ACCEPTED | 0.06/1.00 |

这意味着我们提交的代码通过了一些测试用例（通过），有时太慢（超时），也产生了错误的输出（错误答案）。这很令人惊讶！

第一个失败的测试用例是 $n = 138367$。如果我们在本地使用这个输入测试我们的代码，会发现代码确实很慢。实际上，它永远不会终止。

代码失败的原因是 $n$ 在模拟过程中可能变得相当大。特别是，它可能超过 int 变量的上限。要修复这个问题，只需要将代码中 $n$ 的类型改为 `long long` 即可。然后我们将得到期望的结果：

| 测 试 | 结 果 | 时间/s |
|---|---|---|
| #1 | ACCEPTED | 0.05/1.00 |
| #2 | ACCEPTED | 0.06/1.00 |
| #3 | ACCEPTED | 0.07/1.00 |
| #4 | ACCEPTED | 0.06/1.00 |
| #5 | ACCEPTED | 0.06/1.00 |
| #6 | ACCEPTED | 0.05/1.00 |
| #7 | ACCEPTED | 0.06/1.00 |
| #8 | ACCEPTED | 0.05/1.00 |
| #9 | ACCEPTED | 0.07/1.00 |
| #10 | ACCEPTED | 0.06/1.00 |

正如这个例子所示，即使是非常简单的算法也可能包含微妙的错误。算法竞赛教我们如何编写真正可行的算法。

## 1.4 其他资源

除了本书之外，还有几本关于算法竞赛的书籍。

Skiena 和 Revilla 的《Programming Challenges》[2] 是该领域 2003 年出版的开创性著作。S.Halim 和 F.Halim 出版了一系列算法竞赛书籍，在写这本书时，他们最新的著作是《Competitive Programming 4》[3]。

还有一些使用 C++ 以外的语言教授算法竞赛的入门书籍。Zingaro 的《Algorithmic Thinking》[4] 讨论算法思想并展示如何用 C 语言实现它们。Dürr 和 Vie 的《Competitive Programming in Python》[5] 专注于使用 Python 进行算法竞赛和准备工作面试。

《Looking for a Challenge?》[6] 是一本高级书籍，展示了来自波兰编程竞赛的一系列困难问题。这本书最有趣的特点是它提供了如何解决这些问题的详细分析。这本书是为有经验的算法竞赛选手编写的。

当然，通用算法书籍对算法竞赛选手来说也是很好的读物。其中最全面的是 Cormen、Leiserson、Rivest 和 Stein 编写的《Introduction to Algorithms》[7]，也称为 CLRS。如果你想查看算法的所有细节以及如何严格证明它是正确的，这本书是很好的资源。

Kleinberg 和 Tardos 的《Algorithm Design》[8] 专注于算法设计技术，深入讨论了分治方法、贪心算法、动态规划和最大流算法。Skiena 的《The Algorithm Design Manual》[9] 是一本更实用的书籍，包含了大量计算问题的目录，并描述了解决它们的方法。

## 参考文献

[1] The International Olympiad in Informatics Syllabus. https://ioinformatics. org/files/ioi-syllabus-2024. pdf.

[2] S S Skiena, M A Revilla. Programming Challenges: The Programming Contest Training Man-ual. Springer, 2003.

[3] S Halim, F Halim. Competitive Programming 4: The Lower Bound of Programming Contests in the 2020s. 2020.

[4] D Zingaro.Algorithmic Thinking: A Problem-Based Introduction.No Starch Press, 2020.

[5] C Dürr, J J Vie.Competitive Programming in Python: 128 Algorithms to Develop Your Coding Skills.Cambridge University Press, 2020.

[6] K Diks et al. Looking for a Challenge? The Ultimate Problem Set from the University of Warsaw Programming Competitions. University of Warsaw, 2012.

[7] T H Cormen, C E Leiserson, R L Rivest, C Stein.Introduction to Algorithms, 3rd edn. MIT Press, 2009.

[8] J Kleinberg, É Tardos. Algorithm Design. Pearson, 2005.

[9] S S Skiena. The Algorithm Design Manual, 2nd edn. Springer, 2008.

# 第 2 章　编程技巧

本章介绍算法竞赛中有用的 C++ 编程语言特性，并举例说明如何在编程中使用递归和位运算。

2.1 节讨论与 C++ 相关的一系列主题，包括输入输出方法、数字处理，以及如何简化代码。

2.2 节重点讨论递归算法。首先我们将学习一种使用递归生成集合所有子集和排列的优雅方法。之后，我们将使用回溯法来计算在 $n \times n$ 的棋盘上放置 $n$ 个互不攻击的皇后的方法数。

2.3 节讨论位运算的基础知识，并展示如何使用它们来表示集合的子集。

## 2.1 语言特性

一个典型的用于算法竞赛的 C++ 代码模板如下：

```
#include <bits/stdc++.h>
using namespace std;
int main() {
    // solution comes here
}
```

代码开头的 `#include` 行是 g++ 编译器的一个特性，允许我们包含整个标准库。因此，不需要单独包含诸如 `iostream`、`vector` 和 `algorithm` 等库，它们都可以自动使用。

`using` 这一行声明标准库中的类和函数可以直接在代码中使用。如果没有 `using` 行，我们就必须写成 `std::cout`，但现在直接写 `cout` 就足够了。

代码可以使用以下命令编译：

```
g++ -std=c++11 -O2 -Wall test.cpp -o test
```

此命令会从源代码 `test.cpp` 生成二进制文件 `test`。编译器遵循 C++11 标准（`-std=c++11`），优化代码（`-O2`）并显示可能的错误警告（`-Wall`）。

### 2.1.1 输入和输出

在大多数竞赛中，标准流用于读取输入和写入输出。在 C++ 中，标准输入流是 `cin`，标准输出流是 `cout`。也可以使用 C 函数，如 `scanf` 和 `printf`。

程序的输入通常由数字和字符串组成，它们之间用空格和换行符分隔。可以从 cin 流中这样读取：

```
int a, b;
string x;
cin >> a >> b >> x;
```

只要输入中的每个元素之间至少有一个空格或换行符，这样的代码就总是有效的。例如，上述代码可以读取以下两种输入：

```
123 456 monkey
```

```
123 456
monkey
```

cout 流的输出方式如下：

```
int a = 123, b = 456;
string x = "monkey";
cout << a << " " << b << " " << x << "\n";
```

输入和输出有时会成为程序的瓶颈。在代码开头添加以下几行可以使输入和输出更加高效：

```
ios::sync_with_stdio(0);
cin.tie(0);
```

注意换行符 "\n" 比 endl 工作得更快，因为 endl 总是会导致刷新操作[1]。

C 函数 scanf 和 printf 是 C++ 标准流的替代方案，它们通常稍快一些，但也更难使用。以下代码从输入中读取两个整数：

```
int a, b;
scanf("%d %d", &a, &b);
```

以下代码输出两个整数：

```
int a = 123, b = 456;
printf("%d %d\n", a, b);
```

有时程序需要读取整行输入，可能包含空格，这可以通过使用 getline 函数来完成：

```
string s;
getline(cin, s);
```

---

[1] 译者注：在数据量大的题目中可能会因为输出占用时间太长而导致超时。

如果数据量未知，则以下循环很有用：

```
while (cin >> x) {
    // code
}
```

这个循环从输入中一个接一个地读取元素，直到输入中没有更多可用的数据。

在一些竞赛系统中，输入和输出都要求使用文件。一个简单的解决方案是像往常一样使用标准流编写代码，但在代码开头添加以下几行：

```
freopen[1]("input.txt", "r", stdin);
freopen("output.txt", "w", stdout);
```

之后，程序将从文件"input.txt"读取输入，并将输出写入文件"output.txt"。

### 2.1.2 数字类型

#### 1. 整数类型

算法竞赛中最常用的整数类型是 int，这是一个 32 位类型[2]，值域为 $-2^{31}$ ~ $2^{31}-1$（约 $-2 \cdot 10^9$ ~ $2 \cdot 10^9$）。如果 int 类型不够用，还可以使用 64 位的 long long 类型，它的值域为 $-2^{63}$ ~ $2^{63}-1$（约 $-9 \cdot 10^{18}$ ~ $9 \cdot 10^{18}$）。

以下代码定义了一个 long long 变量：

```
long long x = 123456789123456789LL;
```

后缀 LL 表示数字的类型是 long long。

使用 long long 类型时的一个常见错误是代码中某处仍在使用 int 类型。例如，以下代码包含一个微妙的错误：

```
int a = 123456789;
long long b = a*a;
cout << b << "\n"; // -1757895751
```

尽管变量 b 的类型是 long long，但表达式 a*a 中的两个数都是 int 类型，

---

1）译者注：在使用 freopen 和 ios::sync_with_stdio(false) 时，建议将 freopen 放在前面，这是因为 freopen 会重定向标准输入输出流，而 ios::sync_with_stdio(false) 会影响这些流的同步状态。如果先调用 ios::sync_with_stdio(false)，再进行流的重定向，有可能导致同步状态不一致。

2）事实上，C++ 标准并没有精确指定数值类型的大小，这些界限取决于编译器和平台。本节中给出的大小是你在使用现代系统时最常见到的。

结果也是 int 类型。因此，变量 b 会得到错误的结果。可以通过将 a 的类型改为 long long 或将表达式改为 (long long)a*a 来解决这个问题。

通常，竞赛题目的设置使得 long long 类型就足够用了。不过，知道 g++ 编译器还提供了 128 位的 __int128_t 类型也是好事，它的值域为 $-2^{12}$ ~ $2^{127}-1$（约 $-10^{38}$ ~ $10^{38}$）。但是，并非所有竞赛系统都提供这种类型。

### 2. 模运算

有时，问题的答案是一个很大的数，但只需要输出它"模 m"的结果，即答案除以 m 的余数（例如，"模 $10^9+7$"）。这样即使实际答案很大，使用 int 和 long long 类型也足够了。

我们用 x mod m 表示 x 除以 m 的余数。例如，17 mod 5 = 2，因为 17 = 3·5+2。余数的一个重要性质是以下公式成立：

$$(a+b) \bmod m = ((a \bmod m)+(b \bmod m))$$
$$(a-b) \bmod m = ((a \bmod m)-(b \bmod m))$$
$$(a \cdot b) \bmod m = ((a \bmod m) \cdot (b \bmod m)) \bmod m$$

因此，我们可以在每次运算后取余数，这样数字就永远不会变得太大。

例如，以下代码计算 n!（n 的阶乘）模 m：

```
long long x = 1;
for (int i = 1; i <= n; i++) {
    x = (x*i)%m;
}
cout << x << "\n";
```

通常，我们希望余数始终在 0 ~ m-1 之间。但在 C++ 和其他语言中，负数的余数要么是零，要么是负数。确保没有负余数的简单方法是先像往常一样计算余数，如果结果为负，则加上 m：

```
x = x%m;
if (x < 0) x += m;
```

不过，只有当代码中有减法运算且余数可能变为负数时，才需要这样做。

### 3. 浮点数

在大多数算法竞赛问题中，使用整数就足够了，但有时需要浮点数。C++ 中最有用的浮点类型是 64 位的 double 和作为 g++ 编译器扩展的 80 位 long double。在大多数情况下，double 足够了，但 long double 更精确。

答案所需的精度通常在问题描述中给出。输出答案的一个简单方法是使用 printf 函数，并在格式化字符串中给出小数位数。例如，以下代码以 9 位小数输出 $x$ 的值：

```
printf("%.9f\n", x);
```

使用浮点数时的一个困难是某些数字无法精确表示为浮点数，会有舍入误差。例如，在以下代码中，$x$ 的值略小于 1，而正确值应该是 1。

```
double x = 0.3*3+0.1;
printf("%.20f\n", x); // 0.99999999999999988898
```

使用 == 运算符比较浮点数是有风险的，因为精度误差的存在，两个本应相等的值可能不相等。比较浮点数的更好方法是假设两个数之间的差小于 $\varepsilon$，则它们相等，其中 $\varepsilon$ 是一个小数。例如，在以下代码中，$\varepsilon = 10^{-9}$：

```
if (abs(a-b) < 1e-9) {
    // a 和 b 相等
}
```

注意，虽然浮点数不精确，但在一定限度内的整数仍然可以精确表示。例如，使用 double，可以精确表示所有绝对值不超过 $2^{53}$ 的整数。

### 2.1.3 简化代码

#### 1. 类型名称

可以使用 typedef 命令给数据类型一个简短的名称。例如，名称 long long 很长，所以我们可以这样定义一个简短的名称 ll：

```
typedef long long ll;
```

这样，代码

```
long long a = 123456789;
long long b = 987654321;
cout << a*b << "\n";
```

可以简化为：

```
ll a = 123456789;
ll b = 987654321;
cout << a*b << "\n";
```

typedef 命令也可以用于更复杂的类型。例如，以下代码为整数向量取名 vi，为包含两个整数的 pair 取名 pi：

```
typedef vector<int> vi;
typedef pair<int,int> pi;
```

## 2. 宏

另一种简化代码的方法是定义宏。宏指定了代码中某些字符串在编译前会被改变。在 C++ 中，宏使用 #define 关键字定义。

例如，我们可以定义以下宏：

```
#define F first
#define S second
#define PB push_back
#define MP make_pair
```
[1]

这样，代码

```
v.push_back[2](make_pair(y1,x1));
v.push_back(make_pair(y2,x2));
int d = v[i].first+v[i].second;
```

可以简化为：

```
v.PB(MP(y1,x1));
v.PB(MP(y2,x2));
int d = v[i].F+v[i].S;
```

宏也可以有参数，从而简化循环和其他结构。例如，我们可以定义以下宏：

```
#define REP(i,a,b) for (int i = a; i <= b; i++)
```

这样，代码

```
for (int i = 1; i <= n; i++) {
    search(i);
}
```

可以简化为：

```
REP(i,1,n) {
    search(i);
}
```

---

1) 译者注：C++11 之后，使用 array<int, 2> 就更加方便，有 pair 的全部特性，而且可读性更好。

2) 译者注：在 C++11 以及以后的版本，make_pair(y1, x1) 部分也可以简化为 v.push_back({y1,x1})。

## 2.2 递归算法

递归常常提供了一种优雅的方式来实现算法。本节我们讨论使用递归算法系统地遍历问题的候选解。我们先关注生成子集和排列，然后讨论更通用的回溯技术。

### 2.2.1 生成子集

第一个递归应用是生成一个包含 $n$ 个元素的集合的所有子集。例如，集合 {1, 2, 3} 的子集有 $\varPhi$、{1}、{2}、{3}、{1, 2}、{1, 3}、{2, 3} 和 {1, 2, 3}。

以下递归函数 search 可用于生成子集，该函数维护一个向量：

```
vector<int> subset;
```

该向量将包含每个子集的元素。搜索从用 1 作为参数调用函数开始。

```
void search(int k) {
    if (k == n+1) {
        // 处理子集
    } else {
        // 将 k 包含在子集中
        subset.push_back(k);
        search(k+1);
        subset.pop_back();
        // 不将 k 包含在子集中
        search(k+1);
    }
}
```

当使用参数 $k$ 调用函数 search 时，它决定是否将元素 $k$ 包含在子集中，然后在两种情况下都用参数 $k+1$ 调用自身。如果 $k = n+1$，则函数发现所有元素都已处理完毕，一个子集已生成。

图 2.1 说明了 $n = 3$ 时子集的生成过程。在每个函数调用时，要么选择上分支（$k$ 包含在子集中），要么选择下分支（$k$ 不包含在子集中）。

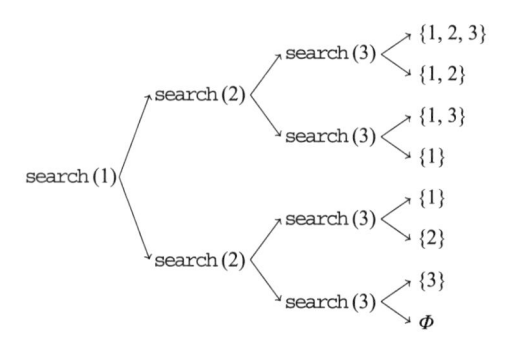

图 2.1 生成集合 {1, 2, 3} 的子集时的递归树

## 2.2.2 生成排列

接下来我们考虑生成一个包含 $n$ 个元素的集合的所有排列的问题。例如，$\{1, 2, 3\}$ 的排列有 $(1, 2, 3)$、$(1, 3, 2)$、$(2, 1, 3)$、$(2, 3, 1)$、$(3, 1, 2)$ 和 $(3, 2, 1)$。同样，我们可以使用递归来执行搜索。以下函数 search 维护一个向量：

```
vector<int> permutation;
```

该向量将包含每个排列，以及一个数组：

```
bool chosen[n+1];
```

该数组表示每个元素是否已包含在排列中。搜索从无参数调用函数开始。

```
void search() {
    if (permutation.size() == n) {
        // 处理排列
    } else {
        for (int i = 1; i <= n; i++) {
            if (chosen[i]) continue;
            chosen[i] = true;
            permutation.push_back(i);
            search();
            chosen[i] = false;
            permutation.pop_back();
        }
    }
}
```

每个函数调用将一个新元素添加到 permutation 中，并在 chosen 中记录它已被包含。如果 permutation 的大小等于集合的大小，就生成了一个排列。

注意，C++ 标准库还有函数 next_permutation 可以用来生成排列。该函数接收一个排列，并按字典序生成下一个排列。以下代码遍历 $\{1, 2, \cdots, n\}$ 的排列：

```
for (int i = 1; i <= n; i++) {
    permutation.push_back(i);
}
do {
    // 处理排列
} while (next_permutation(permutation.begin(),
    permutation.end()));
```

## 2.2.3 回 溯

回溯算法从一个空解开始，逐步扩展解决方案。搜索递归遍历构造解决方案的所有候选解。

举例来说，考虑计算在 $n \times n$ 的棋盘上放置 $n$ 个皇后的方法数，要求任意两个皇后不能互相攻击。图 2.2 显示了 $n = 4$ 时的两种可能解法。

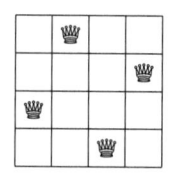

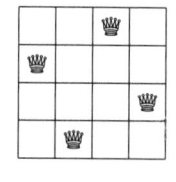

**图 2.2** 在 $4 \times 4$ 棋盘上放置 4 个皇后的可能方式

该问题可以使用回溯算法逐行放置皇后来解决。更准确地说，在每一行恰好放置一个皇后，使得该皇后不会攻击到之前放置的任何皇后。当所有 $n$ 个皇后都放置在棋盘上时，就找到了一个解。

图 2.3 显示了 $n = 4$ 时回溯算法生成的一些部分解。在底层，前三个布局是非法的，因为皇后之间会互相攻击。第四个布局是有效的，通过放置另外两个皇后可以扩展成完整的解。放置剩余两个皇后只有一种方式。

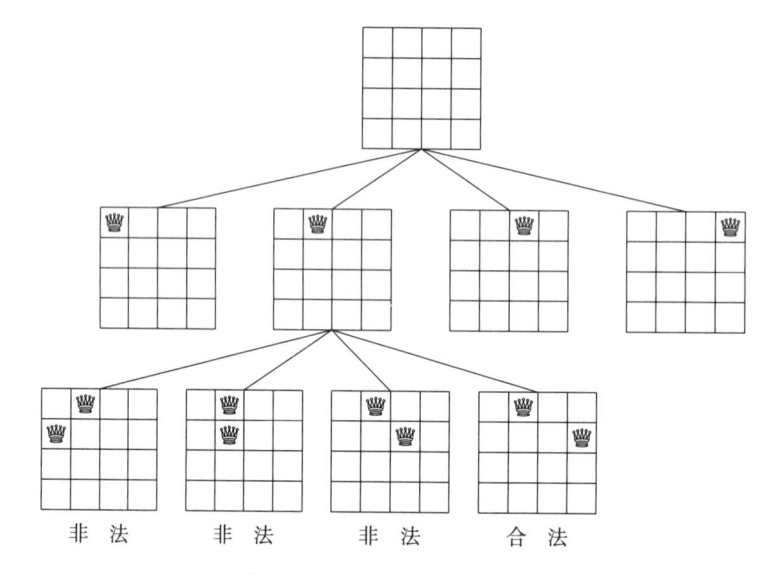

非 法　　非 法　　非 法　　合 法

**图 2.3** 使用回溯法解决皇后问题的部分解

算法可以这样实现：

```
void search(int y) {
    if (y == n) {
        count++;
        return;
    }
    for (int x = 0; x < n; x++) {
        if (col[x] || diag1[x+y] || diag2[x-y+n-1]) continue;
```

```
        col[x] = diag1[x+y] = diag2[x-y+n-1] = 1;
        search(y+1);
        col[x] = diag1[x+y] = diag2[x-y+n-1] = 0;
    }
}
```

搜索从调用 search(0) 开始。棋盘大小为 $n$，代码计算解的数量到 count。代码假设棋盘的行和列从 0 到 $n-1$ 编号。当使用参数 $y$ 调用 search 时，它在第 $y$ 行放置一个皇后，然后用参数 $y+1$ 调用自身。如果 $y = n$，就找到了一个解，count 的值增加 1。

数组 col 记录包含皇后的列，数组 diag1 和 diag2 记录对角线。不允许在已经包含皇后的列或对角线上添加另一个皇后。图 2.4 显示了 $4 \times 4$ 棋盘的列和对角线的编号。

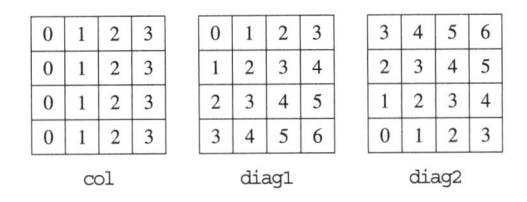

**图 2.4** 在 $4 \times 4$ 棋盘上计算组合时的数组编号

上述回溯算法告诉我们在 $8 \times 8$ 的棋盘上放置 8 个皇后有 92 种方式。当 $n$ 增加时，搜索很快变得缓慢，因为解的数量呈指数级增长。例如，在现代计算机上，计算在 $16 \times 16$ 的棋盘上放置 16 个皇后有 14772512 种方式，需要大约一分钟。

事实上，没有人知道一种有效的方法来计算更大 $n$ 值的皇后组合数。目前已知结果的最大 $n$ 值是 27：在这种情况下有 234907967154122528 种组合，这是在 2016 年由一组研究人员使用计算机集群计算出来的[1]。

## 2.3 位运算

在编程中，一个 $n$ 位整数在内部被存储为由 $n$ 位组成的二进制数。例如，C++ 的 int 类型是 32 位类型，这意味着每个 int 数字由 32 位组成。比如，int 数字 43 的二进制表示是：

00000000000000000000000000101011

位表示从右到左编号。要将位表示 $b_k\cdots b_2b_1b_0$ 转换为数字，可以使用如下公式：

$$b_k2^k+\cdots+b_22^2+b_12^1+b_02^0$$

例如：

$$1\cdot 2^5+1\cdot 2^3+1\cdot 2^1+1\cdot 2^0 = 43$$

数字的位表示可以是有符号的或无符号的。通常使用有符号表示，这意味着可以表示正数和负数。$n$ 位的有符号变量可以包含 $-2^{n-1}$ 到 $2^{n-1}-1$ 之间的任意整数。例如，C++ 中的 int 类型是有符号类型，所以 int 变量可以包含 $-2^{31}$ 到 $2^{31}-1$ 之间的任意整数。

有符号表示中的第一位是数字的符号（0 表示非负数，1 表示负数），剩余的 $n-1$ 位包含数字的大小。使用二进制补码，这意味着一个数的相反数是通过先反转该数的所有位，然后加一来计算的。例如，int 数字 $-43$ 的二进制表示是：

11111111111111111111111111010101

在无符号表示中，只能使用非负数，但值的上限更大。$n$ 位的无符号变量可以包含 0 到 $2^n-1$ 之间的任意整数。例如，在 C++ 中，unsigned int 变量可以包含 0 到 $2^{32}-1$ 之间的任意整数。

这些表示之间存在一个联系：有符号数 $-x$ 等于无符号数 $2^n-x$。例如，下面的代码显示有符号数 $x=-43$ 等于无符号数 $y=2^{32}-43$：

```
int x = -43;
unsigned int y = x;
cout << x << "\n"; // -43
cout << y << "\n"; // 4294967253
```

如果一个数大于位表示的上限，那么这个数就会溢出。在有符号表示中，$2^{n-1}-1$ 之后的下一个数是 $-2^{n-1}$；在无符号表示中，$2^n-1$ 之后的下一个数是 0。例如，考虑以下代码：

```
int x = 2147483647;
cout << x << "\n"; // 2147483647
x++;
cout << x << "\n"; // -2147483648
```

初始时，$x$ 的值是 $2^{31}-1$，这是可以存储在 int 变量中的最大值，所以 $2^{31}-1$ 之后的下一个数是 $-2^{31}$。

## 2.3.1 位运算

### 1. 与（AND）运算

与运算 $x\&y$ 生成一个数，在 $x$ 和 $y$ 都为 1 的位置上为 1。例如，$22\&26=18$：

```
  10110 (22)
& 11010 (26)
= 10010 (18)
```

使用与运算，我们可以检查一个数 $x$ 是否为偶数，因为当 $x$ 为偶数时，$x\&1=0$；当 $x$ 为奇数时，$x\&1=1$。更一般地，$x$ 能被 $2k$ 整除当且仅当 $x\&(2k-1)=0$。

### 2. 或（OR）运算

或运算 $x|y$ 生成一个数，在 $x$ 和 $y$ 至少有一个为 1 的位置上为 1。例如，$22|26=30$：

```
  10110 (22)
| 11010 (26)
= 11110 (30)
```

### 3. 异或（XOR）运算

异或运算 $x\wedge y$ 生成一个数，在 $x$ 和 $y$ 恰好有一个为 1 的位置上为 1。例如，$22 \wedge 26=12$：

```
  10110 (22)
∧ 11010 (26)
= 01100 (12)
```

### 4. 非（NOT）运算

非运算 $\sim x$ 生成一个数，将 $x$ 的所有位都翻转。公式 $\sim x=-x-1$ 成立，例如 $\sim 29=-30$。非运算在位级别的结果取决于位表示的长度，因为该运算翻转所有位。例如，如果是 32 位 int 数字，结果如下：

```
 x = 29   00000000000000000000000000011101
~x = -30  11111111111111111111111111100010
```

### 5. 位 移

左移 $x<<k$ 在数字末尾添加 $k$ 个零位，右移 $x>>k$ 移除数字的最后 $k$ 位。例如，

14<<2 = 56，因为 14 和 56 对应 1110 和 111000。类似地，49>>3 = 6，因为 49 和 6 对应 110001 和 110。注意，x<<k 相当于将 x 乘以 2k，x>>k 相当于将 x 除以 2k 向下取整。

### 6. 位掩码

形如 1<<k 的位掩码在第 k 位有一个 1，其他位都是零，所以我们可以使用这样的掩码来访问数字的单个位。具体来说，当且仅当 x & (1<<k) 不为零时，数字的第 k 位恰好为 1。下面的代码输出一个 int 数字 x 的位表示：

```
for (int k = 31; k >= 0; k--) {
    if (x&(1<<k)) cout << "1";
    else cout << "0";
}
```

使用类似的想法也可以修改数字的单个位。公式 x | (1<<k) 将 x 的第 k 位置为 1，公式 x & ~(1<<k) 将 x 的第 k 位置为 0，公式 x ^ (1<<k) 翻转 x 的第 k 位。接着，公式 x & (x−1) 将 x 的最后一个 1 位置为 0，公式 x & −x 将除了最后一个 1 位外的所有 1 位置为 0。公式 x | (x−1) 翻转最后一个 1 位之后的所有位。最后，当且仅当 x & (x−1) = 0 时，正数 x 是 2 的幂。

使用位掩码时的一个陷阱是 1<<k 总是 int 位掩码。创建 long long 位掩码的简单方法是 1LL<<k。

### 7. 附加函数

g++ 编译器还提供以下函数来进行数位统计：

- `__builtin_clz(x)`：位表示开头的零的个数。

- `__builtin_ctz(x)`：位表示末尾的零的个数。

- `__builtin_popcount(x)`：位表示中 1 的个数。

- `__builtin_parity(x)`：位表示中 1 的个数的奇偶性。

这些函数可以如下使用：

```
int x = 5328; // 00000000000000000001010011010000
cout << __builtin_clz(x) << "\n";       // 19
cout << __builtin_ctz(x) << "\n";       // 4
cout << __builtin_popcount(x) << "\n";  // 5
cout << __builtin_parity(x) << "\n";    // 1
```

注意，上述函数只支持 int 数字，但也有以 ll 为后缀的 long long 版本函数。

### 2.3.2 集合的表示

集合 {0, 1, 2, ⋯, n−1} 的每个子集都可以表示为一个 n 位整数，其 1 位表示哪些元素属于该子集。这是一种有效的表示集合的方式，因为每个元素只需要一位内存，而且集合运算可以实现为位运算。

例如，int 是 32 位类型，所以一个 int 数字可以表示集合 {0, 1, 2, ⋯, 31} 的任意子集。集合 {1, 3, 4, 8} 的位表示是：

00000000000000000000000100011010

它对应于数字 $2^8+2^4+2^3+2^1=282$。

下面的代码声明一个 int 变量 x，可以包含 {0, 1, 2, ⋯, 31} 的子集。然后，代码将元素 1、3、4 和 8 添加到集合中并输出集合的大小：

```
int x = 0;
x |= (1<<1);
x |= (1<<3);
x |= (1<<4);
x |= (1<<8);
cout << __builtin_popcount(x) << "\n"; // 4
```

以下代码输出属于该集合的所有元素：

```
for (int i = 0; i < 32; i++) {
    if (x&(1<<i)) cout << i << " ";
}
// 输出：1 3 4 8
```

#### 1. 集合运算

表 2.1 显示了如何将集合运算实现为位运算。例如，下面的代码首先构造集合 x = {1, 3, 4, 8} 和 y = {3, 6, 8, 9}，然后构造集合 z = x ∪ y = {1, 3, 4, 6, 8, 9}：

```
int x = (1<<1)|(1<<3)|(1<<4)|(1<<8);
int y = (1<<3)|(1<<6)|(1<<8)|(1<<9);
int z = x|y;
cout << __builtin_popcount(z) << "\n"; // 6
```

下面的代码遍历 {0, 1, ⋯, n−1} 的子集：

```
for (int b = 0; b < (1<<n); b++) {
```

```
    // 处理子集 b
}
```

下面的代码遍历恰好有 $k$ 个元素的子集：

```
for (int b = 0; b < (1<<n); b++) {
    if (__builtin_popcount(b) == k) {
        // 处理子集 b
    }
}
```

下面的代码遍历集合 $x$ 的子集：

```
int b = 0;
do {
    // 处理子集 b
} while (b=(b-x)&x);
```

为什么上面的代码有效？其原理在于，公式 $b-x$ 能够检测出 $x$ 中在 $b$ 中为零的最右边的 1 位。这一位变成 1，它之后的所有位变成零。然后与运算确保结果值是 $x$ 的子集。注意，$b-x$ 等于 $-(x-b)$，所以我们可以认为首先移除出现在 $b$ 中的所有 1 位，然后翻转值并加一。

表 2.1　将集合运算实现为位运算

| 运　算 | 集合语法 | 位语法 |
| --- | --- | --- |
| 交　集 | $a \cap b$ | $a \& b$ |
| 并　集 | $a \cup b$ | $a \| b$ |
| 补　集 | $\bar{a}$ | $\sim a$ |
| 差　集 | $a \backslash b$ | $a \& (\sim b)$ |

### 2. C++ bitset

C++ 标准库还提供了 bitset 结构，它对应于一个每个值为 0 或 1 的数组。例如，下面的代码创建一个 10 个元素的 bitset：

```
bitset<10> s;
s[1] = 1;
s[3] = 1;
s[4] = 1;
s[7] = 1;
cout << s[4] << "\n"; // 1
cout << s[5] << "\n"; // 0
```

函数 count 返回 bitset 中 1 的个数：

```
cout << s.count() << "\n"; // 4
```

位运算也可以直接用于操作 bitset：

```
bitset<10> a, b;
// ...
bitset<10> c = a&b;
bitset<10> d = a|b;
bitset<10> e = a^b;
```

## 参考文献

[ 1 ]　27-Queens Puzzle: Massively Parallel Enumeration and Solution Counting. https://github.com/preusser/q27.

# 第 3 章 算法效率

算法效率在算法竞赛中起着核心作用。本章我们将学习使设计高效算法变得更容易的工具。

3.1 节介绍时间复杂度的概念，它允许我们在不实现算法的情况下估算算法的运行时间。算法的时间复杂度显示了当输入规模增大时其运行时间增长的速度。

3.2 节介绍两个可以用多种方式解决的算法设计问题。在这两个问题中，我们都可以轻松设计出缓慢的暴力解决方案，但事实证明我们也可以创建出更高效的算法。

3.3 节讨论代码优化。首先我们学习如何检查编译器生成的机器代码并了解一些优化技巧。之后，我们重点关注现代处理器如何使用缓存和并行性来加速代码执行。

## 3.1 时间复杂度

时间复杂度用于估计算法对于给定输入所需的时间。通过计算时间复杂度，我们通常可以在实现算法之前就判断算法是否足够快。

时间复杂度用 $O(\cdots)$ 表示，其中省略号代表某个函数。通常，变量 $n$ 表示输入规模。例如，如果输入是一个数组，$n$ 就是数组的大小；如果输入是字符串，$n$ 就是字符串的长度。

### 3.1.1 计算规则

如果代码只包含单个指令，则其时间复杂度为 $O(1)$。例如，下面这段代码的时间复杂度是 $O(1)$。

```
a++;
b++;
c = a+b;
```

循环的时间复杂度估计了循环内部代码被执行的次数。例如，下面这段代码的时间复杂度是 $O(n)$，因为循环内的代码被执行了 $n$ 次。其中，"…"表示时间复杂度为 $O(1)$ 的代码。

```
for (int i = 1; i <= n; i++) {
    ...
}
```

而下面这段代码的时间复杂度是 $O(n^2)$:
```
for (int i = 1; i <= n; i++) {
    for (int j = 1; j <= n; j++) {
        ...
    }
}
```

一般来说，如果有 $k$ 个嵌套循环且每个循环都遍历 $n$ 个值，那么时间复杂度就是 $O(n^k)$。

时间复杂度并不能告诉我们循环内部代码的确切执行次数，因为它只显示增长的数量级并忽略常数因子。在下面的例子中，循环内的代码分别执行了 $3n$、$n+5$ 和 $n/2$ 次，但每段代码的时间复杂度都是 $O(n)$。

```
for (int i = 1; i <= 3*n; i++) {
    ...
}

for (int i = 1; i <= n+5; i++) {
    ...
}

for (int i = 1; i <= n; i += 2) {
    ...
}
```

再举一个例子，下面这段代码的时间复杂度是 $O(n^2)$，因为循环内的代码被执行了 $1+2+\cdots+n=\frac{1}{2}\left(n^2+n\right)$ 次。

```
for (int i = 1; i <= n; i++) {
    for (int j = 1; j <= i; j++) {
        ...
    }
}
```

如果一个算法由连续的几个阶段组成，那么总的时间复杂度是各个阶段中最大的时间复杂度，这是因为最慢的阶段会成为算法的瓶颈。例如，下面的代码由三个阶段组成，时间复杂度分别是 $O(n)$、$O(n^2)$ 和 $O(n)$，因此，总的时间复杂度是 $O(n^2)$。

```
for (int i = 1; i <= n; i++) {
    ...
```

```
    }

    for (int i = 1; i <= n; i++) {
        for (int j = 1; j <= n; j++) {
            ...
        }
    }

    for (int i = 1; i <= n; i++) {
        ...
    }
```

有时时间复杂度取决于多个因素，时间复杂度公式会包含多个变量。例如，下面这段代码的时间复杂度是 $O(nm)$：

```
    for (int i = 1; i <= n; i++) {
        for (int j = 1; j <= m; j++) {
            ...
        }
    }
```

递归函数的时间复杂度取决于函数被调用的次数和单次调用的时间复杂度。总的时间复杂度是这两个值的乘积。例如，考虑下面这个函数：

```
    void f(int n) {
        if (n == 1) return;
        f(n-1);
    }
```

调用 $f(n)$ 会导致 $n$ 次函数调用，每次调用的时间复杂度是 $O(1)$，所以总的时间复杂度是 $O(n)$。

再看另一个例子：

```
    void g(int n) {
        if (n == 1) return;
        g(n-1);
        g(n-1);
    }
```

当函数用参数 $n$ 调用时会发生什么？首先，有两次参数为 $n-1$ 的调用，然后是四次参数为 $n-2$ 的调用，接着是八次参数为 $n-3$ 的调用，以此类推。总的来说，会有 $2k$ 次参数为 $n-k$ 的调用，其中 $k = 0, 1, \cdots, n-1$。因此，时间复杂度是：

$$1+2+4+\cdots+2^{n-1} = 2^n-1 = O(2^n)$$

## 3.1.2 常见的时间复杂度

以下是算法中常见的时间复杂度：

· $O(1)$：常数时间算法的运行时间不依赖于输入规模。典型的常数时间算法是直接用公式计算答案。

· $O(\log n)$：对数算法通常在每一步将输入规模减半。这种算法的运行时间是对数级的，因为 $\log_2 n$ 等于将 $n$ 除以 2 得到 1 所需的次数。注意时间复杂度中不显示对数的底数。

· $O(\sqrt{n})$：平方根算法比 $O(\log n)$ 慢但比 $O(n)$ 快。平方根的一个特殊性质是 $\sqrt{n} = n/\sqrt{n}$，所以 $n$ 个元素可以分成 $O(\sqrt{n})$ 个块，每个块包含 $O(\sqrt{n})$ 个元素。

· $O(n)$：线性算法对输入进行常数次遍历。这通常是最佳可能的时间复杂度，因为在给出答案之前通常需要至少访问每个输入元素一次。

· $O(n \log n)$：这个时间复杂度通常表明算法对输入进行了排序，因为高效排序算法的时间复杂度是 $O(n \log n)$。另一种可能是算法使用了每个操作需要 $O(\log n)$ 时间的数据结构。

· $O(n^2)$：二次方算法通常包含两个嵌套循环。可以在 $O(n^2)$ 时间内遍历所有输入元素对。

· $O(n^3)$：三次方算法通常包含三个嵌套循环。可以在 $O(n^3)$ 时间内遍历所有输入元素三元组。

· $O(2^n)$：这个时间复杂度通常表明算法遍历了输入元素的所有子集。例如，{1, 2, 3} 的子集是 $\varPhi$、{1}、{2}、{3}、{1, 2}、{1, 3}、{2, 3} 和 {1, 2, 3}。

· $O(n!)$：这个时间复杂度通常表明算法遍历了输入元素的所有排列。例如，{1, 2, 3} 的排列是 (1, 2, 3)、(1, 3, 2)、(2, 1, 3)、(2, 3, 1)、(3, 1, 2) 和 (3, 2, 1)。

如果算法的时间复杂度最多是 $O(n^k)$，其中 $k$ 是常数，则该算法是多项式时间的。除了 $O(2^n)$ 和 $O(n!)$ 外，上述所有时间复杂度都是多项式的。实际上，常数 $k$ 通常很小，因此多项式时间复杂度大致意味着算法可以处理较大的输入。

本书中的大多数算法都是多项式时间复杂度的。不过，有许多重要的问题尚未找到多项式算法，即没人知道如何高效地解决它们。NP 困难（NP-Hard）问题是一类重要的问题，目前还没有已知的多项式算法。

### 3.1.3 评估效率

通过评估算法的时间复杂度，可以在实现算法之前检查它能否快速解决问题。评估的起点是这样一个事实：现代计算机每秒可以执行数亿次简单操作。

例如，假设问题的时间限制是 1 秒，输入规模是 $n = 10^5$。如果时间复杂度是 $O(n^2)$，则算法将执行约 $(10^5)^2 = 10^{10}$ 次操作。这至少需要几十秒，所以算法似乎太慢而无法解决问题。然而，如果时间复杂度是 $O(n \log n)$，则只有 $10^5 \log 10^5 \approx 1.6 \times 10^6$ 次操作，算法肯定能在时间限制内完成。

另一方面，给定输入规模，我们可以试着猜测解决问题所需的算法的时间复杂度。表 3.1 包含了一些有用的估计，假设时间限制为 1 秒。

表 3.1

| 输入规模 | 预期时间复杂度 |
|---|---|
| $n \leq 10$ | $O(n!)$ |
| $n \leq 20$ | $O(2^n)$ |
| $n \leq 500$ | $O(n^3)$ |
| $n \leq 5000$ | $O(n^2)$ |
| $n \leq 10^6$ | $O(n \log n)$ 或 $O(n)$ |
| $n$ 很大 | $O(1)$ 或 $O(\log n)$ |

如果输入规模是 $n = 10^5$，则算法的时间复杂度很可能是 $O(n)$ 或 $O(n \log n)$。这个信息使设计算法变得更容易，因为它排除了那些会导致更差时间复杂度的方法。

不过，很重要的一点是要记住时间复杂度只是效率的一个估计，因为它隐藏了常数因子。例如，一个 $O(n)$ 时间的算法可能执行 $n/2$ 或 $5n$ 次操作，这对算法的实际运行时间有重要影响。

### 3.1.4 形式化定义

算法在 $O(f(n))$ 时间内工作具体是什么意思？这意味着存在常数 $c$ 和 $n_0$，使得对于所有 $n \geq n_0$ 的输入，算法执行的操作次数最多为 $cf(n)$。因此，$O$ 符号给出了算法在足够大的输入下运行时间的上界。

例如，从技术上讲，说下面这个算法的时间复杂度是 $O(n^2)$ 是正确的：

```
for (int i = 1; i <= n; i++) {
    ...
}
```

然而，更好的上界是 $O(n)$，给出上界 $O(n^2)$ 会产生误导，因为实际上大家都假设 $O$ 符号用于给出时间复杂度的准确估计。

还有两种常见的符号：$\Omega$ 符号给出算法运行时间的下界，如果存在常数 $c$ 和 $n_0$，使得对于所有 $n \geq n_0$ 的输入，算法执行的操作次数至少为 $cf(n)$，则算

法的时间复杂度是 $\Omega(f(n))$；$\Theta$ 符号给出精确的界，如果算法的时间复杂度既是 $O(f(n))$ 又是 $\Omega(f(n))$，则时间复杂度是 $\Theta(f(n))$。

例如，上述算法的时间复杂度既是 $O(n)$ 又是 $\Omega(n)$，所以也是 $\Theta(n)$。

我们可以在许多情况下使用上述符号，而不仅仅是指算法的时间复杂度。例如，我们可以说一个数组包含 $O(n)$ 个值，或者一个算法包含 $O(\log n)$ 轮。

## 3.2 算法设计示例

本节介绍两个算法设计示例，其中一个问题可以用几种不同的方式解决。我们从简单的暴力算法开始，然后通过使用各种算法设计思路创建更高效的解决方案。

### 3.2.1 最大子数组和

给定一个包含 $n$ 个数字的数组，我们的任务是计算最大子数组和，即数组中连续值序列的最大可能和。数组中可能包含负值，并且允许空子数组。图 3.1 显示了一个数组及其最大子数组和。

**图 3.1** 该数组的最大子数组和为 [2, 4, -3, 5, 2]，总和为 10

#### 1. $O(n^3)$ 时间解法

解决这个问题的一个直接方法是遍历所有可能的子数组，计算每个子数组中值的和并维护最大和，实现代码如下：

```
int best = 0;
for (int a = 0; a < n; a++) {
    for (int b = a; b < n; b++) {
        int sum = 0;
        for (int k = a; k <= b; k++) {
            sum += array[k];
        }
        best = max(best,sum);
    }
```

```
        }
        cout << best << "\n";
```

变量 a 和 b 确定子数组的第一个和最后一个索引，值的和被计算到变量 sum 中。变量 best 包含搜索过程中找到的最大和。算法的时间复杂度是 $O(n^3)$，因为它包含三个遍历输入的嵌套循环。

### 2. $O(n^2)$ 时间解法

从中删除一个循环，很容易提高算法效率，这可以通过在子数组右端移动的同时计算和来实现。实现代码如下：

```
int best = 0;
for (int a = 0; a < n; a++) {
    int sum = 0;
    for (int b = a; b < n; b++) {
        sum += array[b];
        best = max(best,sum);
    }
}
cout << best << "\n";
```

经过这个改变，时间复杂度是 $O(n^2)$。

### 3. $O(n)$ 时间解法

事实证明可以在 $O(n)$ 时间内解决这个问题，这意味着只需要一个循环就够了。这个想法是为每个数组位置计算以该位置结束的子数组的最大和。之后，问题的答案就是这些和的最大值。

考虑找到以位置 k 结束的最大子数组和这个子问题，有两种可能性：

（1）子数组只包含位置 k 处的元素。

（2）子数组由一个以位置 k-1 结束的子数组和后跟位置 k 处的元素组成。

在后一种情况下，由于我们想找到最大和的子数组，以位置 k-1 结束的子数组也应该具有最大和。因此，我们可以通过从左到右计算每个结束位置的最大子数组和来高效地解决这个问题。

以下代码实现了上述算法：

```
int best = 0, sum = 0;
for (int k = 0; k < n; k++) {
    sum = max(array[k],sum+array[k]);
```

```
        best = max(best,sum);
    }
    cout << best << "\n";
```

算法只包含一个遍历输入的循环,所以时间复杂度是 $O(n)$,这也是最好的可能的时间复杂度,因为任何解决这个问题的算法至少要检查一次所有数组元素。

### 4. 效率比较

上述算法在实践中的效率如何?表 3.2 显示了上述算法在现代计算机上对不同 $n$ 值的运行时间。在每次测试中,输入都是随机生成的,并且没有测量读取输入所需的时间。

表 3.2 比较最大子数组和算法的运行时间

| 数组大小 $n$ | $O(n^3)$/s | $O(n^2)$/s | $O(n)$/s |
| --- | --- | --- | --- |
| $10^2$ | 0.0 | 0.0 | 0.0 |
| $10^3$ | 0.1 | 0.0 | 0.0 |
| $10^4$ | > 10.0 | 0.1 | 0.0 |
| $10^5$ | > 10.0 | 5.3 | 0.0 |
| $10^6$ | > 10.0 | > 10.0 | 0.0 |
| $10^7$ | > 10.0 | > 10.0 | 0.0 |

比较显示,当输入规模小时,所有算法都运行得很快,但更大的输入会带来运行时间的显著差异。当 $n = 10^4$ 时,$O(n^3)$ 算法变得很慢;当 $n = 10^5$ 时,$O(n^2)$ 算法变得很慢;只有 $O(n)$ 算法能够即时处理甚至最大的输入。

## 3.2.2 两个皇后问题

给定一个 $n \times n$ 的棋盘,我们的任务是计算可以在棋盘上放置两个皇后的方式数量,使它们互不攻击。如图 3.2 所示,在 $3 \times 3$ 棋盘上放置两个皇后有 8 种方式。令 $q(n)$ 表示 $n \times n$ 棋盘的有效组合数。例如,$q(3) = 8$,表 3.3 显示了 $1 \leqslant n \leqslant 10$ 的 $q(n)$ 值。

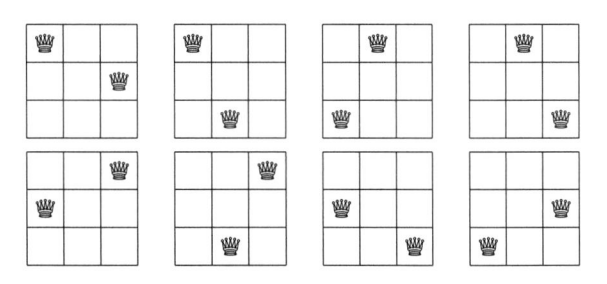

图 3.2 在 $3 \times 3$ 棋盘上放置两个互不攻击的皇后的所有可能方法

表 3.3  函数 $q(n)$ 的前几个值：在 $n \times n$ 棋盘上放置两个互不攻击的皇后的方式数

| 棋盘大小 $n$ | 方式数 $q/n$ | 棋盘大小 $n$ | 方式数 $q/n$ |
|---|---|---|---|
| 1 | 0 | 6 | 340 |
| 2 | 0 | 7 | 700 |
| 3 | 8 | 8 | 1288 |
| 4 | 44 | 9 | 2184 |
| 5 | 140 | 10 | 3480 |

首先，解决这个问题的一个简单方法是遍历在棋盘上放置两个皇后的所有可能方式，并计算皇后互不攻击的组合。这样的算法在 $O(n^4)$ 时间内工作，因为有 $n^2$ 种方式选择第一个皇后的位置，对于每个这样的位置，有 $n^2-1$ 种方式选择第二个皇后的位置。

由于组合数快速增长，一个一个计算组合的算法对于处理较大的 $n$ 值肯定会太慢，因此，要创建一个高效的算法，我们需要找到一种按组计算组合的方法。

一个有用的观察是计算单个皇后攻击的方格数相当容易（图 3.3）。首先，它总是水平攻击 $n-1$ 个方格，垂直攻击 $n-1$ 个方格。然后，对于两条对角线，它攻击 $d-1$ 个方格，其中 $d$ 是对角线上的方格数。使用这些信息，我们可以在 $O(1)$ 时间内计算可以放置另一个皇后的方格数，这产生了一个 $O(n^2)$ 时间的算法。

另一种解决问题的方法是尝试制定一个递归函数来计算组合数。问题是：如果我们知道 $q(n)$ 的值，如何用它来计算 $q(n+1)$ 的值？

要得到递归解，我们可以关注 $n \times n$ 棋盘的最后一行和最后一列（图 3.4）。首先，如果最后一行或最后一列上没有皇后，组合数就简单地是 $q(n-1)$。然后，在最后一行或列上有 $2n-1$ 个位置可以放置皇后，它攻击 $3(n-1)$ 个方格，所以另一个皇后有 $n^2-3(n-1)-1$ 个位置可选。最后，在最后一行或列上放置两个皇后有 $(n-1)(n-2)$ 种组合。由于这些组合计算了两次，所以我们必须从结果中减去这个数。把所有这些组合起来，就得到一个递归公式：

图 3.3  皇后攻击棋盘上所有标有"*"的方格

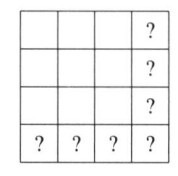

图 3.4  最后一行和最后一列上皇后的可能位置

$$q(n) = q(n-1)+(2n-1)(n^2-3(n-1)-1)-(n-1)(n-1) = q(n-1)+2(n-1)^2(n-2)$$

上述公式提供了一个 $O(n)$ 的解。

最后，事实证明还有一个封闭形式的公式：

$$q(n) = \frac{3n^4 - 10n^3 + 9n^2 - 2n}{6}$$

上述公式可以用归纳法证明。使用该公式，我们可以在 $O(1)$ 时间内解决这个问题。

## 3.3 代码优化

虽然算法的时间复杂度能告诉我们很多关于其效率的信息，但实现细节也很重要。例如，这里有两段检查数组是否包含元素 $x$ 的代码：

```
bool ok = false;
for (int i = 0; i < n; i++) {
    if (a[i] == x) ok = true;
}

bool ok = false;
for (int i = 0; i < n; i++) {
    if (a[i] == x) {ok = true; break;}
}
```

两段代码都是 $O(n)$ 时间，但第二段代码在实践中可能效率更高，因为它在找到 $x$ 后立即停止。这是一个有用的优化，因为它确实提高了代码的性能，而且也容易实现。

我们能进一步改进代码吗？这里有一个经典技巧可以尝试：使用哨兵值，即追加一个值为 $x$ 的新数组元素，这样我们就不必在循环中进行 $i < n$ 的测试：

```
a[n] = x;
int i;
bool ok = false;
for (i = 0; a[i] != x; i++);
if (i < n) ok = true;
```

这是一个不错的技巧，但在实践中似乎不太有用：事实证明，$i < n$ 的测

试并不是算法中的真正瓶颈，因为访问数组元素需要更多时间。因此，并非所有优化都有用——它们可能只会使代码更难理解。

### 3.3.1 编译器输出

C++ 编译器将 C++ 代码转换为处理器可以执行的机器代码。编译器的一个重要任务是优化代码。生成的机器代码应该与 C++ 代码相对应，但同时也要尽可能快。通常有大量可能的优化。

我们可以使用 -S 标志获取 g++ 编译器生成的机器代码（以汇编形式）：

```
g++ -S test.cpp -o test.out
```

这个命令会创建一个包含汇编代码的文件 test.out。还有一个有用的在线工具 Compiler Explorer[1] 可以用来检查各种编译器的输出，包括 g++。

#### 1. 编译器优化

考虑以下 C++ 代码：

```
int collatz(int n) {
    if (n%2 == 0) return n/2;
    else return 3*n+1;
}
```

g++ 的汇编输出（使用 -O2 优化标志）可能如下：

```
test dil, 1
jne .L2
mov eax, edi
shr eax, 31
add eax, edi
sar eax
ret
.L2:
lea eax, [rdi+1+rdi*2]
ret
```

即使这个小小的汇编输出也包含了许多优化。test 指令检查 $n$ 的最右位是否为 1，即它是否为奇数，这比模运算更快。然后，sar 指令执行右位移来计算 $n/2$ 的值，这比除法运算更快。最后，$3n+1$ 的值是使用一个额外的技巧计算的：lea 指令的本来目的是确定数组元素的内存地址，但它也可以用于简单计算。

---

1）https://godbolt.org/。

在 C++ 中通常不需要使用优化技巧（比如用位运算代替模运算和除法），因为编译器也知道这些技巧并可以应用它们。编译器还能检测到不必要的代码并移除它。例如，考虑以下函数：

```
void test(int n) {
    int s = 0;
    for (int i = 1; i <= n; i++) {
        s += i;
    }
}
```

相应的汇编输出仅仅是：

```
ret
```

这意味着我们从函数返回。由于 s 的值未被使用，变量和循环可以被移除，代码在 $O(1)$ 时间内工作。因此，在测量代码的运行时间时，确保代码的结果被使用（例如，我们可以输出它）很重要，这样编译器就不能优化掉所有代码。

### 2. 硬件特定优化

g++ 标志 -march=native 启用硬件特定优化。例如，某些处理器有其他处理器没有的特殊指令。这里的 native 意味着编译器自动检测处理器的实际架构，并在可能的情况下使用硬件特定优化。

例如，考虑以下用 g++ 函数 __builtin_popcount 计算 1 位数之和的代码：

```
c = 0;
for (int i = 1; i <= n; i++) {
    c += __builtin_popcount(i);
}
```

许多处理器都有一个特殊的 popcnt 指令，可以高效地执行位计数操作。然而，由于不是所有处理器都支持它，g++ 不会自动使用它，我们需要使用 -march=native 标志来启用它。使用这个标志，上述代码可以快 2 ~ 3 倍。

在算法竞赛中，-march=native 标志并不常见，但我们可以在代码中使用 #pragma 指令来指定架构。但是，在这种情况下，不支持 native 值，而是必须指定架构名称。例如，以下指令（假设 Sandy Bridge 架构）可以工作：

```
#pragma GCC target ("arch=sandybridge")[1]
```

---

[1] 译注：arch=sandybridge 表示生成的代码将针对 Intel 的 Sandy Bridge 微架构进行优化。Sandy Bridge 是 Intel 在 2011 年推出的第二代 Core 处理器架构。Sandy Bridge 支持 AVX（advanced vector extensions）等指令集，编译器可以利用这些指令集来优化代码。

## 3.3.2 处理器特性

当处理器执行代码时，它们也试图尽可能快地执行。有缓存可以加速内存访问，而且也可能同时执行多个指令。现代处理器非常复杂，实际上没有多少人真正理解它们是如何工作的。

### 1. 缓　存

由于使用主内存相对较慢，处理器有包含内存小部分的缓存，可以更快地访问。当读取或写入附近的内存内容时，缓存会自动使用。特别是，从左到右扫描数组元素很快，而检查随机数组位置则较慢。

例如，考虑以下代码：

```
for (int i = 0; i < n; i++) {
    for (int j = 0; j < n; j++) {
        s += x[i][j];
    }
}

for (int i = 0; i < n; i++) {
    for (int j = 0; j < n; j++) {
        s += x[j][i];
    }
}
```

两段代码都计算二维数组中值的和，但第一段代码可能效率更高，因为它对缓存友好。数组的元素在内存中按以下顺序存储：

x[0][0], x[0][1], …, x[0][n-1], x[1][0], x[1][1], …

因此，最外层循环处理第一维，而最内层循环处理第二维，这样的安排更为合理。

### 2. 并行性

现代处理器可以同时执行多条指令，这在许多情况下会自动发生。一般来说，如果两条连续的指令不相互依赖，就可以并行执行。例如，考虑以下代码：

```
ll f = 1;
for (int i = 1; i <= n; i++) {
    f = (f*i)%M;
}
```

上述代码使用循环计算 $n$ 的阶乘对 $M$ 取模。我们可以尝试如下代码使其更高效（假设 $n$ 是偶数）：

```
ll f1 = 1;
ll f2 = 1;
for (int i = 1; i <= n; i += 2) {
    f1 = (f1*i)%M;
    f2 = (f2*(i+1))%M;
}
ll f = f1*f2%M;
```

这个想法是我们使用两个独立的变量：$f_1$ 将包含乘积 $1 \cdot 3 \cdot 5 \cdots n-1$，$f_2$ 将包含乘积 $2 \cdot 4 \cdot 6 \cdots n$。循环后，结果被组合。令人惊讶的是，这段代码通常比第一段代码快约两倍，因为处理器能够并行执行修改变量 $f_1$ 和 $f_2$ 的指令。我们甚至可以尝试使用更多变量（比如四个或八个）来进一步加速代码。

# 第 4 章 排序与搜索

许多高效算法都基于对输入数据进行排序，因为排序通常使问题的解决变得更容易。

4.1 节首先讨论三种重要的排序算法：冒泡排序、归并排序和计数排序，之后，我们将学习如何使用 C++ 标准库中的排序算法。

4.2 节展示如何将排序作为子程序来创建高效算法。例如，要快速判断数组中所有元素是否唯一，我们可以先对数组排序，然后简单地检查所有相邻元素对。

4.3 节介绍二分查找算法，这是另一个高效算法的重要构建模块。

## 4.1 排序算法

基本的排序问题如下：给定一个包含 $n$ 个元素的数组，将这些元素按递增顺序排序。图 4.1 展示了一个数组在排序前后的状态。

本节我们将学习一些基本的排序算法并检验它们的性质。设计一个时间复杂度为 $O(n^2)$ 的排序算法很容易，但也有更高效的算法。在讨论完排序的理论之后，我们将专注于在 C++ 中实践排序。

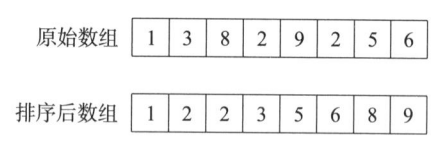

**图 4.1** 排序前后的数组

### 4.1.1 冒泡排序

冒泡排序是一个简单的排序算法，时间复杂度为 $O(n^2)$。该算法包含 $n$ 轮，每轮遍历数组的元素。每当发现两个相邻元素顺序错误时，算法就交换它们。算法实现如下：

```
for (int i = 0; i < n; i++) {
    for (int j = 0; j < n-1; j++) {
        if (array[j] > array[j+1]) {
            swap(array[j], array[j+1]);
        }
    }
}
```

冒泡排序完成第一轮后，最大的元素会到达正确位置，更一般地说，完成 $k$ 轮后，$k$ 个最大的元素会到达正确位置。因此，经过 $n$ 轮后，整个数组就排好序了。

图 4.2 展示了使用冒泡排序对数组进行排序时第一轮交换的过程。

冒泡排序是一个只交换数组中相邻元素的排序算法的例子。事实证明，这类算法的时间复杂度永远至少是 $O(n^2)$，因为在最坏情况下，需要 $O(n^2)$ 次交换才能完成排序。

在分析排序算法时，一个有用的概念是逆序对：一对数组下标 $(a, b)$，满足 $a < b$ 且 array[$a$] > array[$b$]，即这些元素顺序错误。例如，图 4.3 中的数组有三个逆序对：(3, 4)、(3, 5) 和 (6, 7)。

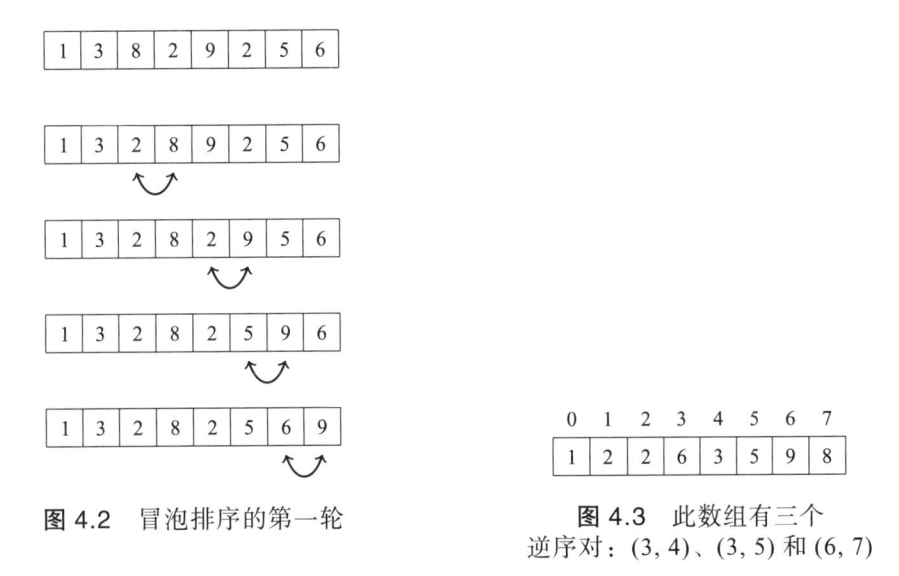

**图 4.2** 冒泡排序的第一轮

**图 4.3** 此数组有三个逆序对：(3, 4)、(3, 5) 和 (6, 7)

逆序对的数量表明了对数组排序需要多少工作量。当没有逆序对时数组就完全排好序了。另一方面，如果数组元素是逆序的，则逆序对最大可能的数量是：

$$\frac{1+2+\cdots+(n-1)}{2} = \frac{n(n-1)}{2} = O(n^2)$$

交换一对顺序错误的相邻元素正好消除了数组中的一个逆序对。因此，如果一个排序算法只能交换相邻元素，每次交换最多消除一个逆序对，则该算法的时间复杂度至少为 $O(n^2)$。

### 4.1.2 归并排序

如果我们想要创建一个高效的排序算法，就必须能够重新排列数组不同部分的元素。有几种这样的排序算法可以在 $O(n \log n)$ 时间内工作。其中之一是归并排序，它基于递归。归并排序对子数组 array[$a \cdots b$] 的排序过程如下：

（1）如果 $a = b$，则不做任何操作，因为只包含一个元素的子数组已经排好序了。

（2）计算中间元素的位置：$k = \lfloor (a+b)/2 \rfloor$。

（3）递归地对子数组 array[$a \cdots k$] 进行排序。

（4）递归地对子数组 array[$k+1 \cdots b$] 进行排序。

（5）将排序后的子数组 array[$a \cdots k$] 和 array[$k+1 \cdots b$] 合并成一个排序后的子数组 array[$a \cdots b$]。

图 4.4 展示了归并排序如何对一个包含 8 个元素的数组进行排序。首先，算法将数组分成两个各含 4 个元素的子数组。然后，通过递归调用自身来对这些子数组进行排序。最后，将排序后的子数组合并成一个包含 8 个元素的有序数组。

归并排序是一个高效的算法，因为它在每一步都将子数组的大小减半。由于子数组已经排序，因此可以在线性时间内完成对排序后的子数组进行合并。由于有 $O(\log n)$ 个递归层级，且处理每个层级总共需要 $O(n)$ 的时间，所以该算法的时间复杂度为 $O(n \log n)$。

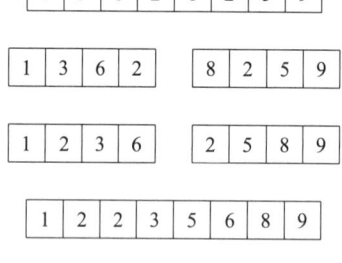

图 4.4 使用归并排序对数组进行排序

## 4.1.3 排序的下界

在只使用元素比较操作的前提下，能否比 $O(n \log n)$ 更快地排序数组？事实证明这是不可能的。

将排序过程视为每次比较两个元素来获取数组内容信息的方式，我们可以证明其时间复杂度的下界。图 4.5 展示了这个过程产生的决策树。

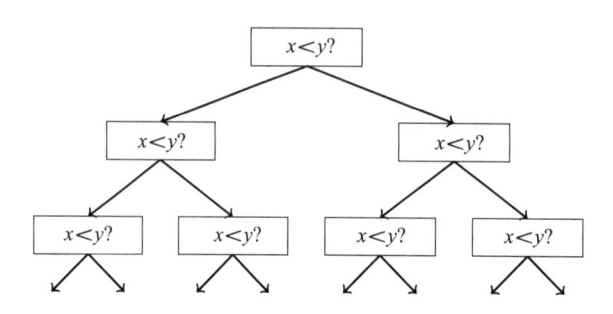

图 4.5 基于数组元素比较的排序算法的进展

这里的“$x < y$?”表示比较某两个元素 $x$ 和 $y$。如果 $x < y$，则过程继续到左边，否则继续到右边。这个过程的结果就是所有可能的数组排序方式，总共有 $n!$ 种可能。因此，这棵树的高度至少要达到：

$$\log_2(n!) = \log_2(1)+\log_2(2)+\cdots+\log_2(n)$$

我们可以通过选取最后 $n/2$ 个元素，并将每个元素的值都改为 $\log_2(n/2)$ 来得到这个和的下界，这样可以得到估计：

$$\log_2(n!) \geqslant (n/2)\cdot\log_2(n/2)$$

因此，这棵树的高度以及排序算法在最坏情况下的步骤数是 $\Omega(n \log n)$。

### 4.1.4 计数排序

$\Omega(n \log n)$ 的下界并不适用于那些不比较数组元素而是使用其他信息的算法。计数排序就是这样一个例子，它可以在 $O(n)$ 时间内对数组进行排序，前提是数组中的每个元素都是 0 到 $c$ 之间的整数，且 $c = O(n)$。

该算法创建一个记录数组，其索引对应原始数组中的元素。算法遍历原始数组并计算每个元素在数组中出现的次数。图 4.6 显示了一个数组及其对应的记录数组。位置 3 的值为 2，因为数值 3 在原始数组中出现了 2 次。

构建记录数组需要 $O(n)$ 时间。之后，可以在 $O(n)$ 时间内创建排序后的数组，因为可以从记录数组中获取每个元素的出现次数。因此，计数排序的总时间复杂度为 $O(n)$。

计数排序是一个非常高效的算法，但它只能在常数 $c$ 足够小的情况下使用，这样数组元素才能作为记录数组的索引。

| | | | | | | | |
|---|---|---|---|---|---|---|---|
| 1 | 3 | 6 | 9 | 9 | 3 | 5 | 9 |

| 0 | 1 | 2 | 3 | 4 | 5 | 6 | 7 | 8 | 9 |
|---|---|---|---|---|---|---|---|---|---|
| 0 | 1 | 0 | 2 | 0 | 1 | 1 | 0 | 0 | 3 |

**图 4.6** 使用计数排序对数组进行排序

### 4.1.5 实践中的排序

实际上，几乎从来都不建议自己亲自实现排序算法，因为所有现代编程语言的标准库中都有良好的排序算法。使用库函数有很多原因：它肯定是正确且高效的，而且使用起来也很容易。

在 C++ 中，`sort` 函数可以高效地[1]对数据结构的内容进行排序。例如，下面的代码按升序对 `vector` 的元素进行排序：

1）C++11 标准要求排序函数以 $O(n \log n)$ 的时间复杂度运行，具体实现取决于编译器。

```
vector<int> v = {4, 2, 5, 3, 5, 8, 3};
sort(v.begin(), v.end());
```

排序后，vector 的内容将是 [2, 3, 3, 4, 5, 5, 8]。默认的排序顺序是升序，但也可以按如下方式进行降序排序：

```
sort(v.rbegin(), v.rend());
```

普通数组可以这样排序：

```
int n = 7; // 数组大小
int a[] = {4, 2, 5, 3, 5, 8, 3};
sort(a, a+n);
```

以下代码对字符串 s 进行排序：

```
string s = "monkey";
sort(s.begin(), s.end());
```

对字符串排序意味着对字符串中的字符进行排序。例如，字符串"monkey"变成"ekmnoy"。

### 1. 比较运算符

sort 函数要求为要排序的元素的数据类型定义一个比较运算符。在排序过程中，每当需要找出两个元素的顺序时，就会使用这个运算符。

大多数 C++ 数据类型都有内置的比较运算符，这些类型的元素可以自动排序。数字按其值排序，字符串按字母顺序排序。pair 类型首先按第一个元素排序，其次按第二个元素排序：

```
vector<pair<int, int>> v;
v.push_back({1, 5});
v.push_back({2, 3});
v.push_back({1, 2});
sort(v.begin(), v.end());
// 结果：[(1, 2), (1, 5), (2, 3)]
```

同样，tuple 类型首先按第一个元素排序，其次按第二个元素排序，以此类推：

```
vector<tuple<int, int, int>> v;
v.push_back({2, 1, 4});
v.push_back({1, 5, 3});
v.push_back({2, 1, 3});
sort(v.begin(), v.end());
// 结果：[(1, 5, 3), (2, 1, 3), (2, 1, 4)]
```

用户定义的结构体不会自动拥有比较运算符。该运算符应该在结构体内部定义为函数 operator<，其参数是同类型的另一个元素。如果元素小于参数，运算符应返回 true，否则返回 false。

例如，下面的结构体 point 包含点的 $x$ 和 $y$ 坐标。比较运算符的定义使得点首先按 $x$ 坐标排序，其次按 $y$ 坐标排序。

```
struct point {
    int x, y;
    bool operator<(const point &p) const [1]{
        if (x == p.x) return y < p.y;
        else return x < p.x;
    }
};
```

### 2. 比较函数

也可以将外部比较函数作为回调函数提供给 sort 函数。例如，下面的比较函数 comp 首先按长度对字符串进行排序，其次按字母顺序排序：

```
bool comp(const string& a, const string& b) {
    if (a.size() == b.size()) return a < b;
    else return a.size() < b.size();
}
```

现在可以这样对字符串 vector 进行排序：

```
sort(v.begin(), v.end(), comp);
```

## 4.2 通过排序解决问题

通常，我们可以使用暴力算法在 $O(n^2)$ 时间内轻松解决问题，但如果输入规模较大，这种算法就太慢了。事实上，算法设计中最常见的是为那些可以用 $O(n^2)$ 时间轻松解决的问题找到 $O(n)$ 或 $O(n \log n)$ 时间的算法。排序就是实现这一目标的方法之一。

假设我们要检查数组中的所有元素是否唯一。暴力算法会在 $O(n^2)$ 时间内遍历所有元素对：

```
bool ok = true;
```

---

[1] 译者注：注意比较函数必须修饰为 const，否则会编译不通过，读者可以自行试验。

```
for (int i = 0; i < n; i++) {
    for (int j = i+1; j < n; j++) {
        if (array[i] == array[j]) ok = false;
    }
}
```

但是，我们可以先对数组排序来在 $O(n \log n)$ 时间内解决这个问题。如果有相等的元素，则它们在排序后的数组中会相邻，所以可以在 $O(n)$ 时间内轻松找到它们：

```
bool ok = true;
sort(array, array+n);
for (int i = 0; i < n-1; i++) {
    if (array[i] == array[i+1]) ok = false;
}
```

其他几个问题也可以用类似的方式在 $O(n \log n)$ 时间内解决，比如计算不同元素的数量、找出最频繁的元素，以及找出差值最小的两个元素。

### 4.2.1 扫描线算法

扫描线算法将问题建模为一系列按排序顺序处理的事件。例如，假设有一家餐厅，我们知道某一天所有顾客的到达和离开时间，我们的任务是找出同一时间访问餐厅的最大顾客数量。

图 4.7 显示了一个有四位顾客 A、B、C 和 D 的问题实例。在这种情况下，最大同时在场顾客数为 3 人，发生在 A 到达和 B 离开之间。

**图 4.7** 餐厅问题的一个实例

要解决这个问题，我们为每位顾客创建两个事件：一个到达事件和一个离开事件。然后，我们对事件进行排序并按时间顺序处理它们。要找出最大顾客数，需要维护一个计数器，当顾客到达时其值增加，当顾客离开时其值减少。计数器的最大值就是问题的答案。

图 4.8 显示了我们示例场景中的事件。每个顾客都被分配两个事件："+"表示顾客到达，"-"表示顾客离开。

由于排序事件需要 $O(n \log n)$ 时间，而扫描线部分需要 $O(n)$ 时间，所以最终算法的运行时间为 $O(n \log n)$。

**图 4.8** 使用扫描线算法解决餐厅问题

### 4.2.2 事件调度

许多调度问题可以先对输入数据排序，然后使用贪心策略来构建解决方案。贪心算法总是选择当前看起来最好的选择，而且从不撤回其选择。

例如，考虑以下问题：给定 $n$ 个事件及其开始和结束时间，找到一个包含尽可能多事件的调度。图 4.9 是调度问题的一个实例，其中最优解是选择两个事件。

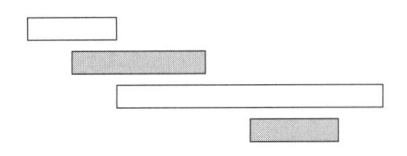

**图 4.9** 调度问题的一个实例及其包含两个事件的最优解

在这个问题中，我们可以用几种方式对输入数据进行排序：一种策略是按事件长度排序，选择尽可能短的事件，但如图 4.10 所示，这种策略并不总是有效；另一种想法是按开始时间排序事件，总是选择可能的最早开始的下一个事件，但我们也能为这种策略找到反例，如图 4.11 所示。

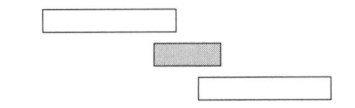

**图 4.10** 如果我们选择短事件，则我们只能选择一个事件，但我们本可以选择两个长事件

**图 4.11** 如果我们选择第一个事件，我们就不能选择任何其他事件，但我们本可以选择其他两个事件

第三种想法是按结束时间对事件进行排序，总是选择可能的最早结束的下一个事件。事实证明这种算法总能产生最优解。要证明这一点，需要考虑如果

我们首先选择一个比最早结束的事件更晚结束的事件会发生什么。现在，我们最多只能有相同数量的选择来选择下一个事件。因此，选择更晚结束的事件永远不会产生更好的解决方案，所以贪心算法是正确的。

### 4.2.3 任务和截止日期

最后，考虑一个问题：有 $n$ 个任务，每个任务都有持续时间和截止日期，我们的任务是选择执行任务的顺序。对于每个任务，我们获得 $d-x$ 分，其中 $d$ 是任务的截止日期，$x$ 是我们完成任务的时刻。我们可以获得的最大总分是多少？

假设任务如表 4.1 所示。

表 4.1　任务示例

| 任　务 | 持续时间 | 截止日期 |
| --- | --- | --- |
| A | 4 | 2 |
| B | 3 | 10 |
| C | 2 | 8 |
| D | 4 | 15 |

图 4.12 显示了我们示例场景中任务的最优调度。使用这个调度，C 得到 6 分，B 得到 5 分，A 得到 –7 分，D 得到 2 分，所以总分是 6 分。

图 4.12　任务的最优调度

事实证明，问题的最优解根本不依赖于截止日期，正确的贪心策略只是简单地按持续时间从小到大排序执行任务。原因是如果我们执行两个连续的任务时，第一个任务比第二个任务用时更长，那么如果我们交换这两个任务，就可以得到更优解。

例如，在图 4.13 中，有两个任务 X 和 Y，持续时间分别为 $a$ 和 $b$。最初，X 安排在 Y 之前。但是，由于 $a > b$，这些任务应该被交换。现在 X 减少 $b$ 分，Y 增加 $a$ 分，所以总分增加 $a-b > 0$。因此，在最优解中，较短的任务必须总是在较长的任务之前，所以任务必须按持续时间排序。

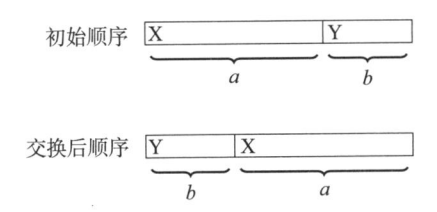

图 4.13　通过交换任务 X 和 Y 来改进解决方案

## 4.3　二分查找

二分查找是一个时间复杂度为 $O(\log n)$ 的算法，可以用来高效地检查一个有序数组是否包含给定元素。本节首先关注二分查找的实现，之后我们将看到如何使用二分查找来查找最优解。

### 4.3.1　实现查找

假设有一个包含 $n$ 个元素的有序数组，我们想检查数组是否包含目标值 $x$ 的元素。下面我们讨论实现二分查找算法的两种方法。

**1. 第一种方法**

实现二分查找最常见的方式类似于在字典中查找单词。搜索在数组中维护一个活动子数组，初始时包含所有数组元素。然后执行若干步骤，每一步将搜索范围减半。每一步检查活动子数组的中间元素。如果中间元素是目标值，搜索终止。否则，搜索会根据中间元素的值递归地继续搜索子数组的左半部分或右半部分。图 4.14 展示了如何在数组中找到值为 9 的元素。

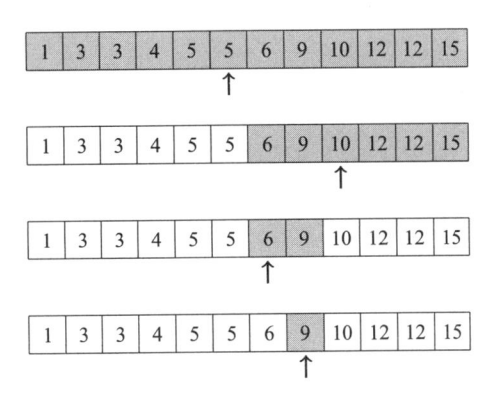

图 4.14　实现二分查找的传统方式。每一步检查活动子数组的中间元素并继续处理左边或右边部分

搜索可以这样实现：

```
int a = 0, b = n-1;
while (a <= b) {
    int k = (a+b)/2;
    if (array[k] == x) {
        // x在索引k处找到
    }
    if (array[k] < x) a = k+1;
    else b = k-1;
}
```

在这个实现中，活动子数组的范围是 $a \cdots b$，初始范围是 $0 \cdots n-1$。算法在每一步将子数组的大小减半，所以时间复杂度是 $O(\log n)$。

**2. 第二种方法**[1]

实现二分查找的另一种方式是从左到右跳跃式地遍历数组。初始跳跃长度是 $n/2$，每一轮跳跃长度减半：先是 $n/4$，然后 $n/8$，再然后 $n/16$……直到最后长度为 1。每一轮中，不断跳跃，直到跳到数组外或者遇到值超过目标值的元素。跳跃结束后，要么找到了目标元素，要么我们知道它不在数组中。图 4.15 展示了在我们的示例场景中使用这种技术。

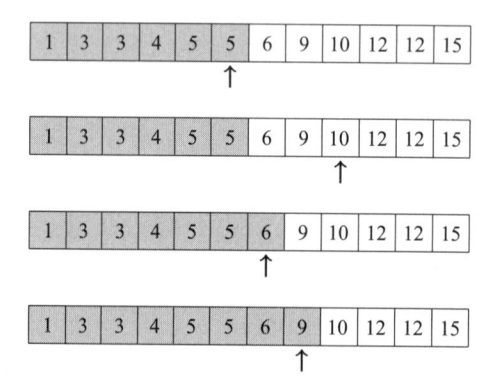

图 4.15　实现二分查找的另一种方式。从左到右扫描数组并跳过元素

下面的代码实现了这种搜索：

```
int k = 0;
for (int b = n/2; b >= 1; b /= 2) {
    while (k+b < n && array[k+b] <= x) k += b;
}
if (array[k] == x) {
```

---

1）译者注：这种算法和倍增（binary lifiting）的思想非常类似。

```
        // x 在索引 k 处找到
    }
```

在搜索过程中，变量 b 包含当前的跳跃长度。算法的时间复杂度是 $O(\log n)$，因为 while 循环中的代码对每个跳跃长度最多执行两次。

### 4.3.2 寻找最优解

函数 valid(x) 在 x 是有效解时返回 true，否则返回 false。此外，当 $x < k$ 时 valid(x) 为 false，当 $x \geq k$ 时 valid(x) 为 true。在这种情况下，我们使用二分查找来高效地找到 k 的值。

思路是使用二分查找找到使 valid(x) 为 false 的最大 x 值。因此，下一个值 $k = x+1$ 就是使 valid(k) 为 true 的最小可能值。搜索可以这样实现：

```
int x = -1;
for (int b = z; b >= 1; b /= 2) {
    while (!valid(x+b)) x += b;
}
int k = x+1;
```

初始跳跃长度 z 必须是答案的上界，即我们确定 valid(z) 为 true 的任意值。算法调用 valid 函数 $O(\log z)$ 次，所以运行时间取决于 valid 函数。如果该函数的时间复杂度为 $O(n)$，则总运行时间为 $O(n \log z)$。

考虑一个问题：使用 n 台机器处理 k 个作业，每台机器 i 被分配一个整数 $p_i$（处理单个作业的时间），求处理所有作业的最小时间是多少？

假设 $k = 8$，$n = 3$，处理时间为 $p_1 = 2$、$p_2 = 3$ 和 $p_3 = 7$。在这种情况下，按照图 4.16 中的调度方案，最小总处理时间为 9。

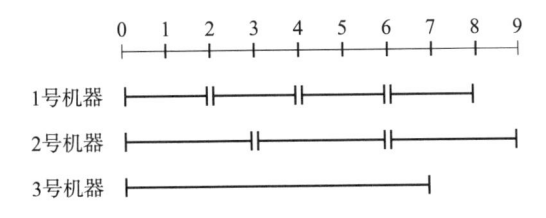

**图 4.16  最优处理调度**
（1 号机器处理四个作业，2 号机器处理三个作业，3 号机器处理一个作业）

函数 valid(x) 用于判断能否在最多 x 个时间单位内处理所有作业。在我们的示例场景中，valid(9) 显然为 true，因为我们可以按照图 4.16 中的方案进行调度。另一方面，valid(8) 一定是 false，因为最小处理时间是 9。

计算 valid(x) 的值很容易，因为每台机器 $i$ 在 $x$ 个时间单位内最多可以处理 $\lfloor x/p_i \rfloor$ 个作业。因此，如果所有值的和大于或等于 $k$，则 $x$ 是一个有效解。然后，我们可以使用二分查找来找到使 valid(x) 为 true 的最小 $x$ 值。

这个算法有多高效？valid 函数的时间复杂度为 $O(n)$，所以算法的时间复杂度为 $O(n \log z)$，其中 $z$ 是答案的上界。$kp_1$ 是一个可能的 $z$ 值，对应于只使用 1 号机器处理所有作业的解决方案。这肯定是一个有效的上界。

# 第 5 章　数据结构

本章将介绍 C++ 标准库中最重要的数据结构。在竞赛编程中，了解标准库中有哪些数据结构以及如何使用它们至关重要，这通常可以节省大量实现算法的时间。

5.1 节首先描述 vector 结构，它是一种高效的动态数组。之后，我们将重点介绍如何使用迭代器和范围与数据结构一起工作，并简要讨论 deque、stack 和 queue。

5.2 节讨论 set、map 和 priority_queue。这些数据结构通常被用作高效算法的构建块，因为它们允许我们维护支持高效搜索和更新的动态结构。

5.3 节展示一些关于数据结构实际效率的结果。正如我们将看到的，仅通过时间复杂度无法检测到重要的性能差异。

## 5.1 动态数组

在 C++ 中，普通数组是固定大小的结构，创建后无法更改数组的大小。例如，以下代码创建了一个包含个整数值的数组：

```
int array[n];
```

动态数组是一种可以在程序执行期间改变大小的数组。C++ 标准库提供了几种动态数组，其中最有用的是 vector 结构。

### 5.1.1 vectors

vector 是一种动态数组，允许我们高效地在结构的末尾添加和删除元素。我们可以使用 vector 来存储元素列表。例如，以下代码创建了一个空的 vector，并向其中添加了三个元素：

```
vector<int> v;
v.push_back(3); // [3]
v.push_back(2); // [3,2]
v.push_back(5); // [3,2,5]
```

然后，可以像普通数组一样访问元素：

```
cout << v[0] << "\n"; // 3
cout << v[1] << "\n"; // 2
cout << v[2] << "\n"; // 5
```

另一种创建 vector 的方法是给出其元素的列表：

```
vector<int> v = {2,4,2,5,1};
```

我们还可以给出元素的数量及其初始值：

```
vector<int> a(8);         // 大小为 8，初始值为 0
vector<int> b(8,2);       // 大小为 8，初始值为 2
```

函数 size 返回 vector 中元素的数量。例如，以下代码遍历 vector 并输出其元素：

```
for (int i = 0; i < v.size(); i++) {
    cout << v[i] << "\n";
}
```

遍历 vector 的简短方式如下：

```
for (auto x : v) {
    cout << x << "\n";
}
```

函数 back 返回 vector 的最后一个元素，函数 pop_back 删除最后一个元素：

```
vector<int> v = {2,4,2,5,1};
cout << v.back() << "\n"; // 1
v.pop_back();
cout << v.back() << "\n"; // 5
```

vector 的实现使得 push_back 和 pop_back 操作在平均情况下以 $O(1)$ 时间工作。在实践中，使用 vector 几乎与使用普通数组一样快。

## 5.1.2 迭代器和区间

迭代器是指向数据结构元素的变量。迭代器 begin 指向数据结构的第一个元素，迭代器 end 指向最后一个元素之后的位置。例如，在包含八个元素的 vector v 中，情况可能如下所示：

```
[5, 2, 3, 1, 2, 5, 7, 1]
 ↑              ↑
 v.begin()      v.end()
```

注意迭代器的不对称性：begin() 指向数据结构中的一个元素，而 end() 指向数据结构之外的位置。

区间（range）是数据结构中连续元素的序列。指定区间的通常方法是给出其第一个元素的迭代器和最后一个元素之后的位置的迭代器[1]。特别是，begin() 和 end() 迭代器定义了包含数据结构中所有元素的范围。

C++ 标准库函数通常与区间一起操作。例如，以下代码首先对 vector 进行排序，然后反转其元素的顺序，最后打乱其元素：

```
sort(v.begin(),v.end());
reverse(v.begin(),v.end());
random_shuffle(v.begin(),v.end());
```

可以使用 * 符号访问迭代器指向的元素。例如，以下代码输出 vector 的第一个元素：

```
cout << *v.begin() << "\n";
```

举一个更有用的例子，lower_bound 给出一个迭代器，指向排序范围中第一个值至少为 $x$ 的元素，而 upper_bound 给出一个迭代器，指向第一个值大于 $x$ 的元素：

```
vector<int> v = {2,3,3,5,7,8,8,8};
auto a = lower_bound(v.begin(),v.end(),5);
auto b = upper_bound(v.begin(),v.end(),5);
cout << *a << " " << *b << "\n"; // 5 7
```

请注意，上述函数仅在给定区间已排序时才能正确工作。这些函数使用二分查找，并在对数时间内找到请求的元素。

如果没有这样的元素，函数将返回指向区间中最后一个元素之后的迭代器。

C++ 标准库包含大量值得探索的有用函数。例如，以下代码创建一个包含原始 vector 中唯一元素并按排序顺序排列的 vector：

```
sort(v.begin(),v.end());
v.erase(unique(v.begin(),v.end()),v.end());
```

### 5.1.3 其他结构

deque 是一种可以在两端高效操作的动态数组。与 vector 类似，deque 提供了 push_back 和 pop_back 函数，还提供了 push_front 和 pop_front 函数，这些函数在 vector 中不可用。deque 可以如下使用：

```
deque<int> d;
```

---

[1] 译者注：也就是左闭右开区间。

```
d.push_back(5); // [5]
d.push_back(2); // [5,2]
d.push_front(3); // [3,5,2]
d.pop_back(); // [3,5]
d.pop_front(); // [5]
```

deque 的操作也在 $O(1)$ 时间内工作。然而，deque 的常数因子比 vector 大，因此只有在需要操作数组的两端时才应使用 deque。

C++ 还提供了两种默认基于 deque 的专用数据结构。stack 具有用于在结构末尾插入和删除元素的 push 和 pop 函数，以及用于检索最后一个元素的 top 函数：

```
stack<int> s;
s.push(2); // [2]
s.push(5); // [2,5]
cout << s.top() << "\n"; // 5
s.pop(); // [2]
cout << s.top() << "\n"; // 2
```

在 queue 中，元素在结构的末尾插入，并从结构的前端移除。front 和 back 函数用于访问第一个和最后一个元素。

```
queue<int> q;
q.push(2); // [2]
q.push(5); // [2,5]
cout << q.front() << "\n"; // 2
q.pop(); // [5]
cout << q.back() << "\n"; // 5
```

## 5.2 集合结构

set 是一种维护元素集合的数据结构。set 的基本操作包括元素插入、搜索和删除。set 的实现使得所有这些操作都非常高效，这通常允许我们通过使用 set 来改进算法的运行时间。

### 5.2.1 set与multiset

C++ 标准库包含两种集合结构：

（1）set：基于平衡二叉搜索树，其操作的时间复杂度为 $O(\log n)$。

（2）unordered_set：基于哈希表，其操作的平均时间复杂度[1]为 $O(1)$。

这两种结构都非常高效，通常可以使用其中任何一种。由于它们的使用方式相同，我们在以下示例中主要关注 set 结构。

以下代码创建了一个包含整数的 set，并展示了其一些操作。insert 函数向集合中添加元素，count 函数返回 set 中某个元素的出现次数，erase 函数从集合中删除元素。

```
set<int> s;
s.insert(3);
s.insert(2);
s.insert(5);
cout << s.count(3) << "\n"; // 1
cout << s.count(4) << "\n"; // 0
s.erase(3);
s.insert(4);
cout << s.count(3) << "\n"; // 0
cout << s.count(4) << "\n"; // 1
```

set 的一个重要特性是它们的所有元素都是唯一的。因此，count 函数总是返回 0（元素不在集合中）或 1（元素在集合中），而如果元素已经存在，则 insert 函数不会将其添加到集合中。以下代码说明了这一点：

```
set<int> s;
s.insert(3);
s.insert(3);
s.insert(3);
cout << s.count(3) << "\n"; // 1
```

集合可以像 vector 一样使用，但不能使用 [] 符号访问元素。以下代码输出 set 中的元素数量，然后遍历元素：

```
cout << s.size() << "\n";
for (auto x : s) {
    cout << x << "\n";
}
```

find(x) 函数返回一个指向值为 x 的元素的迭代器。然而，如果集合中不包含 x，则迭代器将为 end()。

```
auto it = s.find(x);
```

---

[1] 操作的最坏情况时间复杂度为 $O(n)$，但这种情况极少发生。

```
if (it == s.end()) {
    // x 未找到
}
```

C++ 中的两种 set 结构的主要区别在于 set 是有序的，而 unordered_set 是无序的。因此，如果我们想维护元素的顺序，则必须使用 set 结构。

例如，考虑在集合中查找最小值和最大值的问题。为了高效地做到这一点，我们需要使用 set 结构。由于元素是有序的，我们可以按以下方式找到最小值和最大值：

```
auto first = s.begin();
auto last = s.end(); last--;
cout << *first << " " << *last << "\n";
```

注意，由于 end() 指向最后一个元素之后的位置，所以我们必须将迭代器减 1。

set 结构还提供了 lower_bound(x) 和 upper_bound(x) 函数，它们分别返回集合中值至少为 $x$ 或大于 $x$ 的最小元素的迭代器。在这两个函数中，如果请求的元素不存在，则返回值为 end()。

```
cout << *s.lower_bound(x) << "\n";
cout << *s.upper_bound(x) << "\n";
```

multiset 是可以包含多个相同值的 set。C++ 提供了 multiset 和 unordered_multiset 结构，它们类似于 set 和 unordered_set。例如，以下代码将值 5 的三个副本添加到 multiset 中。

```
multiset<int> s;
s.insert(5);
s.insert(5);
s.insert(5);
cout << s.count(5) << "\n"; // 3
```

erase 函数从 multiset 中删除某个值的所有副本：

```
s.erase(5);
cout << s.count(5) << "\n"; // 0
```

通常，只需要删除一个值，可以按以下方式操作：

```
s.erase(s.find(5));
cout << s.count(5) << "\n"; // 2
```

注意，count 和 erase 函数有一个额外的 $O(k)$ 因子[1]，其中 $k$ 是被计数 /删除的元素数量。特别是，使用 count 函数计算 multiset 中某个值的副本数量并不高效。

### 5.2.2　map容器

map 是由键值对组成的集合。map 也可以看作一种广义的数组。普通数组的键始终是连续的整数 $0, 1, \cdots, n-1$，其中 $n$ 是数组的大小，而 map 中的键可以是任何数据类型，并且它们不必是连续的值。

C++ 标准库包含两种与 set 结构对应的 map 结构：map 基于平衡二叉搜索树，访问元素的时间复杂度为 $O(\log n)$；unordered_map 使用哈希，访问元素的平均时间复杂度为 $O(1)$。

以下代码创建了一个键为字符串、值为整数的 map：

```
map<string,int> m;
m["monkey"] = 4;
m["banana"] = 3;
m["harpsichord"] = 9;
cout << m["banana"] << "\n"; // 3
```

如果请求某个键的值但 map 中不包含该键，则会自动将该键添加到 map 中，并赋予默认值。例如，在以下代码中，键 "aybabtu" 和值 0 被添加到 map 中。

```
map<string,int> m;
cout << m["aybabtu"] << "\n"; // 0
```

count 函数检查某个键是否存在于 map 中：

```
if (m.count("aybabtu")) {
    // 键存在
}
```

以下代码输出 map 中的所有键和值：

```
for (auto x : m) {
    cout << x.first << " " << x.second << "\n";
}
```

### 5.2.3　优先队列（priority queue）

优先队列是一种支持元素插入的多重集合，并且根据队列的类型，可以检

---

[1]　译者注：二者的时间复杂度是 $O(\log n+k)$。

索和删除最小或最大元素。插入和删除的时间复杂度为 $O(\log n)$，检索的时间复杂度为 $O(1)$。

优先队列通常基于堆（heap）结构，堆是一种特殊的二叉树。虽然 `multiset` 提供了优先队列的所有操作甚至更多，但使用优先队列的好处在于它具有更小的常数因子。因此，如果我们只需要高效地查找最小或最大元素，应考虑使用优先队列而不是 `set` 或 `multiset`。

默认情况下，C++ 优先队列中的元素按降序排序，并且可以查找和删除队列中的最大元素。以下代码说明了这一点：

```
priority_queue<int> q;
q.push(3);
q.push(5);
q.push(7);
q.push(2);
cout << q.top() << "\n"; // 7
q.pop();
cout << q.top() << "\n"; // 5
q.pop();
q.push(6);
cout << q.top() << "\n"; // 6
q.pop();
```

如果我们想创建一个支持查找和删除最小元素的优先队列，可以按以下方式操作：

```
priority_queue<int,vector<int>,greater<int>> q;
```

### 5.2.4 基于策略（policy-based）的集合[1]

g++ 编译器还提供了一些不属于 C++ 标准库的数据结构，这些结构称为基于策略的结构，要使用这些结构，必须在代码中添加以下行：

```
#include <ext/pb_ds/assoc_container.hpp>
using namespace __gnu_pbds;
```

之后，我们可以定义一个类似于 `set` 但可以像数组一样索引的数据结构 `indexed_set`。对于整数值的定义如下：

```
typedef tree<int,null_type,less<int>,rb_tree_tag,
    tree_order_statistics_node_update> indexed_set;
```

---

[1] 选手一般称其为 pb_ds。

然后，我们可以按以下方式创建一个集合：

```
indexed_set s;
s.insert(2);
s.insert(3);
s.insert(7);
s.insert(9);
```

这个集合的特殊之处在于我们可以访问元素在排序数组中的索引。find_by_order 函数返回给定位置的元素的迭代器：

```
auto x = s.find_by_order(2);
cout << *x << "\n"; // 7
```

order_of_key 函数返回给定元素的位置：

```
cout << s.order_of_key(7) << "\n"; // 2
```

如果元素不在集合中，我们将获得假如该元素加入 set 之后的位置[1]：

```
cout << s.order_of_key(6) << "\n"; // 2
cout << s.order_of_key(8) << "\n"; // 3
```

这两个函数的时间复杂度均为 $O(\log n)$。

## 5.3 实　验

本节我们将展示一些关于本章介绍的数据结构在实际应用中的效率结果。虽然时间复杂度是一个很好的工具，但它们并不总是能完全反映效率的全部，因此在实际实现和数据集上进行实验也是非常有价值的。

### 5.3.1　set与排序的比较

许多问题可以使用 set 或排序来解决。重要的是要意识到，使用排序的算法通常要快得多，即使仅从时间复杂度上看并不明显。

例如，考虑计算 vector 中唯一元素数量的问题。一种解决方法是将所有元素添加到 set 中并返回 set 的大小。由于不需要维护元素的顺序，我们可以使用 set 或 unordered_set。另一种解决方法是首先对 vector 进行排序，然后遍历其元素。在排序后，计算唯一元素的数量变得很容易。

---

[1] 也就是集合中比该元素小的元素个数。

表 5.1 是使用随机 int 值的 vector 对上述算法进行测试的实验结果。结果表明，unordered_set 算法比 set 算法快约两倍，而排序算法比 set 算法快十倍以上。请注意，set 算法和排序算法的时间复杂度都是 $O(n \log n)$，然而，后者要快得多。原因是排序是一个简单的操作，而 set 中使用的平衡二叉搜索树是一个复杂的数据结构。

表 5.1　计算 vector 中唯一元素数量的实验结果

| 输入大小 $n$ | set/s | unordered_set/s | 排序/s |
| --- | --- | --- | --- |
| $10^6$ | 0.65 | 0.34 | 0.11 |
| $2 \cdot 10^6$ | 1.50 | 0.76 | 0.18 |
| $4 \cdot 10^6$ | 3.38 | 1.63 | 0.33 |
| $8 \cdot 10^6$ | 7.57 | 3.45 | 0.68 |
| $16 \cdot 10^6$ | 17.35 | 7.18 | 1.38 |

注：前两种算法将元素插入 set 结构中，最后一种算法对 vector 进行排序并检查连续元素。

### 5.3.2　map 与数组的比较

与数组相比，map 是一种方便的结构，因为可以使用任何索引，但它们也有较大的常数因子。在我们的下一个实验中，将创建一个包含 $n$ 个 1 到 $10^6$ 之间的随机整数的 vector，然后通过计算每个元素的数量来确定最频繁的值。首先使用 map，由于上限 $10^6$ 较小，我们也可以使用数组。

表 5.2 展示了实验的结果。unordered_map 比 map 快约三倍，但数组几乎快了一百倍。因此，应尽可能使用数组而不是 map。需要特别注意的是，虽然 unordered_map 提供了 $O(1)$ 时间操作，但数据结构中隐藏着较大的常数因子。

表 5.2　确定 vector 中最频繁值的实验结果

| 输入大小 $n$ | map/s | unordered_map/s | 数组/s |
| --- | --- | --- | --- |
| $10^6$ | 0.55 | 0.23 | 0.01 |
| $2 \cdot 10^6$ | 1.14 | 0.39 | 0.02 |
| $4 \cdot 10^6$ | 2.34 | 0.73 | 0.03 |
| $8 \cdot 10^6$ | 4.68 | 1.46 | 0.06 |
| $16 \cdot 10^6$ | 9.57 | 2.83 | 0.11 |

注意：前两种算法使用 map 结构，最后一种算法使用普通数组。

### 5.3.3 优先队列与multiset的比较

优先队列真的比 multiset 快吗？为了找出答案，我们创建了两个包含 $n$ 个随机 int 数的 vector，进行了另一个实验。首先，将第一个 vector 的所有元素添加到数据结构中，然后，遍历第二个 vector，反复从数据结构中移除最小的元素并将新元素添加到其中。

表 5.3 展示了实验的结果。结果表明，在这个问题中，优先队列比 multiset 快约五倍。

表 5.3 使用 multiset 与优先队列添加和移除元素的实验结果

| 输入大小 $n$ | multiset/s | 优先队列/s |
| --- | --- | --- |
| $10^6$ | 1.17 | 0.19 |
| $2 \cdot 10^6$ | 2.77 | 0.41 |
| $4 \cdot 10^6$ | 6.10 | 1.05 |
| $8 \cdot 10^6$ | 13.96 | 2.52 |
| $16 \cdot 10^6$ | 30.93 | 5.95 |

# 第 6 章　动态规划

许多问题可以通过将其分解成相似但更小的子问题来解决。解决完一个子问题后，就可以用解决方案解决更大的子问题，这种技巧被称为动态规划。动态规划通常可以高效地解决给定问题，因为它避免了重复求解相同的子问题，而是将子问题的答案保存在数组中。

6.1 节以硬币找零问题为切入点，深入探讨了动态规划的基本原理及其应用。该问题设定为：给定一组不同面值的硬币，要求用最少数量的硬币组合出指定的金额。虽然贪心算法提供了一种直观的解决方案，但这种方法并不总能保证得到最优解，特别是在某些特定的硬币面值组合下。相比之下，动态规划通过构建和利用子问题的解，确保了无论面对何种面值组合，都能高效地找到使用硬币数量最少的精确解。

6.2 节通过一系列经典问题展示了动态规划强大的问题解决能力。这些问题包括：在数组中寻找最长递增子序列；在二维网格中寻找最优路径；背包问题，即在给定的一组物品中找到具有某些特性的子集；将对排列的迭代转换成对子集的迭代；统计铺瓷砖方案数等。这些问题的多样性不仅体现了动态规划的广泛应用性，也展示了其在处理复杂、多维度问题时的独特优势。

## 6.1 基本概念

本节我们将通过一个硬币找零问题来介绍动态规划的基本概念。首先我们介绍一个针对该问题的贪心算法，但这个算法并不总能得到最优解。之后，展示如何使用动态规划高效地解决这个问题。

### 6.1.1 贪心算法的失效

假设给定一组硬币面值 coins = $c_1$, $c_2$, …, $c_k$ 和目标金额 $n$，我们需要用尽可能少的硬币来构成金额 $n$。每种面值的硬币可以使用任意次数。例如，如果 coins = 1, 2, 5 且 $n = 12$，最优解是 5+5+2 = 12，需要三枚硬币。

解决这个问题有一个自然的贪心算法：每次都选择可能的最大面值硬币，使得硬币总和不超过目标金额。比如当 $n = 12$ 时，我们先选择两个面值为 5 的硬币，然后选择一个面值为 2 的硬币来完成。这看起来是一个合理的策略，但它总是最优的吗？

事实证明这个策略并不总是有效。例如，如果 coins = 1, 3, 4 且 $n = 6$,

最优解只需要两枚硬币（3+3 = 6），但贪心策略会产生三枚硬币的解（4+1+1 = 6）。这个简单的反例说明贪心算法是不正确的[1]。

## 6.1.2 寻找最优解

要使用动态规划，我们应该递归地表述问题，使得问题的解可以从更小的子问题的解计算出来。在硬币问题中，一个自然的递归问题是计算函数 `solve(x)` 的值：构成金额 $x$ 所需的最小硬币数量是多少？显然，函数的值取决于硬币的面值。例如，如果 `coins = {1, 3, 4}`，函数的前几个值如下：

```
solve(0) = 0
solve(1) = 1
solve(2) = 2
solve(3) = 2
solve(4) = 2
solve(5) = 2
solve(6) = 2
solve(7) = 2
solve(8) = 2
solve(9) = 3
solve(10) = 3
```

例如，`solve(10) = 3`，因为至少需要 3 枚硬币来构成金额为 10。最优解是 3+3+4 = 10。

`solve` 的本质属性是它的值可以从更小的值递归计算出来。思路是关注我们为总和选择的第一枚硬币。例如，在上面的场景中，第一枚硬币可以是 1、3 或 4。如果我们先选择硬币 1，剩余的任务是用最少的硬币构成总金额 9，这是原问题的一个子问题。当然，这同样适用于硬币 3 和 4。因此，我们可以使用以下递归公式来计算最小硬币数：

```
solve(x) = min(solve(x-1)+1, solve(x-3)+1, solve(x-4)+1)
```

递归边界是 `solve(0) = 0`，因为金额为 0 不需要硬币。例如：

```
solve(10) = solve(7)+1 = solve(4)+2 = solve(0)+3 = 3
```

现在我们可以给出一个通用的递归函数，用于计算构成金额 $x$ 所需的最小硬币数：

---

[1] 这是一个有趣的问题：贪心算法究竟在什么情况下能够生效。Pearson 描述了一种高效的测试算法[1]。

$$\text{solve}(x) = \begin{cases} \infty & x < 0 \\ 0 & x = 0 \\ \min_{c \in \text{coins}} \text{solve}(x-c) + 1 & x > 0 \end{cases}$$

首先，如果 $x < 0$，值为无穷大，因为不可能形成负数金额。然后，如果 $x = 0$，值为零，因为组成金额为 0 不需要硬币。最后，如果 $x > 0$，变量 $c$ 遍历所有可能的第一个硬币的选择。

一旦找到解决问题的递归函数，我们就可以直接用 C++ 实现解决方案（常量 INF 表示无穷大）：

```
int solve(int x) {
    if (x < 0) return INF;
    if (x == 0) return 0;
    int best = INF;
    for (auto c : coins) {
        best = min(best, solve(x-c)+1);
    }
    return best;
}
```

然而，这个函数并不高效，因为可能有大量构造金额的方式，并且函数会检查所有这些方式。幸运的是，有一个简单的方法可以使函数变得高效。

### 1. 记忆化

动态规划的关键思想是记忆化，这意味着我们在计算每个函数值后直接将其存储在数组中。然后，当再次需要该值时，可以从数组中检索而无需递归调用。为此，我们创建数组：

```
bool ready[N];
int value[N];
```

其中，`ready[x]` 表示 `solve(x)` 的值是否已经被计算过，如果是，则 `value[x]` 包含这个值。常量 N 被选择为能容纳所有需要的值。

函数的一种高效实现如下：

```
int solve(int x) {
    if (x < 0) return INF;
    if (x == 0) return 0;
    if (ready[x]) return value[x];
    int best = INF;
    for (auto c : coins) {
```

```
            best = min(best, solve(x-c)+1);
        }
        ready[x] = true;
        value[x] = best;
        return best;
    }
```

函数像之前一样处理基本情况 $x < 0$ 和 $x = 0$，然后从 ready[x] 中检查 solve(x) 是否已经存储在 value[x] 中，如果是，函数直接返回它，否则函数递归计算 solve(x) 的值并将其存储在 value[x] 中。

这个函数很高效，因为对于每个参数 $x$，答案只被递归计算一次。在 solve(x) 的值被存储在 value[x] 中后，无论何时函数再次用参数 $x$ 调用，都可以高效地检索它。算法的时间复杂度是 $O(nk)$，其中 $n$ 是目标和，$k$ 是硬币的数量。

### 2. 迭代实现

注意，我们也可以使用循环迭代构造数组 value，如下所示：

```
value[0] = 0;
for (int x = 1; x <= n; x++) {
    value[x] = INF;
    for (auto c : coins) {
        if (x-c >= 0) {
            value[x] = min(value[x], value[x-c]+1);
        }
    }
}
```

实际上，大多数竞赛选手更喜欢这种实现，因为它更短且常数因子更小。从现在开始，我们在例子中也使用迭代实现。不过，用递归函数来思考动态规划解决方案通常更容易。

### 3. 构造解

有时我们不仅需要找到最优解的值，还需要给出如何构造这样一个解的例子。为了在我们的硬币问题中构造最优解，我们可以声明一个新数组，为每个金额指示最优解中的第一个硬币：

```
int first[N];
```

我们可以修改算法如下：

```
value[0] = 0;
for (int x = 1; x <= n; x++) {
    value[x] = INF;
    for (auto c : coins) {
        if (x-c >= 0 && value[x-c]+1 < value[x]) {
            value[x] = value[x-c]+1;
            first[x] = c;
        }
    }
}
```

之后，以下代码输出构成总和 $n$ 的最优解中出现的硬币：

```
while (n > 0) {
    cout << first[n] << "\n";
    n -= first[n];
}
```

### 6.1.3 统计方案数

现在让我们考虑硬币问题的另一个变体，计算使用硬币构成金额 $x$ 的方法总数。例如，如果 coins = 1，3，4 且 $x=5$，总共有 6 种方法：

- 1+1+1+1+1
- 1+1+3
- 1+3+1
- 3+1+1
- 1+4
- 4+1

我们可以再次递归求解这个问题。令 solve($x$) 表示我们可以构成金额 $x$ 的方案数。例如，如果 coins = 1，3，4，则 solve(5) = 6 且递归公式为：

$$\text{solve}(x) = \text{solve}(x-1) + \text{solve}(x-3) + \text{solve}(x-4)$$

递归函数的通用公式如下：

$$\text{solve}(x) = \begin{cases} 0 & x < 0 \\ 1 & x = 0 \\ \sum_{c \in \text{coins}} \text{solve}(x-c) & x > 0 \end{cases}$$

如果 $x < 0$，则值为零，因为没有解。如果 $x = 0$，则值为 1，因为只有一种方式构成金额为零。否则我们计算所有形式为 solve($x$-$c$) 的值之和，其中 $c$ 属于 coins。

下面的代码构造了一个数组 count，使得 count[x] 等于 solve(x) 的值，其中 $0 \leq x \leq n$：

```
count[0] = 1;
for (int x = 1; x <= n; x++) {
    for (auto c : coins) {
        if (x-c >= 0) {
            count[x] += count[x-c];
        }
    }
}
```

通常解的数量非常大，不需要计算确切的数字，只需给出对 $m$ 的模即可，例如 $m = 10^9+7$。这可以通过更改代码使所有计算都对 $m$ 取模来实现。在上面的代码中，只需在：

```
count[x] += count[x-c];
```

之后添加一行[1]：

```
count[x] %= m;
```

## 6.2 更多示例

在讨论了动态规划的基本概念之后，我们现在准备学习一系列可以用动态规划高效解决的问题。正如我们将看到的，动态规划是一种灵活多变的技巧，在算法设计中有很多应用。

### 6.2.1 最长递增子序列

数组中的最长递增子序列是指数组中从左到右的最大长度序列，其中序列中的每个元素都大于前一个元素。图 6.1 显示了一个 8 个元素数组中的最长递增子序列。

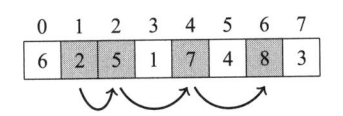

图 6.1 该数组的最长递增子序列是 [2, 5, 7, 8]

---

[1] 译者注：可以进一步简化为：(count[x] + = count[x-c]) % = m。

我们可以使用动态规划高效地找到数组中的最长递增子序列。令 length(k) 表示以位置 k 结尾的最长递增子序列的长度。那么，如果我们计算所有 $0 \leq k \leq n-1$ 的 length(k) 值，就能找到最长递增子序列的长度。示例数组中函数的值如下：

```
length(0) = 1
length(1) = 1
length(2) = 2
length(3) = 1
length(4) = 3
length(5) = 2
length(6) = 4
length(7) = 2
```

例如，length(6) = 4，因为以位置 6 结尾的最长递增子序列由 4 个元素组成。

要计算 length(k) 的值，我们应该找到一个位置 $i < k$，使得 array[i] < array[k] 且 length(i) 尽可能大。因此 length(k) = length(i)+1，因为这是将 array[k] 附加到子序列的最优方式。但是，如果没有这样的位置 i，那么 length(k) = 1，这意味着子序列只包含 array[k]。

函数的所有值都可以从其较小的值计算出来，因此我们可以使用动态规划来计算这些值。在下面的代码中，函数的值将存储在数组 length 中。

```
for (int k = 0; k < n; k++) {
    length[k] = 1;
    for (int i = 0; i < k; i++) {
        if (array[i] < array[k]) {
            length[k] = max(length[k],length[i]+1);
        }
    }
}
```

这个算法时间复杂度[1]显然是 $O(n^2)$。

## 6.2.2 网格中的路径

我们的下一个问题是在 $n \times n$ 网格中找到一条从左上角到右下角的路径，

---

[1] 这个问题也有更高效的 $O(n \log n)$ 实现。你知道如何做吗？

限制是我们只能向下和向右移动。每个方格包含一个整数，构造路径时应使路径上的值之和尽可能大。

例如，图 6.2 显示了 5×5 网格中的最优路径。路径上的值之和为 67，这是从左上角到右下角路径的最大可能和。

假设网格的行和列从 1 到 $n$ 编号，value[$y$][$x$] 等于方格 ($y$, $x$) 的值。令 sum($y$, $x$) 表示从左上角到方格 ($y$, $x$) 的路径上的最大和。那么，sum($n$, $n$) 就是从左上角到右下角的最大和。例如，在上面的网格中，sum(5, 5) = 67。现在我们可以使用公式

$$\text{sum}(x, y) = \max(\text{sum}(y, x-1), \text{sum}(y-1, x)) + \text{value}[y][x]$$

这基于以下观察：到达方格 ($y$, $x$) 的路径可以从方格 ($y$, $x-1$) 或方格 ($y-1$, $x$) 而来（图 6.3）。因此，我们选择使和最大的方向。假设 $y = 0$ 或 $x = 0$ 时 sum($y$, $x$) = 0，所以递归公式也适用于最左边和最上边的方格。

**图 6.2** 从左上角到右下角的最优路径

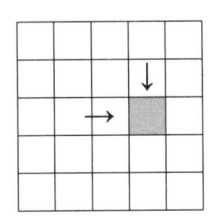

**图 6.3** 在路径上到达一个方格的两种可能方式

由于函数 sum 有两个参数，所以动态规划数组也有两个维度。例如，我们可以使用数组

```
int sum[N][N];
```

并按如下方式计算和：

```
for (int y = 1; y <= n; y++) {
    for (int x = 1; x <= n; x++) {
        sum[y][x] = max(sum[y][x-1],sum[y-1][x])+value[y][x];
```

```
        }
    }
```

算法的时间复杂度为 $O(n^2)$。

### 6.2.3 背包问题

术语"背包"指的是给定一组物品，需要找到具有某些特性的子集的问题。背包问题通常可以用动态规划来解决。

在本节中，我们关注以下问题：给定一个重量列表 $[w_1, w_2, \cdots, w_n]$，确定使用这些重量可以构造的所有总重量。图 6.4 展示了使用重量 $[1, 3, 3, 5]$ 可能的总重量。在这种情况下，除了 2 和 10 以外，0 到 12 之间的所有总重量都是可能的。比如，总重量为 7 是可能的，因为我们可以选择重量 $[1, 3, 3]$。

| 0 | 1 | 2 | 3 | 4 | 5 | 6 | 7 | 8 | 9 | 10 | 11 | 12 |
|---|---|---|---|---|---|---|---|---|---|----|----|----|
| √ | √ |   | √ | √ | √ | √ | √ | √ | √ |    | √  | √  |

图 6.4　使用重量 $[1, 3, 3, 5]$ 构造和

为了解决这个问题，我们关注只使用前 $k$ 个重量构造总重量的子问题。令 `possible(x, k) = true` 表示我们可以用前 $k$ 个重量构造总重量 $x$，否则 `possible(x, k) = false`。该函数的值可以使用如下公式递归计算：

$$\text{possible}(x, k) = \text{possible}(x-w_k, k-1) \text{ 或 } \text{possible}(x, k-1)$$

这基于以下事实：我们可以在总重量中使用或不使用重量 $w_k$。如果我们使用 $w_k$，剩下的任务就是用前 $k-1$ 个重量形成总重量 $x-w_k$；如果我们不使用 $w_k$，剩下的任务就是用前 $k-1$ 个重量形成总重量 $x$。递归边界是：

$$\text{possible}(x, 0) = \begin{cases} \text{true} & x = 0 \\ \text{false} & x \neq 0 \end{cases}$$

因为如果不使用任何重量，我们只能形成总重量为 0。最后，`possible(x, n)` 告诉我们是否可以使用所有重量构造总重量 $x$。

图 6.5 展示了重量为 $[1, 3, 3, 5]$ 时函数的所有取值（符号"√"表示真实值）。例如，当 $k = 2$ 时，我们可以使用重量 $[1, 3]$ 构造出总重量为 $[0, 1, 3, 4]$ 的组合。

设 $m$ 为给定所有重量的总和。下面这个时间复杂度为 $O(nm)$ 的动态规划解决方案对应于递归方式：

```
possible[0][0] = true;
```

|     | 0 | 1 | 2 | 3 | 4 | 5 | 6 | 7 | 8 | 9 | 10 | 11 | 12 |
|-----|---|---|---|---|---|---|---|---|---|---|----|----|----|
| k=0 | ✓ |   |   |   |   |   |   |   |   |   |    |    |    |
| k=1 | ✓ | ✓ |   |   |   |   |   |   |   |   |    |    |    |
| k=2 | ✓ | ✓ |   | ✓ | ✓ |   |   |   |   |   |    |    |    |
| k=3 | ✓ | ✓ |   | ✓ | ✓ |   | ✓ | ✓ |   |   |    |    |    |
| k=4 | ✓ | ✓ |   | ✓ | ✓ | ✓ | ✓ | ✓ | ✓ | ✓ |    | ✓  | ✓  |

图 6.5　使用动态规划解决重置为 [1, 3, 3, 5] 的背包问题

```
for (int k = 1; k <= n; k++) {
    for (int x = 0; x <= m; x++) {
        if (x-w[k] >= 0) {
            possible[x][k] |= possible[x-w[k]][k-1];
        }
        possible[x][k] |= possible[x][k-1];
    }
}
```

事实证明，还有一种更紧凑的方式来实现动态规划的计算——只使用一个一维数组 possible[x] 来表示我们是否可以构造总重量为 x 的子集。实现的关键是对每个新的重量从右向左更新数组：

```
possible[0] = true;
for (int k = 1; k <= n; k++) {
    for (int x = m-w[k]; x >= 0; x--) {
        possible[x+w[k]] |= possible[x];
    }
}
```

注意，本节介绍的通用动态规划思想也可以用于其他背包问题，比如物品具有重量和价值，我们必须找到重量不超过给定限制的最大价值子集的情况。

### 6.2.4　从排列到子集

使用动态规划，我们通常可以将对排列的迭代转换成对子集的迭代。这样做的好处是 $n!$（排列数）远大于 $2^n$（子集数）。例如，当 $n = 20$ 时，$n! \approx 2.4 \cdot 10^{18}$，$2^n \approx 10^6$。因此，对于某些 $n$ 值，我们可以高效地遍历子集但无法遍历排列。

举个例子，考虑以下问题：有一部电梯最大载重为 $x$，$n$ 个人想从一楼到顶层。这些人编号为 0, 1, ..., n–1，第 $i$ 个人的重量是 weight[i]。要让所有人都到达顶层，最少需要多少趟电梯运行？

设 $x = 12$，$n = 5$，重量如下：

- weight[0] = 2。
- weight[1] = 3。
- weight[2] = 4。
- weight[3] = 5。
- weight[4] = 9。

在这种情况下，最少需要两趟。一个最优解如下：第一趟，第 0、2 和 3 号人乘坐电梯（总重量 11），然后，第 1 和 4 号人乘坐电梯（总重量 12）。

该问题可以通过测试 $n$ 个人的所有可能排列在 $O(n!n)$ 时间内轻松解决。然而，我们可以使用动态规划创建一个更高效的 $O(2^n n)$ 的算法。思路是为每个人的子集计算两个值：所需的最小运行次数和最后一组乘坐的人的最小重量。

令 rides($S$) 表示子集 $S$ 所需的最小运行次数，last($S$) 表示在运行次数最小的解决方案中最后一次运行的最小重量。例如，在上述情况下：

$$\text{rides}(\{3, 4\}) = 2 \text{ 且 } \text{last}(\{3, 4\}) = 5$$

因为让第 3 和第 4 个人到达顶层的最佳方式是他们分两次乘坐，第 4 个人先走，这样可以最小化第二次运行的重量。当然，我们的最终目标是计算 rides({0 ... $n$-1}) 的值。

我们可以递归地计算函数值，然后应用动态规划。要计算子集 $S$ 的值，我们遍历属于 $S$ 的所有人并最优地选择最后一个进入电梯的人 $p$。每个这样的选择都会产生一个更小子集的子问题。如果 last($S\backslash p$)+weight[$p$]≤$x$，则我们可以将 $p$ 添加到最后一趟。否则，我们必须预留一次只包含 $p$ 新的一趟。

实现动态规划计算的一个便捷方法是使用位运算。首先，我们声明一个数组：

```
pair<int,int> best[1<<N];
```

该数组为每个子集 $S$ 包含一对 (rides($S$), last($S$))。对于空子集，我们单独开一趟：

```
best[0] = {1,0};
```

然后，我们可以按如下方式填充数组：

```
for (int s = 1; s < (1<<n); s++) {
    // 初始值：需要 n+1 次运行
    best[s] = {n+1,0};
```

```
        for (int p = 0; p < n; p++) {
            if (s&(1<<p)) {
                auto option = best[s^(1<<p)];
                if (option.second+weight[p] <= x) {
                    // 将 p 添加到最后一趟
                    option.second += weight[p];
                } else {
                    // 为 p 预留新的一趟
                    option.first++;
                    option.second = weight[p];
                }
                best[s] = min(best[s], option);
            }
        }
    }
```

注意，上述循环保证了对于任何两个子集 $S_1$ 和 $S_2$，如果 $S_1 \subset S_2$，我们会在 $S_2$ 之前处理 $S_1$。因此，动态规划值的计算顺序是正确的。

### 6.2.5 统计铺瓷砖方案数

有时动态规划的状态比固定值的组合更复杂。下面以计算使用 $1 \times 2$ 和 $2 \times 1$ 大小的瓷砖填充 $n \times m$ 网格的不同方案数为例进行说明。例如，填充 $4 \times 7$ 网格总共有 781 种方法，图 6.6 显示了其中一种解决方案。

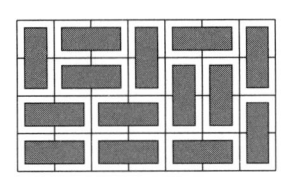

图 6.6 使用 $1 \times 2$ 和 $2 \times 1$ 大小的瓷砖填充 $4 \times 7$ 网格的一种方案

可以使用动态规划逐行遍历网格来解决这个问题。解决方案中的每一行可以表示为一个包含来自集合 {⊓, ⊔, ⊏, ⊐} 中 $m$ 个字符的字符串。例如，图 6.6 中的解决方案由对应以下字符串的四行组成：

⊓⊐⊐⊓⊏⊐⊐
⊔⊏⊐⊔⊓⊓⊔
⊏⊐⊏⊐⊔⊔⊓
⊏⊐⊏⊐⊏⊐⊔

假设网格的行编号为从 1 到 $n$。设 count($k$, $x$) 表示构造第 $1 \cdots k$ 行解的方案数，其中字符串 x 对应第 k 行。这里可以使用动态规划，因为一行的状态仅受前一行状态的约束。

可行解必须满足：第 1 行不包含字符 ⊔，第 n 行不包含字符 ⊓，且所有相邻行必须兼容。例如，行 ⊔ ⊏⊐ ⊔⊓⊓⊔ 和 ⊏⊐⊏⊐ ⊔⊔⊓ 是兼容的，而行 ⊓ ⊏⊐ ⊓ ⊏⊐ ⊓ 和 ⊏⊐⊏⊐⊏⊐ ⊔ 是不兼容的。

由于一行由 m 个字符组成，每个字符有四种选择，所以不同行的数量最多为 $4^m$。我们可以遍历每一行的 $O(4^m)$ 个可能状态，对于每个状态，前一行有 $O(4^m)$ 个可能状态，因此解的时间复杂度为 $O(n4^{2m})$。实践中，最好将网格旋转到让较短的边长度为 m，因为因子 $4^{2m}$ 在时间复杂度中占主导地位。

通过使用更紧凑的行表示方法可以使这个解法更有效率。实际上只需要知道前一行的哪些列包含垂直瓷砖的上半部分。因此，我们可以仅使用字符 ⊓ 和 □ 来表示一行，其中 □ 是字符 ⊔、⊏ 和 ⊐ 的组合。使用这种表示方法，只有 $2^m$ 个不同的行，时间复杂度为 $O(n2^{2m})$。

最后值得注意的是，还有一个直接计算铺砖数量的神奇公式[1]：

$$\prod_{a=1}^{\lceil n/2 \rceil} \prod_{b=1}^{\lceil m/2 \rceil} 4 \cdot \left( \cos^2 \frac{\pi a}{n+1} + \cos^2 \frac{\pi b}{m+1} \right)$$

这个公式非常高效，因为它只需要 $O(nm)$ 时间就能计算出铺砖数量。然而，在实践中使用这个公式会很困难，因为中间结果是实数，需要准确存储才能得到正确结果。

### 参考文献

[1] D Pearson. A polynomial-time algorithm for the change-making problem. Oper. Res. Lett, 2005, 33(3): 231-234.

[2] P W Kasteleyn. The statistics of dimers on a lattice. Physica, 1961, 27(12): 1209-1225.

[3] H N V Temperley, M E Fisher. Dimer problem in statistical mechanics-an exact result. Philosop. Mag, 1961, 6(68): 1061-1063.

---

1）另一个令人惊讶的事实是，该公式在同一年（1961 年）被独立发现两次[2,3]。

# 第 7 章 图论算法

许多编程问题可以通过将问题视为图并使用适当的图论算法来解决。在本章中，我们将学习图的基础知识和一系列重要的图论算法。

7.1 节讨论图的术语和可用于在算法中表示图的数据结构。

7.2 节介绍两种基本的图遍历算法：深度优先搜索是从起始节点访问所有可达节点的简单方法，广度优先搜索则按照节点与起始节点距离递增的顺序访问节点。

7.3 节介绍在带权图中寻找最短路的算法。Bellman-Ford 算法是一种简单的算法，可以找到从起始节点到所有其他节点的最短路。Dijkstra 算法是一个更高效的算法，但要求所有边权都是非负的。Floyd-Warshall 算法用于确定图中任意两个节点之间的最短路。

7.4 节探讨有向无环图的特殊性质。我们将学习如何构建拓扑排序，以及如何使用动态规划高效处理这类图。

7.5 节重点关注每个节点都有唯一后继节点的后继图。我们将讨论一种寻找节点后继的高效方法和 Floyd 的循环检测算法。

7.6 节介绍 Kruskal 和 Prim 构建最小生成树的算法。Kruskal 算法基于高效的并查集结构，这种结构在算法设计中还有其他用途。

# 7.1 图论基础知识

本节我们首先介绍讨论图及其属性时使用的术语，之后重点介绍算法竞赛中可用于表示图的数据结构。

## 7.1.1 图论术语

图由节点（也称为顶点）组成，这些节点通过边连接。在本书中，变量 $n$ 表示图中节点的数量，变量 $m$ 表示边的数量。节点使用整数 $1, 2, \cdots, n$ 进行编号。图 7.1 显示了一个具有 5 个节点和 7 条边的图。

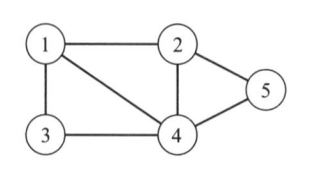

图 7.1  包含 5 个节点和 7 条边的图

一条路径通过图的边从一个节点通向另一个节点。路径的长度是其包含的边的数量。图 7.2 显示了从节点 1 到节点 5 的长度为 3 的路径 $1 \to 3 \to 4 \to 5$。环是首尾节点相同的路径。图 7.3 显示了一个环 $1 \to 3 \to 4 \to 1$。

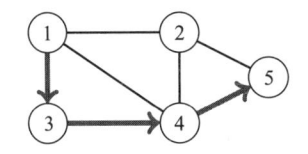

图 7.2　从节点 1 到节点 5 的路径 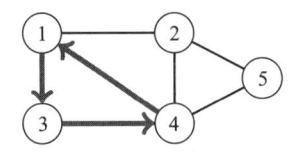　　　　图 7.3　三个节点的环

如果任意两个节点之间都存在路径，则该图是连通的。在图 7.4 中，左图是连通的，右图不是连通的，因为无法从节点 4 到达任何其他节点。

图的连通部分称为其连通分量，图 7.5 有三个分量：{1，2，3}、{4，5，6，7} 和 {8}。

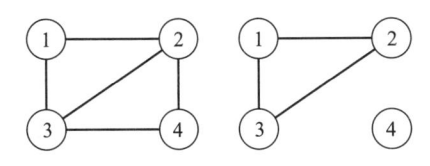

图 7.4　左图是连通的，右图不是连通的 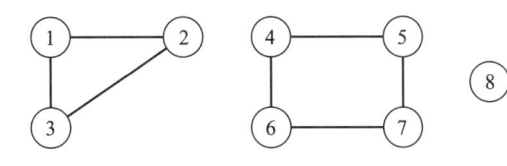　　　　图 7.5　具有三个连通分量的图

树是不包含环的连通图，图 7.6 显示了一棵树的示例。

在有向图中，边只能沿一个方向遍历。图 7.7 是一个有向图的示例。该图包含从节点 3 到节点 5 的路径 $3 \to 1 \to 2 \to 5$，但从节点 5 到节点 3 没有路径。

在带权图中，每条边都被分配一个边权。权值通常被解释为边的长度，而路径的长度是其边权值的总和。例如，图 7.8 是带权的，路径 $1 \to 3 \to 4 \to 5$ 的长度为 $1+7+3 = 11$。这是从节点 1 到节点 5 的最短路。

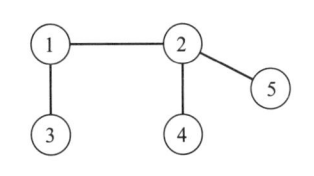

图 7.6　一棵树 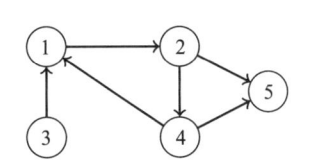　　　　图 7.7　一个有向图 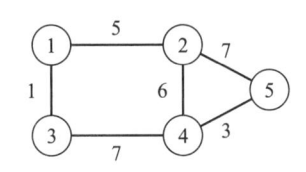　　　　图 7.8　一个带权图

如果两个节点之间有边，则它们是邻居或相邻的。节点的度数是其邻居的数量。图 7.9 显示了图中每个节点的度数。例如，节点 2 的度数为 3，因为其邻居是 1、4 和 5。

图中度的总和总是 $2m$，其中 $m$ 是边的数量，因为每条边正好使两个节点的度增加一。因此，度的总和总是偶数。如果每个节点的度都是常数 $d$，则该图是正则的。如果每个节点的度都是 $n-1$，即图包含节点之间所有可能的边，则该图是完全的。

在有向图中，节点的入度是终止于该节点的边的数量，出度是从该节点开始的边的数量。图 7.10 显示了图中每个节点的入度和出度。例如，节点 2 的入度为 2，出度为 1。

如果可以使用两种颜色对其节点进行着色，使得没有相邻节点具有相同的颜色，则该图是二分的。事实证明，图是二分图当且仅当它不包含具有奇数条边的环。图 7.11 显示了一个二分图及其着色。

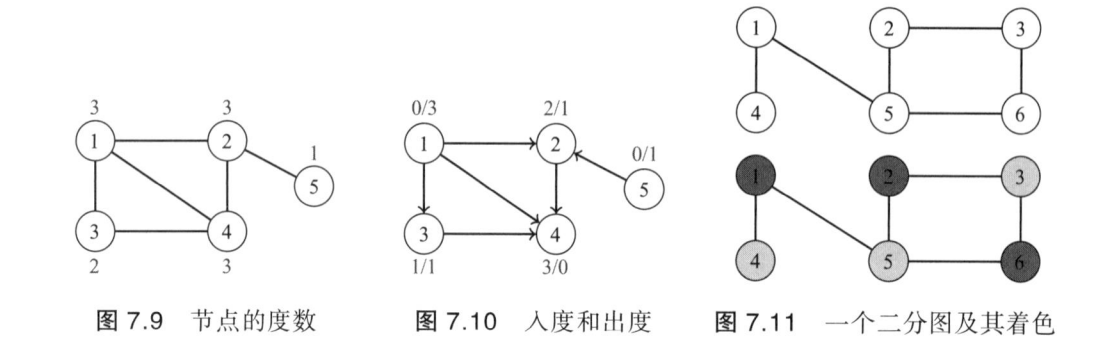

图 7.9　节点的度数　　图 7.10　入度和出度　　图 7.11　一个二分图及其着色

## 7.1.2　图的表示

在算法中有几种方式来表示图。数据结构的选择取决于图的大小和算法处理图的方式，接下来我们将介绍三种常用的表示方法。

### 1. 邻接表（adjacency lists）

在邻接表表示中，图的每个节点 $x$ 都分配了一个邻接表，包含了从 $x$ 出发可以到达的所有节点。邻接表是最常用的图表示方法，大多数算法都可以使用邻接表来高效实现。

存储邻接表的一个简便方法是声明一个 vector 数组，如下所示：

```
vector<int> adj[N];
```

常量 N 的选择要保证能存储所有邻接表。例如，图 7.12（a）可以用如下方式存储：

```
adj[1].push_back(2);
adj[2].push_back(3);
adj[2].push_back(4);
adj[3].push_back(4);
adj[4].push_back(1);
```

如果图是无向的，可以用类似的方式存储，但每条边都要添加两个方向。

对于带权图，结构可以扩展如下：

```
vector < pair < int, int >> adj[N];
```

在这种情况下，节点 $a$ 的邻接表包含的是一个对 $(b, w)$，表示从节点 $a$ 到节点 $b$ 存在一条权值为 $w$ 的边。例如，图 7.12（b）可以用如下方式存储：

```
adj[1].push_back({2,5});
adj[2].push_back({3,7});
adj[2].push_back({4,6});
adj[3].push_back({4,5});
adj[4].push_back({1,2});
```

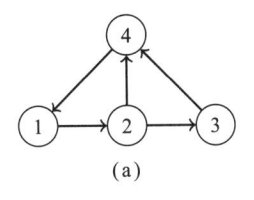

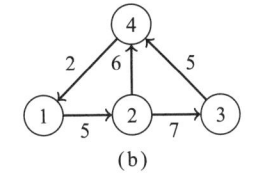

图 7.12  示例图

使用邻接表，我们可以高效地找到从给定节点通过一条边所能到达的所有节点。例如，下面的循环遍历从节点 $s$ 可以到达的所有节点：

```
for (auto u : adj[s]) {
    // 处理节点 u
}
```

### 2. 邻接矩阵（adjacency matrix）

邻接矩阵表示图包含的边。我们可以通过邻接矩阵高效地检查两个节点之间是否存在边。矩阵可以存储为一个数组：

```
int adj[N][N];
```

其中每个值 adj[$a$][$b$] 表示图中是否存在从节点 $a$ 到节点 $b$ 的边。如果包含这条边，则 adj[$a$][$b$] = 1，否则 adj[$a$][$b$] = 0。图 7.12（a）的邻接矩阵如下所示：

$$\begin{bmatrix} 0 & 1 & 0 & 0 \\ 0 & 0 & 1 & 1 \\ 0 & 0 & 0 & 1 \\ 1 & 0 & 0 & 0 \end{bmatrix}$$

如果图是带权的，则邻接矩阵表示可以扩展为：如果存在边，则矩阵包含边权。使用这种表示方法，图 7.12（b）对应的矩阵如下所示：

$$\begin{bmatrix} 0 & 5 & 0 & 0 \\ 0 & 0 & 7 & 6 \\ 0 & 0 & 0 & 5 \\ 2 & 0 & 0 & 0 \end{bmatrix}$$

邻接矩阵表示的缺点是矩阵包含 $n^2$ 个元素,而且通常大部分都是零。因此,如果图很大,就不能使用这种表示方法。

### 3. 边列表(edge list)

边列表包含图的所有边,按某种顺序排列。如果算法需要处理图的所有边,且不需要找到从给定节点出发的边,那么这是一种方便的图表示方法。

边列表可以存储在一个 vector 中:

```
vector<pair<int,int>> edges;
```

其中每个 pair < int, int > (a, b) 表示从节点 a 到节点 b 存在一条边。因此,图 7.12(a)可以表示为:

```
edges.push_back({1,2});
edges.push_back({2,3});
edges.push_back({2,4});
edges.push_back({3,4});
edges.push_back({4, 1});
```

如果图是带权的,则结构可以扩展为:

```
vector<tuple<int,int,int>> edges;
```

列表中的每个元素形如 (a, b, w),表示从节点 a 到节点 b 存在一条权值为 w 的边。例如,图 7.12(b)可以表示为:

```
edges.push_back({1,2,5});
edges.push_back({2,3,7});
edges.push_back({2,4,6});
edges.push_back({3,4,5});
edges.push_back({4,1,2});
```

## 7.2 图遍历

本节讨论两个基础的图遍历算法:深度优先搜索和广度优先搜索。这两种算法都给定了图中的一个起始节点，并访问所有从该起始节点可以到达的节点。这两种算法的区别在于访问节点的顺序。

### 7.2.1 深度优先搜索

深度优先搜索（DFS）是一种直观的图遍历技术。算法从起始节点开始，然后遍历所有从该起始节点通过图的边可以到达的其他节点。

深度优先搜索总是沿着图中的单一路径尽可能深入，直到找不到新的节点。之后，它会回溯到之前的节点并开始探索图的其他部分。算法会记录已访问过的节点，以确保每个节点只处理一次。

图 7.13 展示了深度优先搜索如何处理一个图。搜索可以从图中的任意节点开始，在这个例子中我们从节点 1 开始搜索。首先搜索探索路径 $1 \to 2 \to 3 \to 5$，然后返回到节点 1 并访问剩余的节点 4。

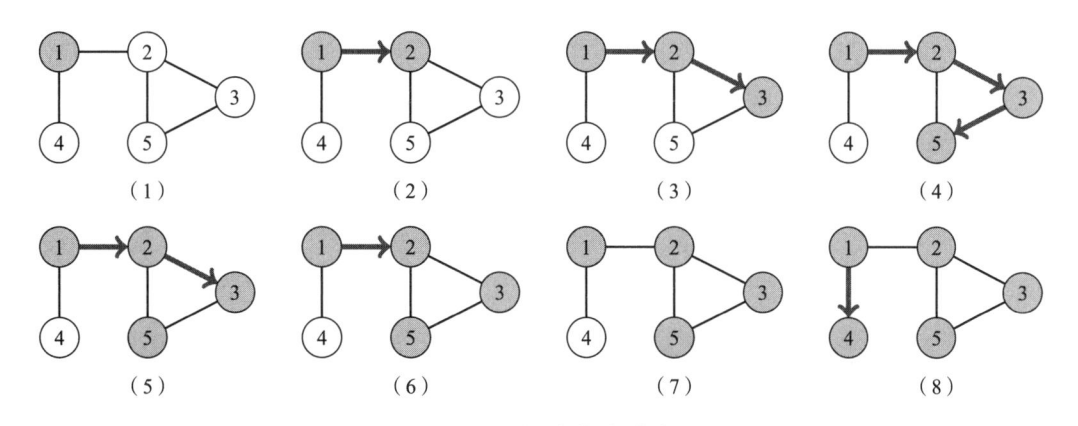

图 7.13　深度优先搜索

深度优先搜索可以方便地使用递归来实现。以下函数从给定节点开始进行深度优先搜索。该函数假设图以邻接表的形式存储在数组中：

```
vector adj[N];
```

同时，维护一个数组，用于跟踪已访问的节点：

```
bool visited[N];
```

初始时，每个数组值都为 `false`，当搜索到达节点 s 时，`visited[s]` 的值变为 `true`。函数实现如下：

```
void dfs(int s) {
    if (visited[s]) return;
    visited[s] = true;
```

```
    // 处理节点 s
    for (auto u: adj[s]) {
        dfs(u);
    }
}
```

深度优先搜索的时间复杂度是 $O(n+m)$，其中 $n$ 是节点数，$m$ 是边数，因为算法对每个节点和边都只处理一次。

### 7.2.2 广度优先搜索

广度优先搜索（BFS）会按照节点到起始节点的距离递增顺序访问图中的节点。因此，我们可以用广度优先搜索计算从起始节点到所有其他节点的距离。然而，广度优先搜索比深度优先搜索更难实现。

广度优先搜索会一层一层地遍历节点。首先搜索与起始节点距离为 1 的节点，然后是距离为 2 的节点，以此类推。这个过程会持续直到访问完所有节点。

图 7.14 展示了广度优先搜索如何处理一个图。假设搜索从节点 1 开始。首先搜索距离为 1 的节点 2 和 4，然后是距离为 2 的节点 3 和 5，最后是距离为 3 的节点 6。

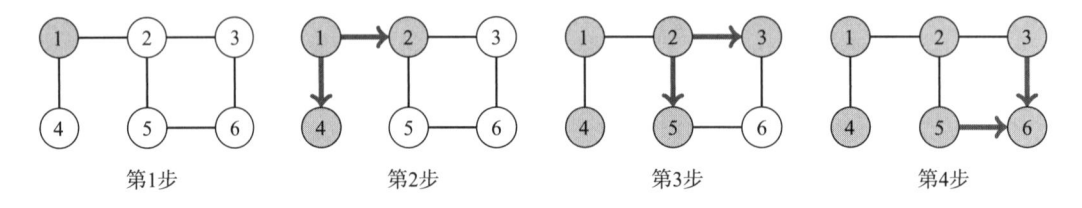

图 7.14 广度优先搜索

广度优先搜索比深度优先搜索更难实现，因为算法需要访问图中不同部分的节点。一个典型的实现是基于一个包含节点的队列。在每一步中，队列中的下一个节点将被处理。

下面的代码假设图以邻接表存储并维护以下数据结构：

```
queue<int> q;
bool visited[N];
int distance[N];
```

队列 q 按距离递增顺序包含要处理的节点。新节点总是添加到队列末尾，队列开头的节点是下一个要处理的节点。数组 visited 表示搜索已经访问过哪些节点，数组 distance 将包含从起始节点到图中所有节点的距离。

搜索可以从节点 $x$ 开始，代码如下：

```
visited[x] = true;
distance[x] = 0;
q.push(x);
while (!q.empty()) {
    int s = q.front(); q.pop();
    // 处理节点 s
    for (auto u : adj[s]) {
        if (visited[u]) continue;
        visited[u] = true;
        distance[u] = distance[s]+1;
        q.push(u);
    }
}
```

与深度优先搜索类似，广度优先搜索的时间复杂度是 $O(n+m)$，其中 $n$ 是节点数，$m$ 是边数。

### 7.2.3 应 用

使用图遍历算法，我们可以检查图的许多性质。通常，深度优先搜索和广度优先搜索都可以使用，但实践中深度优先搜索是更好的选择，因为它更容易实现。在下面描述的应用中，我们假设图是无向的。

#### 1. 连通性检查

如果任意两个节点之间都存在一条路径，那么这个图是连通的。因此，我们可以从任意节点开始，看是否能到达所有其他节点来检查图是否连通。

例如，在图 7.15 中，由于从节点 1 开始的深度优先搜索不能访问所有节点，我们可以得出图不是连通的结论。类似地，我们也可以通过遍历节点并在当前节点尚未属于任何连通分量时开始新的深度优先搜索，来找到图的所有连通分量。

#### 2. 环检测

如果在图遍历过程中，我们发现一个节点的邻居（除了当前路径中的前一个节点外）已经被访问过，那么图就包含一个环。例如，在图 7.16 中，从节点 1 开始的深度优先搜索显示图包含一个环。在从节点 2 移动到节点 5 后，我们注意到节点 5 的邻居 3 已经被访问过。因此，图包含一个通过节点 3 的环，例如 $3 \to 2 \to 5 \to 3$。

检查图是否包含环的另一种方法是简单地计算每个连通分量中的节点数和边数。如果一个连通分量包含 $c$ 个节点且没有环，则它必须恰好包含 $c-1$ 条边（所以它必须是一棵树）。如果边数大于等于 $c$，则该连通分量肯定包含一个环。

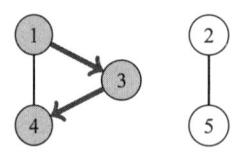

图 7.15　检查图的连通性 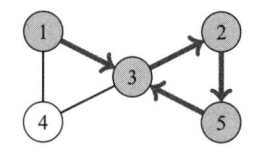　　　　图 7.16　在图中寻找环

### 3. 二分图检查

如果图的节点可以用两种颜色着色，使得没有相邻节点具有相同的颜色，那么这个图就是二分图。使用图遍历算法来检查一个图是否是二分图也非常简单。

思路是选择两种颜色 $X$ 和 $Y$，将起始节点着色为 $X$，它的所有邻居着色为 $Y$，所有邻居的邻居着色为 $X$，依此类推。如果在搜索过程中两个相邻节点具有相同的颜色，就意味着图不是二分图；否则，图就是二分图，且我们已经找到了一种着色方案。

例如，在图 7.17 中，从节点 1 开始的深度优先搜索显示图不是二分图，因为我们注意到节点 2 和节点 5 都具有相同的颜色，且它们是相邻节点。

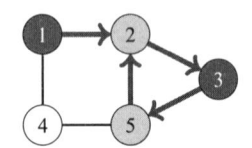

图 7.17　检查二分图时的冲突

这个算法总是有效的，因为当只有两种颜色可用时，一个连通分量中起始节点的颜色决定了该连通分量中所有其他节点的颜色。颜色是什么并不重要。

注意在一般情况下，要找出图的节点是否可以用 $k$ 种颜色着色，使得没有相邻节点具有相同的颜色，这是很困难的。对于 $k=3$，这个问题就已经是 NP 困难的。

## 7.3　最短路

在图中找到两个节点之间的最短路是一个重要的问题，它有许多实际应用。例如，在道路网络中，一个自然的问题是计算两个城市之间可能路线的最短长度。

在无权图中，路径的长度等于其边的数量，我们可以简单地使用广度优先搜索来找到最短路。但在本节中，我们关注带权图，其中需要更复杂的算法来找到最短路。

## 7.3.1 Bellman-Ford算法

Bellman-Ford 算法用于找出从起始节点到图中所有节点的最短路。该算法可以处理所有类型的图，只要图中不包含负环。如果图中包含负环，算法也能检测到这种情况。

该算法会跟踪从起始节点到图中所有节点的距离。初始时，到起始节点的距离为 0，到其他任何节点的距离为无穷大。然后算法通过寻找可以缩短路径的边来减少距离，直到无法减少任何距离为止。

图 7.18 展示了 Bellman-Ford 算法如何处理一个图。首先，算法使用边 $1 \to 2$、$1 \to 3$ 和 $1 \to 4$ 来减少距离，然后使用边 $2 \to 5$ 和 $3 \to 4$，最后使用边 $4 \to 5$。此后，没有边可以用来减少距离，这意味着这些距离是最终结果。

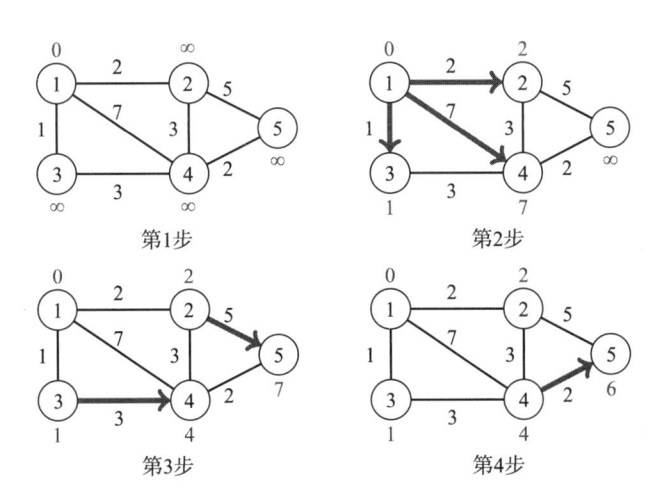

**图 7.18** Bellman-Ford 算法

下面的 Bellman-Ford 算法实现用于确定从节点 $x$ 到图中所有节点的最短距离。代码假设图以边列表 edges 的形式存储，包含形如 $(a, b, w)$ 的元组，表示从节点 $a$ 到节点 $b$ 有一条权值为 $w$ 的边。算法包含 $n-1$ 轮，每轮遍历图的所有边并尝试减少距离。算法构建一个数组 distance，用于存储从节点 $x$ 到所有节点的距离。常量 INF 表示无穷大距离。

```
for (int i = 1; i <= n; i++) {
    distance[i] = INF;
}
distance[x] = 0;
```

```
for (int i = 1; i <= n-1; i++) {
    for (auto e : edges) {
        int a, b, w;
        tie(a, b, w) = e;
        distance[b] = min(distance[b], distance[a]+w);
    }
}
```

算法的时间复杂度为 $O(nm)$，因为算法包含 $n-1$ 轮，每轮都要遍历所有 $m$ 条边。如果图中没有负环，那么经过 $n-1$ 轮后所有距离都是最终结果，因为每条最短路最多包含 $n-1$ 条边。

在实践中有几种方法可以优化该算法。首先，最终距离通常可以在 $n-1$ 轮之前就能找到，所以如果在某一轮中没有任何距离被减少，我们就可以直接停止算法。更高级的变体是 SPFA 算法[1]（shortest path faster algorithm），它维护一个可能用于减少距离的节点队列。只处理队列中的节点，这通常能带来更高效的搜索。

Bellman-Ford 算法也可以用来检查图中是否包含负环。在这种情况下，任何包含该环的路径都可以无限次缩短，所以最短路的概念就失去了意义。例如，图 7.19 中包含一个长度为 -4 的负环 $2 \to 3 \to 4 \to 2$。

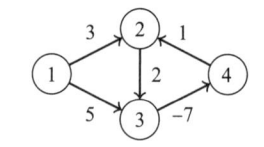

图 7.19 具有负环的图

可以通过运行 $n$ 轮 Bellman-Ford 算法来检测负环。如果最后一轮依然能减少了一些距离，那么图中就包含负环。注意，这个算法可以用来搜索整个图中的负环，而不受起始节点的限制。

## 7.3.2 Dijkstra算法

Dijkstra 算法可以找到从起始节点到图中所有节点的最短路，就像 Bellman-Ford 算法一样。Dijkstra 算法的优点是效率更高，可以用于处理大型图。但是，该算法要求图中没有负权边。

和 Bellman-Ford 算法一样，Dijkstra 算法维护到节点的距离并在搜索过程中减少这些距离。在每一步中，Dijkstra 算法选择一个尚未处理且距离尽可能小的节点。然后，算法遍历从该节点出发的所有边，并使用这些边来减少距离。Dijkstra 算法之所以高效，是因为它只处理图中的每条边一次，利用了没有负边的事实。

图 7.20 展示了 Dijkstra 算法如何处理一个图。就像在 Bellman-Ford 算法中一样，除了起始节点外，到所有节点的初始距离都是无穷大。算法按照 1、5、4、2、3 的顺序处理节点，并在每个节点处使用从该节点出发的边来减少距离。注意，在处理节点后，到该节点的距离就不会再改变。

Dijkstra 算法的高效实现需要我们能够有效地找到尚未处理的最小距离节点。优先队列是一个合适的数据结构，它包含按距离排序的剩余节点。使用优先队列，可以在对数时间内检索下一个要处理的节点。

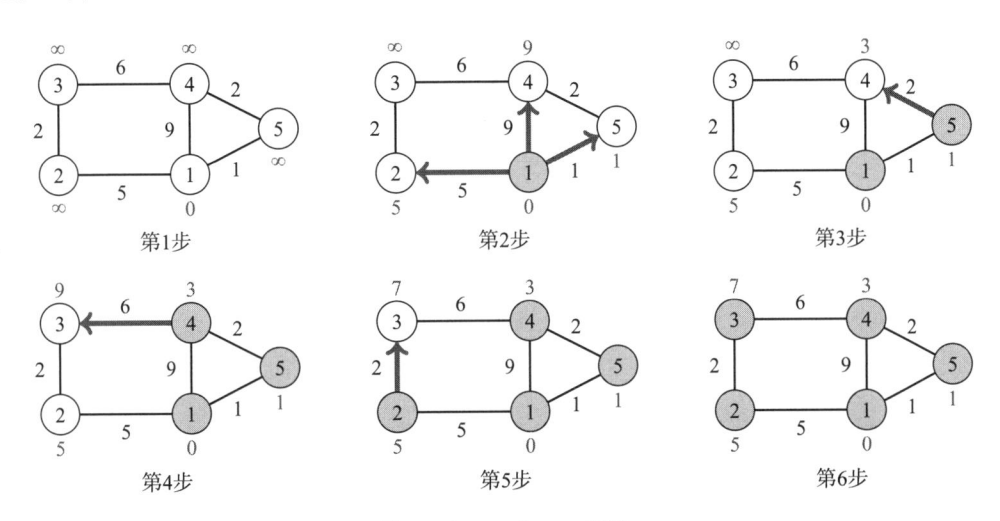

图 7.20 Dijkstra 算法

教科书中典型的 Dijkstra 算法实现使用一个优先队列，该队列有一个修改队列中值的操作。这允许我们在队列中为每个节点只保留一个实例，并在需要时更新其距离。然而，标准库优先队列不提供这样的操作，在竞赛编程中通常使用略有不同的实现方式。其思想是在节点的距离发生变化时，总是将该节点的新实例添加到优先队列中。

我们的 Dijkstra 算法可以计算从节点 $x$ 到图中所有其他节点的最小距离。图以邻接表方式存储，使得 `adj[a]` 包含一对 $(b, w)$，表示从节点 $a$ 到节点 $b$ 有一条权值为 $w$ 的边。优先队列：

```
priority_queue<pair<int,int>> q;
```

包含形为 $(-d, x)$ 的数对，表示到节点 $x$ 的当前距离是 $d$。数组 `distance` 包含到每个节点的距离，数组 `processed` 表示一个节点是否已被处理。

注意，优先队列包含到节点的距离取反得到的负值。这是因为 C++ 的默认优先队列找到最大元素，而我们想要找到最小元素。通过使用距离取反，我们可以直接使用默认优先队列。还要注意，虽然优先队列中可能有一个节点的多个实例，但只有具有最小距离的实例会被处理。

实现如下：
```
for (int i = 1; i <= n; i++) {
    distance[i] = INF;
}
distance[x] = 0;
q.push({0,x});
while (!q.empty()) {
    int a = q.top().second; q.pop();
    if (processed[a]) continue;
    processed[a] = true;
    for (auto u : adj[a]) {
        int b = u.first, w = u.second;
        if (distance[a]+w < distance[b]) {
            distance[b] = distance[a]+w;
            q.push({-distance[b],b});
        }
    }
}
```

上述实现的时间复杂度是 $O(n+m \log m)$，因为算法遍历图的所有节点，并且每条边最多向优先队列添加一个距离。

Dijkstra 算法的效率基于图中没有负边这一事实。然而，如果图中存在负边，则该算法可能会给出错误的结果。例如，考虑图 7.21 中的图。从节点 1 到节点 4 的最短路是 $1 \to 3 \to 4$，其长度为 1。但是，Dijkstra 算法会错误地通过贪心地跟随最小权边找到路径 $1 \to 2 \to 4$。

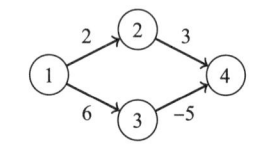

**图 7.21** 一个 Dijkstra 算法会失败的图

### 7.3.3 Floyd-Warshall算法

Floyd-Warshall 算法提供了一种寻找最短路的替代方法。与本章中的其他算法不同，它能在一次运行中找到图中所有节点对之间的最短路。

该算法维护一个包含节点之间距离的矩阵。初始矩阵直接基于图的邻接矩阵构建。然后，算法包含连续的轮次，在每一轮中，它选择一个新节点作为从现在开始路径中的中间节点，并使用这个节点来缩短距离。

下面我们针对图 7.22 模拟 Floyd-Warshall 算法。

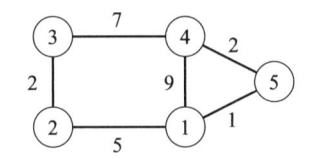

图 7.22 Floyd-Warshall 算法的输入

在这种情况下，初始矩阵如下：

$$\begin{bmatrix} 0 & 5 & \infty & 9 & 1 \\ 5 & 0 & 2 & \infty & \infty \\ \infty & 2 & 0 & 7 & \infty \\ 9 & \infty & 7 & 0 & 2 \\ 1 & \infty & \infty & 2 & 0 \end{bmatrix}$$

在第一轮中，节点 1 是新的中间节点。节点 2 和节点 4 之间有一条长度为 14 的新路径，因为节点 1 连接了它们。节点 2 和节点 5 之间也有一条长度为 6 的新路径。

$$\begin{bmatrix} 0 & 5 & \infty & 9 & 1 \\ 5 & 0 & 2 & 14 & 6 \\ \infty & 2 & 0 & 7 & \infty \\ 9 & 14 & 7 & 0 & 2 \\ 1 & 6 & \infty & 2 & 0 \end{bmatrix}$$

在第二轮中，节点 2 是新的中间节点。这在节点 1 和节点 3 之间以及节点 3 和节点 5 之间创建了新路径。

$$\begin{bmatrix} 0 & 5 & 7 & 9 & 1 \\ 5 & 0 & 2 & 14 & 6 \\ 7 & 2 & 0 & 7 & 8 \\ 9 & 14 & 7 & 0 & 2 \\ 1 & 6 & 8 & 2 & 0 \end{bmatrix}$$

算法继续这样进行，直到所有节点都被指定为中间节点。算法完成后，矩阵包含任意两个节点之间的最小距离。

$$\begin{bmatrix} 0 & 5 & 7 & 3 & 1 \\ 5 & 0 & 2 & 8 & 6 \\ 7 & 2 & 0 & 7 & 8 \\ 3 & 8 & 7 & 0 & 2 \\ 1 & 6 & 8 & 2 & 0 \end{bmatrix}$$

例如，矩阵告诉我们节点 2 和节点 4 之间的最短距离是 8。这对应于图 7.23 中的路径。

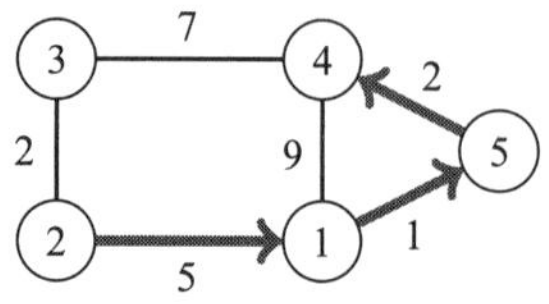

Floyd-Warshall 算法的实现特别简单。下面的实现构造了一个距离矩阵，其中 dist[a][b] 表示节点 a 和节点 b 之间的最短距离。首先，算法使用图的邻接矩阵 adj 来初始化 dist：

**图 7.23** 从节点 2 到节点 4 的最短路

```
for (int i = 1; i <= n; i++) {
    for (int j = 1; j <= n; j++) {
        if (i == j) dist[i][j] = 0;
        else if (adj[i][j]) dist[i][j] = adj[i][j];
        else dist[i][j] = INF;
    }
}
```

在此之后，可以按如下方式找到最短距离：

```
for (int k = 1; k <= n; k++) {
    for (int i = 1; i <= n; i++) {
        for (int j = 1; j <= n; j++) {
            dist[i][j] = min(dist[i][j],dist[i][k]+dist[k][j]);
        }
    }
}
```

算法的时间复杂度是 $O(n^3)$，因为它包含三个嵌套循环，这些循环遍历图的节点。

Floyd-Warshall 算法的实现很简单，即使只需要在图中找到一条最短路，该算法仍是一个不错的选择。但是，该算法只能在图足够小且能够承受 $O(n^3)$ 时间复杂度的情况下使用。

## 7.4 有向无环图

有向无环图（也称为 DAG）是一类重要的图。这种图不包含环，许多问题在假定图是有向无环图时会更容易解决。特别是，我们总是可以为图构造一个拓扑排序，然后应用动态规划。

## 7.4.1 拓扑排序

拓扑排序是对有向图的节点进行排序，使得如果存在从节点 $a$ 到节点 $b$ 的路径，则节点 $a$ 在拓扑序中出现在节点 $b$ 之前。例如，在图 7.24 中，一种可能的拓扑序是 [4, 1, 5, 2, 3, 6]。

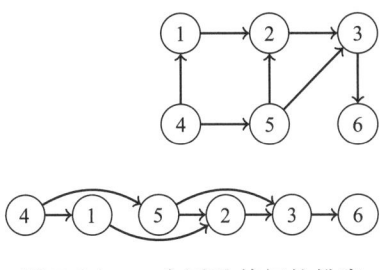

图 7.24　一个图及其拓扑排序

当且仅当图是无环的时，有向图才存在拓扑排序。如果图包含环，就不可能形成拓扑排序，因为环中的任何节点都不能出现在环中其他节点之前。事实证明，深度优先搜索既可以用来检查有向图是否包含环，又可以在不包含环时构造拓扑排序。

其思想是遍历图的节点，如果当前节点尚未处理，就从该节点开始深度优先搜索。在搜索过程中，节点有三种可能的状态：

（1）状态 0：节点尚未处理（白色）。

（2）状态 1：节点正在处理中（浅灰色）。

（3）状态 2：节点已处理完成（深灰色）。

初始时，每个节点的状态为 0。当搜索首次到达一个节点时，其状态变为 1。最后，当该节点的所有边都处理完后，其状态变为 2。

如果图包含环，我们会在搜索过程中发现这一点，因为迟早会到达一个状态为 1 的节点。在这种情况下，无法构造拓扑排序。如果图不包含环，我们可以在节点状态变为 2 时将其添加到列表中来构造拓扑排序。最后，我们反转该列表就得到图的拓扑排序。

现在我们可以为示例图构造拓扑排序了。第一次搜索（图 7.25）从节点 1 到节点 6，并将节点 6、3、2 和 1 添加到列表中。然后，第二次搜索（图 7.26）从节点 4 到节点 5，并将节点 5 和 4 添加到列表中。最终反转的列表是 [4, 5, 1, 2, 3, 6]，这对应于一个拓扑排序（图 7.27）。注意拓扑排序不是唯一的，一个图可能有多个拓扑序。

图 7.28 显示了一个没有拓扑排序的图。在搜索过程中，我们到达状态为 1 的节点 2，这意味着图包含环。实际上，存在环 2 → 3 → 5 → 2。

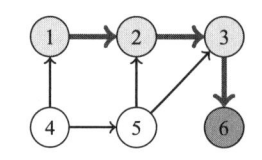

图 7.25　第一次搜索添加节点 6、3、2 和 1 到列表

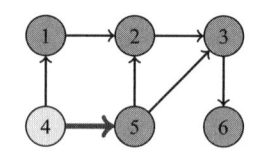

图 7.26　第二次搜索添加节点 5 和 4 到列表

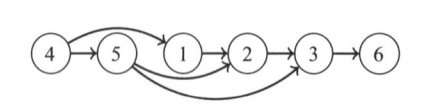

图 7.27　最终的拓扑排序

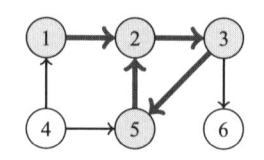

图 7.28　这个图因包含环而不存在拓扑排序

### 7.4.2　动态规划

使用动态规划，我们可以有效地回答有向无环图中关于路径的许多问题。这类问题的例子包括：

（1）从节点 $a$ 到节点 $b$ 的最短路和最长路是什么？

（2）有多少不同的路径？

（3）路径中最小的边数和最大的边数是多少？

（4）哪些节点出现在每一条可能的路径中？

注意，上述许多问题对于一般的图来说都很难解决或没有很好的定义。

例如，考虑计算从节点 $a$ 到节点 $b$ 的路径数量的问题。设 `paths(x)` 表示从节点 $a$ 到节点 $x$ 的路径数。作为基本情况，`paths(a) = 1`。然后，我们使用递归公式计算 `paths(x)` 的其他值：

$$\text{paths}(x) = \text{paths}(s_1) + \text{paths}(s_2) + \cdots + \text{paths}(s_k)$$

其中，从节点 $s_1, s_2, \cdots, s_k$ 出发都有边指向 $x$。由于图是无环的，所以 `paths` 的值可以按照拓扑排序的顺序计算。

图 7.29 显示了一个示例场景中的 `paths` 值，我们要计算从节点 1 到节点 6 的路径数。例如，

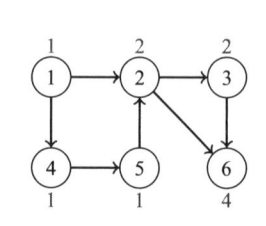

$$\text{paths}(6) = \text{paths}(2) + \text{paths}(3)$$

图 7.29　计算从节点 1 到节点 6 的路径数

由图 7.29 可知，终止于节点 6 的边是 2 → 6 和 3 → 6。由于 paths(2) = 2 且 paths(3) = 2，我们得出 paths(6) = 4 的结论。这些路径如下：

（1）1 → 2 → 3 → 6。

（2）1 → 2 → 6。

（3）1 → 4 → 5 → 2 → 3 → 6。

（4）1 → 4 → 5 → 2 → 6。

### 1. 处理最短路

动态规划也可以用来回答一般图（不一定是无环的）中关于最短路的问题。具体来说，如果我们知道从起始节点到其他节点的最小距离（例如，在使用 Dijkstra 算法之后），就可以轻松创建一个有向无环最短路图，该图指示对于每个节点，从起始节点出发到达该节点的最短路的可能方式。图 7.30 显示了一个图及其对应的最短路图。

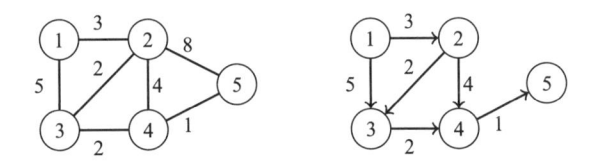

图 7.30　一个图及其最短路图

### 2. 硬币问题再探

实际上，任何动态规划问题都可以表示为一个有向无环图，其中每个节点对应一个动态规划状态，边表示状态之间如何相互依赖。

例如，考虑使用硬币 $\{c_1, c_2, \cdots, c_k\}$ 组成金额 $n$ 的问题（6.1.1 节）。在这种情况下，我们可以构造一个图，其中每个节点对应一个金额，边显示如何选择硬币。图 7.31 显示了硬币 $\{1, 3, 4\}$ 和 $n = 6$ 的图。

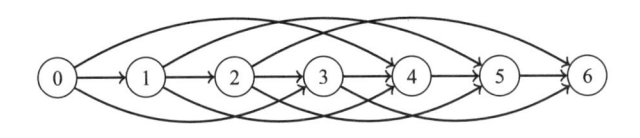

图 7.31　作为有向无环图的硬币问题

使用这种表示，从节点 0 到节点 $n$ 的最短路对应于使用最少硬币的解，而从节点 0 到节点 $n$ 的路径总数等于解的总数。

## 7.5 后继图

另一种特殊的有向图是后继图。在这类图中，每个节点的出度为 1，即每个节点都有唯一的后继。后继图由一个或多个组件构成，每个组件包含一个环路和一些通向它的路径。

后继图有时也被称为函数图，因为任何后继图都对应于一个定义图边的函数 succ(x)。参数 x 是图的一个节点，函数给出该节点的后继。例如，下述表中的函数定义了图 7.32 所示的图。

| x | 1 | 2 | 3 | 4 | 5 | 6 | 7 | 8 | 9 |
|---|---|---|---|---|---|---|---|---|---|
| succ(x) | 3 | 5 | 7 | 6 | 2 | 2 | 1 | 6 | 3 |

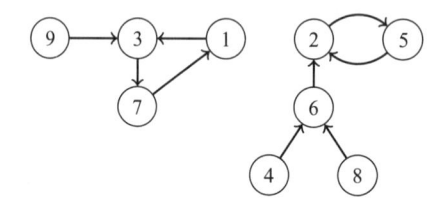

图 7.32 后继图

### 7.5.1 寻找后继

后继图的每个节点都有唯一的后继，因此我们还可以定义函数 succ(x, k)，它给出从节点 x 出发走 k 步后到达的节点。例如，在我们的示例图中 succ(4, 6) = 2，因为从节点 4 开始走 6 步后会到达节点 2（图 7.33）。

图 7.33 在后继图中行走

计算 succ(x, k) 值的一个简单方法是从节点 x 开始向前走 k 步，这需要 $O(k)$ 时间。但是，通过预处理，任何 succ(x, k) 的值都可以在 $O(\log k)$ 时间内计算出来。

假设 u 表示我们将要行走的最大步数。这个想法是预先计算所有 k 为 2 的幂且满足 $k \leq u$ 的 succ(x, k) 值，这可以使用以下递归式高效地完成：

$$\text{succ}(x, k) = \begin{cases} \text{succ}(x) & k = 1 \\ \text{succ}(\text{succ}(x, k/2), k/2) & k > 1 \end{cases}$$

上式的意思是，从节点 $x$ 开始的长度为 $k$ 的路径可以分为两条长度为 $k/2$ 的路径。预先计算所有 $k$ 为 2 的幂且最大为 $u$ 的 succ($x$, $k$) 值需要 $O(n \log u)$ 时间，因为每个节点计算 $O(\log u)$ 个值。在我们的示例图中，第一个值如下表所示。

| $x$ | 1 | 2 | 3 | 4 | 5 | 6 | 7 | 8 | 9 |
|---|---|---|---|---|---|---|---|---|---|
| succ($x$, 1) | 3 | 5 | 7 | 6 | 2 | 2 | 1 | 6 | 3 |
| succ($x$, 2) | 7 | 2 | 1 | 2 | 5 | 5 | 3 | 2 | 7 |
| succ($x$, 4) | 3 | 2 | 7 | 2 | 5 | 5 | 1 | 2 | 3 |
| succ($x$, 8) | 7 | 2 | 1 | 2 | 5 | 5 | 3 | 2 | 7 |
| ... | | | | | | | | | |

在预计算之后，任何 succ($x$, $k$) 的值都可以通过将 $k$ 表示为 2 的幂之和来计算。这样的表示总是由 $O(\log k)$ 部分组成，所以计算 succ($x$, $k$) 的值需要 $O(\log k)$ 时间。例如，如果我们想计算 succ($x$, 11) 的值，可以使用下式

$$\text{succ}(x, 11) = \text{succ}(\text{succ}(\text{succ}(x, 8), 2), 1)$$

在示例图中，

$$\text{succ}(4, 11) = \text{succ}(\text{succ}(\text{succ}(4, 8), 2), 1) = 5$$

### 7.5.2 环检测

考虑一个只包含一条以环结束的路径的后继图。有人可能会问：如果从起始节点开始行走，环中的第一个节点是什么，环包含多少个节点？在图 7.34 中，我们从节点 1 开始行走，属于环的第一个节点是节点 4，环由三个节点组成（4、5 和 6）。

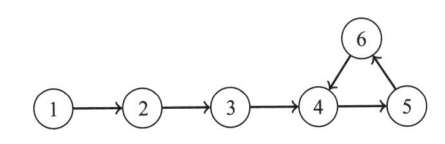

图 7.34　后继图中的一个环

检测环的一个简单方法是在图中行走并记录所有已访问的节点。一旦第二次访问某个节点，我们就可以断定该节点是环中的第一个节点。这种方法的时间复杂度为 $O(n)$，并且使用 $O(n)$ 内存。然而，还有更好的环检测算法。这些算法的时间复杂度仍然是 $O(n)$，但它们只使用 $O(1)$ 内存，如果 $n$ 很大，这可能是一个重要的改进。

这样的一个算法是 Floyd 判圈算法，它使用两个指针 $a$ 和 $b$ 在图中行走。

两个指针都从起始节点 $x$ 开始。然后，在每一轮中，指针 $a$ 向前走一步，指针 $b$ 向前走两步。这个过程持续到指针相遇为止：

```
a = succ(x);
b = succ(succ(x));
while (a != b) {
    a = succ(a);
    b = succ(succ(b));
}
```

此时，指针 $a$ 已经走了 $k$ 步，指针 $b$ 已经走了 $2k$ 步，所以环的长度能整除 $k$。因此，通过将指针 $a$ 移动到节点 $x$ 并逐步前进两个指针直到它们再次相遇，就可以找到属于环的第一个节点。

```
a = x;
while (a != b) {
    a = succ(a);
    b = succ(b);
}
first = a;
```

在此之后，环的长度可以按如下方式计算：

```
b = succ(a);
length = 1;
while (a != b) {
    b = succ(b);
    length++;
}
```

## 7.6 最小生成树

生成树包含图的所有节点和部分边，使得任意两个节点之间都存在一条路径。与普通的树一样，生成树是连通且无环的。生成树的权值是其边权的总和。图 7.35 显示了一个图及其一个生成树。这个生成树的权值是 $3+5+9+3+2=22$。

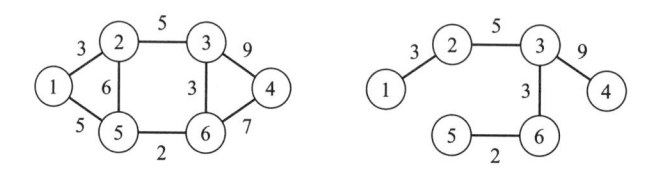

**图 7.35** 一个图及其生成树

最小生成树是权值尽可能小的生成树。图 7.36 显示了我们示例图的一个权值为 20 的最小生成树。类似地，最大生成树是权值尽可能大的生成树。图 7.37 显示了我们示例图的一个权值为 32 的最大生成树。注意，一个图可能有多个最小和最大生成树，所以这些树不是唯一的。

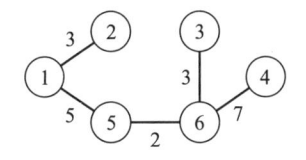

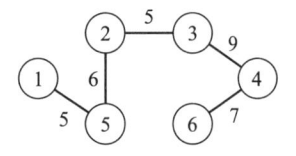

图 7.36　权值为 20 的最小生成树　　图 7.37　权值为 32 的最大生成树

事实证明，可以使用多种贪心方法来构造最小和最大生成树。本节讨论两种按边权顺序处理图边的算法。我们专注于寻找最小生成树，但是通过逆序处理边，这些算法也可以找到最大生成树。

## 7.6.1　Kruskal算法

Kruskal 算法通过贪心地向最初只包含原图节点而没有边的图中添加边来构建最小生成树。该算法按边权顺序遍历原图的边，如果引入一条边不会导致出现环，则将其添加到新图中。

该算法维护新图的连通分量。最初，图中的每个节点都属于一个单独的分量。每当向图中添加一条边时，就会连接两个分量。最后，所有节点都属于同一个分量，此时就找到了最小生成树。

举个例子，为图 7.35 构造一个最小生成树。第一步是按边权递增顺序对边进行排序，如下表所示。

| 边 | 边　权 |
| --- | --- |
| 5-6 | 2 |
| 1-2 | 3 |
| 3-6 | 3 |
| 1-5 | 5 |
| 2-3 | 5 |
| 2-5 | 6 |
| 4-6 | 7 |
| 3-4 | 9 |

然后，我们遍历列表并将每条边添加到图中（如果它连接两个独立的分量）。图 7.38 显示了算法的步骤。最初，每个节点都属于自己的分量。然后，添加列表中的前几条边（5-6、1-2、3-6 和 1-5）到图中。之后，下一条边是 2-3，

但不添加这条边，因为它会创建一个环。边 2-5 也是如此。最后，添加边 4-6，最小生成树就完成了。

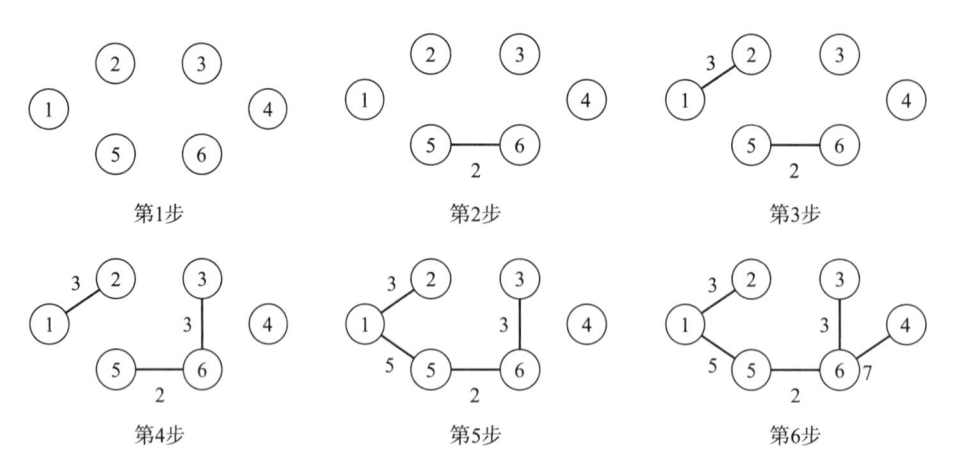

图 7.38　Kruskal 算法

有人可能会问：为什么 Kruskal 算法有效？为什么贪心策略能保证我们找到最小生成树？

下面来看看如果图中最小权边不包含在生成树中会发生什么。假设我们示例图的最小生成树不包含最小权边 5-6。我们不知道这样的生成树的确切结构，但无论如何它必须包含一些边。假设这棵树看起来像图 7.39 中的树。

然而，图 7.39 中的树不可能是最小生成树，因为我们可以从树中删除一条边并用最小权边 5-6 替换它，这会产生一个权值更小的生成树，如图 7.40 所示。

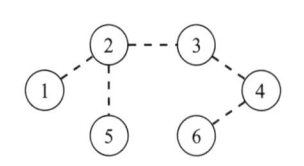

图 7.39　一个假设的最小生成树 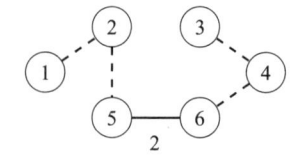　　图 7.40　包含边 5-6 可以减小生成树的权值

因此，在生成最小生成树时，包含最小权边总是最优的。使用类似的论证，我们可以证明按权值顺序添加下一条边也是最优的，依此类推。因此，Kruskal 算法总是能产生最小生成树。

在实现 Kruskal 算法时，使用边列表表示图很方便。算法的第一阶段以 $O(m \log m)$ 时间对列表中的边进行排序。之后，算法的第二阶段构建最小生成树，如下所示：

```
for (...) {
    if (!same(a,b)) unite(a,b);
}
```

循环遍历列表中的边，每次处理一条边 $(a, b)$，其中 $a$ 和 $b$ 是两个节点。需要两个函数：函数 same 判断 $a$ 和 $b$ 是否在同一个分量中，函数 unite 连接包含 $a$ 和 $b$ 的分量。

问题是如何有效地实现函数 same 和 unite。一种可能是将函数 same 实现为图遍历并检查是否可以从节点 $a$ 到达节点 $b$。然而，这种函数的时间复杂度是 $O(n+m)$，由于函数 same 将被调用图中的每条边，因此最终算法会很慢。

我们将使用并查集结构来解决这个问题，它能在 $O(\log n)$ 时间内实现这两个函数。因此，在对边列表排序后，Kruskal 算法的时间复杂度是 $O(m \log n)$。

## 7.6.2 并查集结构

并查集结构维护一个集合的集合。这些集合是不相交的，所以没有元素属于多个集合。支持两种 $O(\log n)$ 时间的操作：unite 操作合并两个集合，find 操作找到包含给定元素的集合的代表元素。

在并查集结构中，每个集合中的一个元素是该集合的代表元素，从该集合的任何其他元素到代表元素都存在一条路径。例如，假设集合是 {1, 4, 7}、{5} 和 {2, 3, 6, 8}。图 7.41 显示了表示这些集合的一种方式。

在这种情况下，集合的代表元素是 4、5 和 2。我们可以通过跟随从元素开始的路径来找到任何元素的代表元素。例如，元素 6 的代表元素是 2，因为我们跟随路径 6 → 3 → 2。当且仅当两个元素的代表元素相同时，它们属于同一个集合。

要合并两个集合，一个集合的代表元素需要连接到另一个集合的代表元素。例如，图 7.42 显示了合并集合 {1, 4, 7} 和 {2, 3, 6, 8} 的一种可能方式。从此以后，元素 2 是整个集合的代表元素，旧的代表元素 4 指向元素 2。

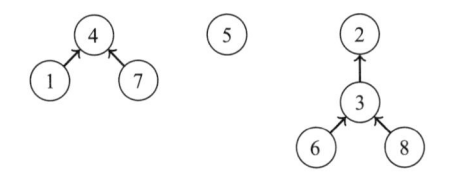

图 7.41 具有三个集合的并查集结构 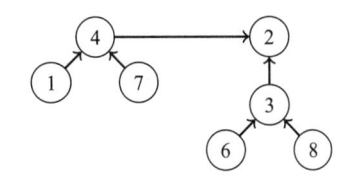　　图 7.42 将两个集合合并成一个集合

并查集结构的效率取决于如何合并集合。事实证明，我们可以遵循一个

简单的策略：始终将较小集合的代表元素连接到较大集合的代表元素（如果集合大小相等，我们可以做任意选择）。使用这种策略，任何路径的长度将是 $O(\log n)$，因此我们可以通过跟随相应的路径有效地找到任何元素的代表元素。

并查集结构可以方便地使用数组实现。在下面的实现中，数组 link 表示每个元素在路径中的下一个元素，如果元素是代表元素，则指向元素自身，数组 size 表示每个代表元素对应集合的大小。

最初，每个元素属于一个单独的集合：

```
for (int i = 1; i <= n; i++) link[i] = i;
for (int i = 1; i <= n; i++) size[i] = 1;
```

函数 find 返回元素 $x$ 的代表元素。代表元素可以通过跟随从 $x$ 开始的路径找到。

```
int find(int x) {
    while (x != link[x]) x = link[x];
    return x;
}
```

函数 same 检查元素 $a$ 和 $b$ 是否属于同一个集合。这可以通使用函数 find 轻松完成：

```
bool same(int a, int b) {
    return find(a) == find(b);
}
```

函数 unite 合并包含元素 $a$ 和 $b$ 的集合（这些元素必须在不同的集合中）。该函数首先找到集合的代表元素，然后将较小的集合连接到较大的集合。

```
void unite(int a, int b) {
    a = find(a);
    b = find(b);
    if (size[a] < size[b]) swap(a,b);
    size[a] += size[b];
    link[b] = a;
}
```

函数 find 的时间复杂度是 $O(\log n)$，假设每条路径的长度是 $O(\log n)$。在这种情况下，函数 same 和 unite 也在 $O(\log n)$ 时间内工作。函数 unite 通过将较小的集合连接到较大的集合来确保每条路径的长度是 $O(\log n)$。

下面是实现 find 操作的另一种方式（路径压缩）：

```
int find(int x) {
    if (x == link[x]) return x;
    return link[x] = find(link[x]);
}
```

这个函数使用路径压缩：操作后，路径中的每个元素都将直接指向其代表元素。可以证明，使用这个函数，并查集操作摊销的时间复杂度为 $O(\alpha(n))$，其中 $\alpha(n)$ 是反阿克曼函数，它增长非常缓慢（几乎是一个常数）。然而，路径压缩不能用于并查集结构的某些应用，比如动态连通性算法（15.6.4 节）。

### 7.6.3 Prim算法

Prim 算法是构造最小生成树的另一种方法。该算法首先将任意节点添加到树中，然后总是选择一条最小权边来添加新节点到树中。最后，所有节点都被添加，找到了一个最小生成树。

Prim 算法类似于 Dijkstra 算法。区别在于 Dijkstra 算法总是选择一个到起始节点距离最小的节点，而 Prim 算法只是简单地选择一个可以使用最小权边添加到树中的节点。

图 7.43 显示了 Prim 算法如何为我们的示例图构造最小生成树，假设起始节点是节点 1。

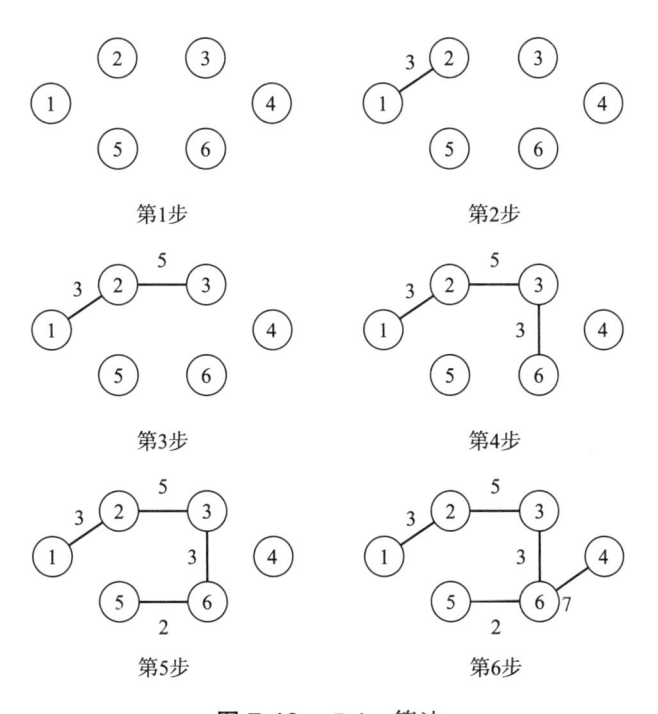

图 7.43　Prim 算法

像 Dijkstra 算法一样，Prim 算法可以使用优先队列高效实现。优先队列应该包含所有可以使用单条边连接到当前分量的节点，按相应边权递增排序。

Prim 算法的时间复杂度是 $O(n+m \log m)$，与 Dijkstra 算法的时间复杂度相同。在实际应用中，Prim 算法和 Kruskal 算法都高效的，算法的选择是个人喜好问题。不过，大多数竞赛选手更倾向于使用 Kruskal 算法。

## 参考文献

[1] D Fanding. A faster algorithm for shortest-path-SPFA. J Southwest Jiaotong Univ 2, 1994.

# 第 8 章 算法设计专题

本章将讨论一系列算法设计专题。

8.1 节关注位并行算法，这种算法使用位运算来高效处理数据。通常，我们可以用位运算替代 for 循环，这可能会显著改善算法的运行时间。

8.2 节介绍均摊分析技术，该技术可用于估算算法中一系列操作所需的时间。使用这种技术，我们可以分析用于确定最近较小元素和滑动窗口最小值的算法。

8.3 节讨论三分法和其他用于高效计算某些函数最小值的技术。

## 8.1 位并行算法

位并行算法基于这样一个事实：使用位运算可以并行操作数字的各个位。因此，设计高效算法的一种方式是将算法的步骤表示为可以使用位运算高效实现的形式。

### 8.1.1 汉明距离（Hamming distance）

两个长度相等的字符串 $a$ 和 $b$ 之间的汉明距离 hamming($a$, $b$) 是指这两个字符串在对应位置上不同的数量。例如：hamming(01101, 11001) = 2。

考虑下面的问题：给定 $n$ 个长度为 $k$ 的位串，计算两个字符串之间的最小汉明距离。例如，对于 [00111, 01101, 11110] 的答案是 2，因为：

- hamming(00111, 01101) = 2。
- hamming(00111, 11110) = 3。
- hamming(01101, 11110) = 3。

解决这个问题的一个直接方法是遍历所有字符串对并计算它们的汉明距离，这将产生一个 $O(n^2k)$ 时间的算法。以下函数计算字符串 $a$ 和 $b$ 之间的距离：

```
int hamming(string a, string b) {
    int d = 0;
    for (int i = 0; i < k; i++) {
        if (a[i] != b[i]) d++;
    }
    return d;
}
```

然而，字符串由位组成，因此我们可以将字符串存储为整数并使用位运算计算距离来优化上述算法。特别是，如果 $k \leq 32$，我们可以将字符串存储为 int 值并使用以下函数计算距离：

```
int hamming(int a, int b) {
    return __builtin_popcount(a^b);
}
```

在上面的函数中，异或运算构造了一个字符串，在 $a$ 和 $b$ 不同的位置上有 1 位。然后使用 __builtin_popcount 函数计算 1 位的数量。

表 8.1 是计算 $n$ 个长度为 $k = 30$ 的位串的最小汉明距离时算法的运行时间比较。在这个问题中，位并行算法比原始算法快约 20 倍。

表 8.1 计算 $n$ 个长度为 $k = 30$ 的位串的最小汉明距离时的算法运行时间

| 字符串数量 $n$ | 原始算法 /s | 位并行计算 /s |
| --- | --- | --- |
| 5000 | 0.84 | 0.06 |
| 10000 | 3.24 | 0.18 |
| 15000 | 7.23 | 0.37 |
| 20000 | 12.79 | 0.63 |
| 25000 | 19.99 | 0.97 |

## 8.1.2 统计子网格

再看另一个例子，考虑以下问题：给定一个 $n \times n$ 的网格，每个方格要么是黑色（1）要么是白色（0），计算所有四个角都是黑色的子网格的数量。图 8.1 显示了一个网格中的两个这样的子网格。

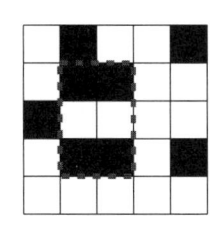

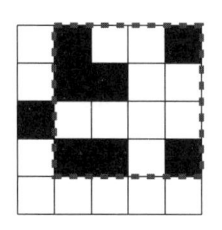

图 8.1 这个网格包含两个角都是黑色的子网格

解决这个问题有一个时间复杂度为 $O(n^3)$ 的算法：遍历所有 $O(n^2)$ 个两个行编号组成的数对 $(a, b)$，也就是第 $a$ 行和第 $b$ 行，用 $O(n)$ 时间计算在这两行中都包含黑色方格的列的数量。以下代码假设 color[y][x] 表示第 $y$ 行第 $x$ 列的颜色：

```
int count = 0;
```

```
for (int i = 0; i < n; i++) {
    if (color[a][i] == 1 && color[b][i] == 1) {
        count++;
    }
}
```

然后，在找到 count 列都是黑色方格后，我们可以使用公式 count(count-1)/2 来计算[1]第一行是 $a$ 行且最后一行是 $b$ 行的子网格数量。

为了创建位并行算法，我们将第 $k$ 行表示为 $n$ 位的 bitset row[k]，其中值为 1 的位表示黑色方格。然后，我们可以使用按位与运算并统计 bitset 中 1 的数量来计算 $a$ 行和 $b$ 行中都有黑色方格的列数。使用 bitset 结构可以方便地完成这项工作：

```
int count = (row[a]&row[b]).count();
```

表 8.2 是对不同网格大小的原始算法和位并行算法的运行时间比较。这里可以看出位并行算法最多可以比原始算法快 30 倍。

表 8.2 计算子网格的算法运行时间

| 网格大小 $n$ | 原始算法 /s | 位并行算法 /s |
|---|---|---|
| 1000 | 0.65 | 0.05 |
| 1500 | 2.17 | 0.14 |
| 2000 | 5.51 | 0.30 |
| 2500 | 12.67 | 0.52 |
| 3000 | 26.36 | 0.87 |

## 8.1.3 图的可达性

给定一个 $n$ 个节点的有向无环图，考虑为每个节点 $x$ 计算 reach($x$) 值的问题：从节点 $x$ 可以到达的节点数量。图 8.2 显示了一个图及其 reach 值。

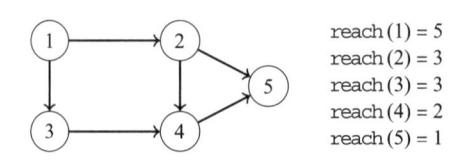

图 8.2 一个图及其 reach 值。例如，reach(2) = 3，因为从节点 2 可以到达节点 2、4 和 5

这个问题可以使用动态规划在 $O(n^2)$ 时间内解决，方法是为每个节点构建

---

1) 译者注：这里的公式难以在 count 个两行中同时为黑色的列中选 2 列。

一个可达节点列表。然后，为了创建位并行算法，我们将每个列表表示为 $n$ 位的 `bitset`。这允许我们使用或运算高效地计算两个这样的列表的并集。假设 `reach` 是一个 `bitset` 结构数组，图以邻接表的形式存储在 `adj` 中，对节点 $x$ 的计算可以如下进行：

```
reach[x][x] = 1;
for (auto u : adj[x]) {
    reach[x] |= reach[u];
}
```

表 8.3 展示了位并行算法的一些运行时间。在每次测试中，图包含 $n$ 个节点和 $2n$ 条随机边 $a \rightarrow b$，其中 $a < b$。需要注意的是，该算法在 $n$ 值较大时会使用大量的内存。在许多算法竞赛中，内存限制可能为 512MB 或更低。

表 8.3 计算图中可达节点时的算法运行时间

| 图大小 $n$ | 运行时间 /s | 内存使用 /MB |
|---|---|---|
| $2 \cdot 10^4$ | 0.06 | 50 |
| $4 \cdot 10^4$ | 0.17 | 200 |
| $6 \cdot 10^4$ | 0.32 | 450 |
| $8 \cdot 10^4$ | 0.51 | 800 |
| $10^5$ | 0.78 | 1250 |

# 8.2 均摊分析（amortized analysis）

通常，可以直接从算法的结构看出其时间复杂度，但有时直接分析并不能真实反映其效率。均摊分析可用于分析时间复杂度各异的一系列操作，其思想是估算算法执行期间所有此类操作的总时间，而不是关注单个操作。

## 8.2.1 双指针方法

在双指针方法中，两个指针遍历数组。两个指针都只朝一个方向移动，这确保了算法高效运行。作为应用该技术的第一个例子，考虑这样一个问题：给定一个包含 $n$ 个正整数的数组和一个目标和 $x$，我们要找到一个和为 $x$ 的子数组，或报告不存在这样的子数组。

使用双指针方法可以在 $O(n)$ 时间内解决该问题。其思想是维护指向子数组第一个和最后一个值的指针。在每一轮中，左指针向右移动一步，右指针向右移动直到子数组和不超过 $x$。如果和恰好为 $x$，则问题得解。

图 8.3 显示了当目标和为 $x = 8$ 时算法如何处理数组。初始子数组包含值 1、3 和 2，目标和 $x$ 为 6。然后，左指针向右移动一步，右指针不动，否则和会超过 $x$。最后，左指针再向右移动一步，右指针向右移动两步。子数组的和为 $2+5+1 = 8$，因此找到了所需的子数组。

算法的运行时间取决于右指针移动的步数。虽然单次移动的步数没有有效的上界，但我们知道指针在整个算法中总共移动 $O(n)$ 步，因为它只向右移动。由于左右指针都移动 $O(n)$ 步，所以时间复杂度为 $O(n)$。

另一个可以用双指针方法解决的问题是 2SUM 问题：给定一个长度为 $n$ 的数组和目标和 $x$，找到数组中的两个元素使其和为 $x$，或输出无解。

要解决这个问题，我们首先将数组值按升序排序。之后，我们使用两个指针遍历数组。左指针从第一个值开始，每轮向右移动一步。右指针从最后一个值开始，一直向左移动直到左右值之和不超过 $x$。如果和恰好为 $x$，则找到了解。

图 8.4 显示了当目标和 $x = 12$ 时算法如何处理数组。在初始位置，值之和为 $1+10 = 11$，小于 $x$。然后左指针向右移动一步，右指针向左移动三步，和变为 $4+7 = 11$。之后，左指针再向右移动一步。右指针不动，找到了解 $5+7 = 12$。

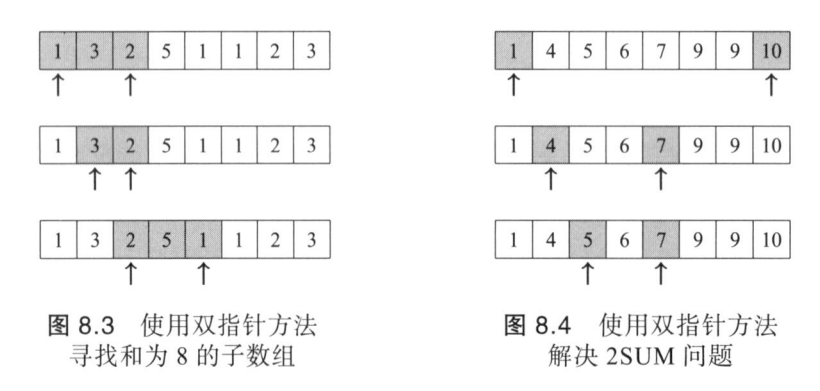

图 8.3　使用双指针方法
寻找和为 8 的子数组

图 8.4　使用双指针方法
解决 2SUM 问题

算法的运行时间为 $O(n \log n)$，因为它首先在 $O(n \log n)$ 时间内对数组排序，然后两个指针移动 $O(n)$ 步。

注意，也可以用二分查找以另一种方式在 $O(n \log n)$ 时间内解决这个问题。在这种解法中，我们首先对数组排序，然后遍历数组值，对每个值二分查找另一个使和为 $x$ 的值。事实上，许多可以用双指针方法解决的问题也可以用排序或 set 来解决，有时会多一个对数因子。

更一般的 $k$SUM 问题也很有趣。在这个问题中，我们必须找到 $k$ 个元素使其和为 $x$。通过扩展上述 2SUM 算法，我们可以在 $O(n^2)$ 时间内解决 3SUM 问题。你能看出如何做到这一点吗？长期以来，人们一直认为 $O(n^2)$ 是 3SUM 问题的

## 8.2.2 最近较小元素

均摊分析经常用于估计在数据结构上执行的操作数。这些操作可能分布不均匀，大多数操作发生在算法的某个阶段，但操作的总数是有限的。

例如，假设我们想为每个数组元素找到最近的较小元素，即数组中在该元素之前的第一个较小元素。可能不存在这样的元素，这种情况下算法应该报告这一点。接下来我们将使用栈结构高效地解决这个问题。

我们从左到右遍历数组并维护一个数组元素栈。在每个数组位置，我们从栈中移除元素直到栈顶元素小于当前元素，或栈为空。然后，我们报告栈顶元素是当前元素的最近较小元素，如果栈为空，则报告不存在这样的元素。最后，我们将当前元素添加到栈中。

图 8.5 显示了算法如何处理数组。首先，元素 1 被添加到栈中。由于它是数组中的第一个元素，显然它没有最近较小元素。之后，元素 3 和 4 被添加到栈中。4 的最近较小元素是 3，3 的最近较小元素是 1。然后，下一个元素 2 小于栈顶的两个元素，所以元素 3 和 4 从栈中移除。因此，2 的最近较小元素是 1。之后，元素 2 被添加到栈中。算法继续执行，直到处理完整个数组。

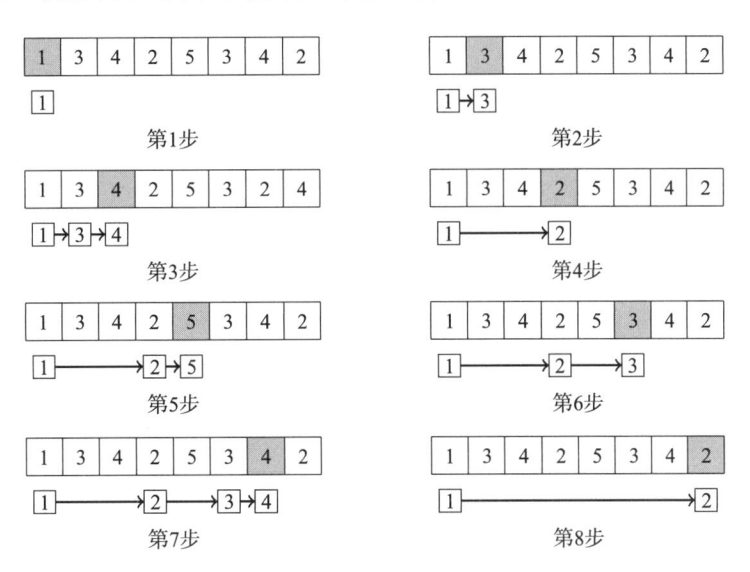

图 8.5  利用栈[1]在线性时间内寻找最近较小元素

算法的效率取决于栈操作的总数。如果当前元素大于栈顶元素，它会直接

---

1）译者注：这个算法在竞赛选手中一般被称为单调栈。

添加到栈中，这是高效的。然而，有时栈可能包含几个较大的元素，需要时间来移除它们。不过，每个元素只会被添加到栈中一次，最多从栈中移除一次。因此，每个元素导致 $O(1)$ 栈操作，算法在 $O(n)$ 时间内工作。

### 8.2.3 滑动窗口最小值

滑动窗口是一个从左到右穿过数组的固定大小的子数组。在每个窗口位置，我们要计算窗口内元素的某些信息。接下来我们将关注维护滑动窗口最小值的问题，这意味着我们要报告每个窗口内的最小值。

滑动窗口最小值可以使用类似于计算最近较小元素的思想来计算。这次我们维护一个队列，其中每个元素都大于前一个元素，第一个元素始终对应于窗口内的最小元素。在每次窗口移动后，我们从队列尾部移除元素直到最后一个队列元素小于新窗口元素，或队列为空。如果第一个队列元素不再在窗口内，我们也会移除它。最后，我们将新窗口元素添加到队列中。

图 8.6 显示了当滑动窗口大小为 4 时算法如何处理数组。在第一个窗口位置，最小值是 1。然后窗口向右移动一步。新元素 3 小于队列中的元素 4 和 5，所以元素 4 和 5 从队列中移除，元素 3 被添加到队列中。最小值仍然是 1。之后，窗口再次移动，最小元素 1 不再属于窗口。因此，它从队列中移除，现在最小值是 3。新元素 4 也被添加到队列中。下一个新元素 1 小于队列中的所有元素，所以所有元素都从队列中移除，队列只包含元素 1。最后，窗口到达最后一个位置。元素 2 被添加到队列中，但窗口内的最小值仍然是 1。

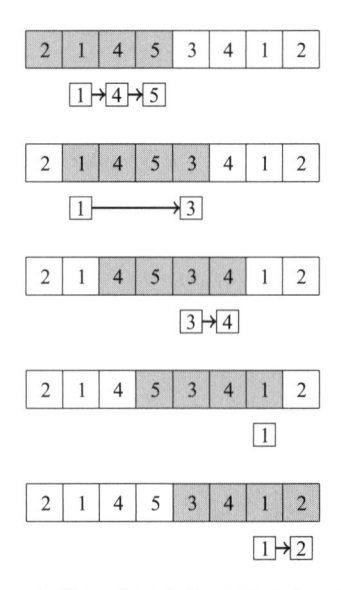

图 8.6　在线性时间内找到滑动窗口最小值

由于每个数组元素只会被添加到队列中一次，最多从队列中移除一次，所以算法时间复杂度为 $O(n)$。

## 8.3 查找最小值

假设有一个函数 $f(x)$，它先递减，然后达到最小值，之后再递增。图 8.7 展示了这样一个函数，其最小值用箭头标记。如果我们知道函数具有这种性质，就能高效地找到它的最小值。

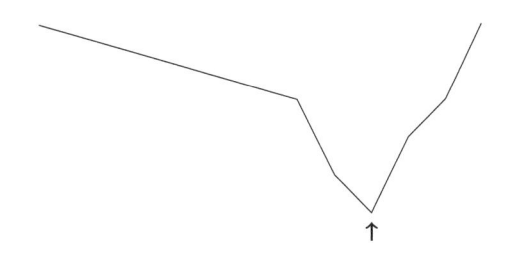

**图 8.7** 一个函数及其最小值

### 8.3.1 三分法

三分法提供了一种有效的方法来寻找一个先递减后递增的函数的最小值。假设我们知道使 $f(x)$ 最小的 $x$ 值在区间 $[x_L, x_R]$ 内。基本思想是将区间分成三个相等的部分 $[x_L, a]$、$[a, b]$ 和 $[b, x_R]$，其中，$a = \dfrac{2x_L + x_R}{3}$ 且 $b = \dfrac{x_L + 2x_R}{3}$。如果 $f(a) < f(b)$，我们可以断定最小值一定在区间 $[x_L, b]$ 内，否则在区间 $[a, x_R]$ 内。之后，递归继续搜索，直到当前区间足够小。

图 8.8 展示了我们示例场景中三分法的第一步。由于 $f(a) > f(b)$，所以新的搜索区间变为 $[a, x_R]$。

实践中，我们经常考虑参数为整数的函数，当区间只包含一个元素时搜索就终止。由于新区间的大小总是前一个区间的 2/3，所以该算法的时间复杂度为 $O(\log n)$，其中 $n$ 是原始区间中的元素数量。

注意，当处理整数参数时，我们也可以使用二分查找代替三分法，因为只需找到第一个使得 $f(x) \leq f(x+1)$ 的位置 $x$ 即可。

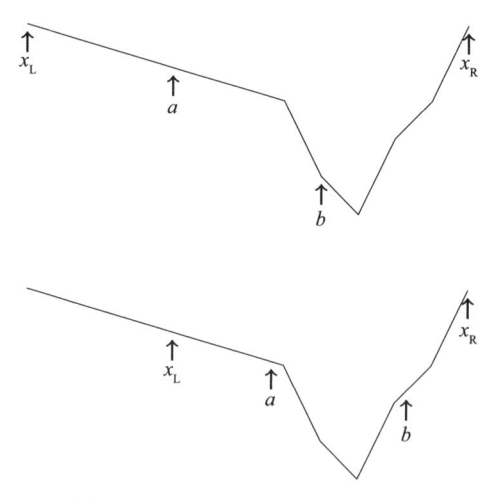

**图 8.8** 使用三分法寻找最小值

### 8.3.2 凸函数

如果函数图像上任意两点之间的线段总是位于图像上方或图像上，则该函数是凸函数。图 8.9 展示了函数 $f(x) = x^2$ 的图像，这是一个凸函数。确实，点 $a$ 和 $b$ 之间的线段位于图像上方。

**图 8.9** 凸函数示例：$f(x) = x^2$

如果知道凸函数的最小值在区间 $[x_L, x_R]$ 内，那么我们可以使用三分法来找到它。但要注意，凸函数可能在多个点处具有最小值。例如，$f(x) = 0$ 是凸函数，其最小值为 0。

凸函数有一些有用的性质：如果 $f(x)$ 和 $g(x)$ 是凸函数，那么 $f(x)+g(x)$ 和 $\max(f(x), g(x))$ 也是凸函数。例如，如果我们有 $n$ 个凸函数 $f_1, f_2, \cdots, f_n$，则可知 $f_1+f_2+\cdots+f_n$ 也一定是凸函数，我们可以使用三分法来找到其最小值。

### 8.3.3 最小化求和

给定 $n$ 个数 $a_1, a_2, \cdots, a_n$，考虑找到一个值 $x$ 使得下面的和最小：

$$|a_1 - x| + |a_2 - x| + \cdots + |a_n - x|$$

例如，如果数字是 [1, 2, 9, 2, 6]，最优解是选择 $x=2$，则会得到和：

$$|1-2|+|2-2|+|9-2|+|2-2|+|6-2|=12$$

因为每个函数 $|a_k-x|$ 都是凸函数，所以和也是凸函数，我们可以用三分法来找到 $x$ 的最优值。但是，还有一个更简单的解决方案。事实证明，$x$ 的最优选择总是这些数字的中位数，即排序后的中间元素。例如，列表 [1, 2, 9, 2, 6] 排序后变成 [1, 2, 2, 6, 9]，所以中位数是 2。

中位数总是最优的，因为如果 $x$ 小于中位数，增加 $x$ 会使和变小，如果 $x$ 大于中位数，减小 $x$ 会使和变小。如果 $n$ 是偶数且有两个中位数，那么两个中位数及它们之间的所有值都是最优选择。

然后，考虑最小化下面的函数：

$$(a_1-x)^2+(a_2-x)^2+\cdots+(a_n-x)^2$$

例如，如果数字是 [1, 2, 9, 2, 6]，最佳解是选择 $x=4$，则会得到和：

$$(1-4)^2+(2-4)^2+(9-4)^2+(2-4)^2+(6-4)^2=46$$

同样，这个函数是凸函数，我们可以用三分法来解决问题，但也有一个简单的解决方案：$x$ 的最优选择是这些数字的平均值。在示例中，平均值是 $(1+2+9+2+6)/5=4$，这可以通过将和表示如下来证明：

$$nx^2-2x(a_1+a_2+\cdots+a_n)^2+(a_1^2+a_2^2+\cdots+a_n^2)$$

最后一部分不依赖于 $x$，所以我们可以忽略它。剩余部分形成一个函数 $nx^2-2xs$，其中 $s=a_1+a_2+\cdots+a_n$。这是一个向上开口的抛物线，其根为 $x=0$ 和 $x=2s/n$，最小值是根的平均值 $x=s/n$，即数字 $a_1, a_2, \cdots, a_n$ 的平均值。

## 参考文献

[1] A Grønlund, S Pettie.Threesomes, degenerates, and love triangles. 55th Annual Symposium on Foundations of Computer Science, 2014: 621-630.

# 第 9 章 区间查询

本章我们将讨论用于高效处理数组区间查询的数据结构。典型的查询包括区间元素和查询（计算值的总和）和区间最小值查询（寻找最小值）。

9.1 节关注一个简单的情况，即数组值在查询之间不会被修改。在这种情况下，只需要对数组进行预处理，就可以高效地确定任何可能查询的答案。我们首先学习使用前缀和数组来处理和查询，然后讨论用于处理最小值查询的稀疏表算法。

9.2 节介绍两种树结构，它们既可以处理查询，又可以高效地更新数组值。二叉索引树支持和查询，可以看作前缀和数组的动态版本。线段树是一个更通用的结构，支持和查询、最小值查询以及其他几种查询。这两种结构的操作都以对数时间运行。

# 9.1 静态数组上的查询

本节我们关注数组是静态的情况，即数组值在查询之间从不更新。在这种情况下，只需要对数组进行预处理，就可以高效地回答区间查询。

首先，我们讨论使用前缀和数组处理和查询的简单方法，该方法也可以推广到更高维度。之后，我们学习处理最小值查询的稀疏表算法，这个算法稍微复杂一些。注意，虽然我们专注于处理最小值查询，但我们也可以使用类似的方法处理最大值查询。

## 9.1.1 元素和查询

令 $\text{sum}_q(a, b)$（"区间和查询"）表示区间 $[a, b]$ 内数组值的和。通过构建前缀和数组，我们可以高效地处理任何和查询。前缀和数组中的每个值等于原始数组中对应位置之前（包含该位置）所有值的和，即位置 $k$ 处的值是 $\text{sumq}(0, k)$。例如，图 9.1 展示了一个数组及其前缀和数组。

|  | 0 | 1 | 2 | 3 | 4 | 5 | 6 | 7 |
|---|---|---|---|---|---|---|---|---|
| 原始数组 | 1 | 3 | 4 | 8 | 6 | 1 | 4 | 2 |

|  | 0 | 1 | 2 | 3 | 4 | 5 | 6 | 7 |
|---|---|---|---|---|---|---|---|---|
| 前缀和数组 | 1 | 4 | 8 | 16 | 22 | 23 | 27 | 29 |

图 9.1　一个数组及其前缀和数组

前缀和数组可以在 $O(n)$ 时间内构建。由于前缀和数组包含所有 $\text{sum}_q(0, k)$ 的值，所以我们可以在 $O(1)$ 时间内使用以下公式计算任何 $\text{sum}_q(a, b)$ 的值：

$$\text{sum}_q(a, b) = \text{sum}_q(0, b) - \text{sum}_q(0, a-1)$$

通过定义 $\text{sum}_q(0, -1) = 0$，上述公式在 $a = 0$ 时也成立。

图 9.2 展示了如何使用前缀和数组计算区间 [3, 6] 内值的和。我们可以在原始数组中看到 $\text{sum}_q(3, 6) = 8+6+1+4 = 19$。使用前缀和数组，我们只需要检查两个值：$\text{sum}_q(3, 6) = \text{sum}_q(0, 6)-\text{sum}_q(0, 2) = 27-8 = 19$。

这个想法也可以推广到更高维度。图 9.3 展示了一个二维前缀和数组，可用于在 $O(1)$ 时间内计算任何矩形子数组的和。该数组中的每个和对应于从数组左上角开始的子数组。灰色子数组的和可以使用以下公式计算：

$$S(A)-S(B)-S(C)+S(D)$$

其中，$S(X)$ 表示从左上角到 $X$ 位置的矩形子数组的和。

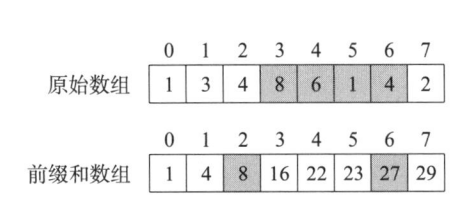

图 9.2 使用前缀和数组计算区间和

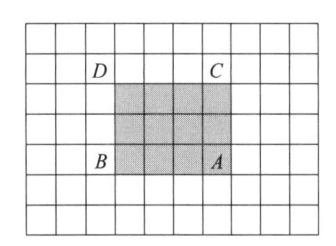

图 9.3 计算二维区间和

### 9.1.2 最小值查询

令 $\min_q(a, b)$（"区间最小值查询"）表示区间 $[a, b]$ 中的最小数组值。接下来我们将讨论一种技术，通过 $O(n \log n)$ 的预处理时间后，可以在 $O(1)$ 时间内处理任何最小值查询。这个方法来自 Bender 和 Farach-Colton[1]，通常被称为稀疏表（sparse table）算法。

其思想是预先计算所有 $\min_q(a, b)$ 的值，其中，$b-a+1$（区间长度）是 2 的幂。例如，图 9.4 展示了一个包含 8 个元素的数组的预处理的值。

需要预处理值的数量是 $O(n \log n)$ 的，因为 2 的幂的区间长度有 $O(\log n)$ 个。可以使用递归公式高效计算这些值：

图 9.4 最小值查询的预处理

$$\min_q(a, b) = \min(\min_q(a, a+w-1), \min_q(a+w, b))$$

其中，$b-a+1$ 是 2 的幂且 $w = (b-a+1)/2$。计算所有这些值需要 $O(n \log n)$ 的时间。

之后，任何 $\min_q(a, b)$ 的值都可以在 $O(1)$ 时间内计算出来，作为两个预处理的最小值。令 $k$ 为不超过 $b-a+1$ 的最大 2 的幂。我们可以使用公式计算 $\min_q(a, b)$ 的值：

$$\min_q(a, b) = \min(\min_q(a, a+k-1), \min_q(b-k+1, b))$$

在上述公式中，区间 $[a, b]$ 表示长度为 $k$ 的区间 $[a, a+k-1]$ 和 $[b-k+1, b]$ 的并集。

例如，考虑图 9.5 中的区间 $[1, 6]$。该区间的长度为 6，不超过 6 的最大 2 的幂次为 4。因此，区间 $[1, 6]$ 是区间 $[1, 4]$ 和 $[3, 6]$ 的并集。由于 $\min_q(1, 4) = 3$ 且 $\min_q(3, 6) = 1$，因此我们可以得出结论 $\min_q(1, 6) = 1$。

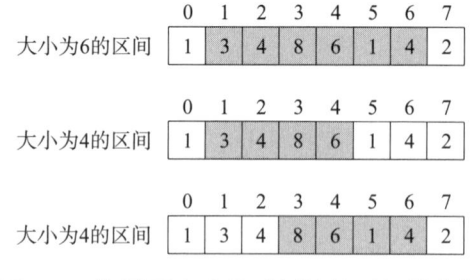

图 9.5　使用两个重叠区间计算区间最小值

注意，也有一些复杂的技术可以在仅 $O(n)$ 时间预处理后在 $O(1)$ 时间内处理区间最小值查询（参见 Fischer 和 Heun[2]），但这些超出了本书的范围。

## 9.2　树结构

本节介绍两种树结构，我们可以使用它们同时以对数时间处理区间查询和更新数组值。首先，我们讨论支持和查询的二叉索引树，其次，关注还支持其他几种查询的线段树。

### 9.2.1　二叉索引树

二叉索引树（或称 Fenwick 树[3]）可以看作前缀和数组的动态变体。它提供两个 $O(\log n)$ 时间的操作：处理区间和查询和单点更新。尽管结构名称是二叉索引树，但该结构通常表示为数组。在讨论二叉索引树时，我们假设所有数组都是从 1 开始索引的，因为这使得结构的实现更容易。

令 $p(k)$ 表示能整除 $k$ 的最大 2 的幂。我们将二叉索引树存储为数组 tree，使得：

$$\text{tree}[k] = \text{sum}_q(k-p(k)+1, k)$$

也就是说，每个位置 $k$ 包含原始数组中长度为 $p(k)$ 且以位置 $k$ 结尾的区间值的和。例如，由于 $p(6) = 2$，tree[6] 包含 $\text{sum}_q(5, 6)$ 的值。图 9.6 展示了一个数组及其对应的二叉索引树。图 9.7 更清晰地展示了二叉索引树中每个值如何对应原始数组中的区间。

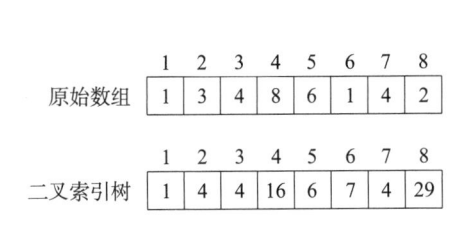

**图 9.6** 一个数组及其二叉索引树 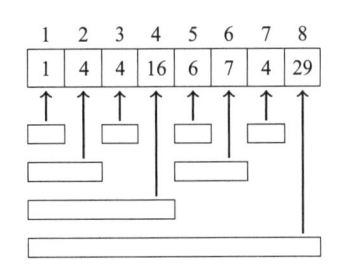　　**图 9.7** 二叉索引树中的区间

使用二叉索引树可以在 $O(\log n)$ 时间内计算任意 $\text{sum}_q(1, k)$ 的值，因为区间 $[1, k]$ 总可以划分为 $O(\log n)$ 个子区间，这些子区间的和已存储在树中。例如，要计算 $\text{sum}_q(1, 7)$ 的值，我们将区间 $[1, 7]$ 分为三个子区间：$[1, 4]$、$[5, 6]$ 和 $[7, 7]$（图 9.8）。由于这些子区间的和在树中可用，我们可以使用以下公式计算整个区间的和：

$$\text{sum}_q(1, 7) = \text{sum}_q(1, 4) + \text{sum}_q(5, 6) + \text{sum}_q(7, 7) = 16 + 17 + 4 = 27$$

然后，要计算 $a > 1$ 时 $\text{sum}_q(a, b)$ 的值，我们可以使用与前缀和数组相同的技巧：

$$\text{sum}_q(a, b) = \text{sum}_q(1, b) - \text{sum}_q(1, a-1)$$

我们可以在 $O(\log n)$ 时间内计算 $\text{sum}_q(1, b)$ 和 $\text{sum}_q(1, a-1)$，所以总时间复杂度是 $O(\log n)$。

更新数组值后，二叉索引树中的多个值需要更新。例如，当位置 3 的值改变时，我们应该更新子区间 $[3, 3]$、$[1, 4]$ 和 $[1, 8]$（图 9.9）。由于每个数组元素属于 $O(\log n)$ 个子区间，所以只需要更新 $O(\log n)$ 个树值。

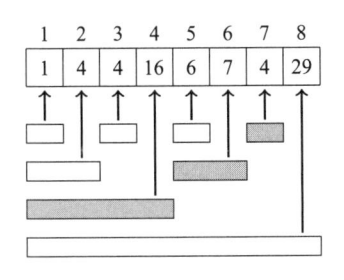

**图 9.8** 使用二叉索引树处理区间和查询 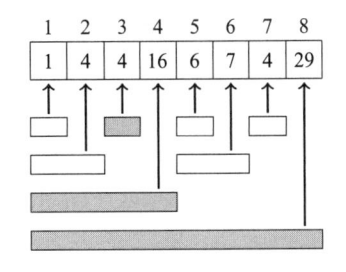　　**图 9.9** 在二叉索引树中更新值

二叉索引树的操作可以使用位运算高效实现。关键是我们可以使用位公式轻松计算任意 $p(k)$ 的值：

$$p(k) = k\&-k$$

上述公式可以分离出 $k$ 的最低位 1。

下面的函数用来计算 $\text{sum}_q(1, k)$ 的值：

```
int sum(int k) {
    int s = 0;¹
    while (k >= 1) {
        s += tree[k];
        k -= k&-k;
    }
    return s;
}
```

然后，下面的函数将位置 $k$ 的数组值增加 $x$（$x$ 可以是正数或负数）：

```
void add(int k, int x) {
    while (k <= n) {
        tree[k] += x;
        k += k&-k;
    }
}
```

这两个函数的时间复杂度都是 $O(\log n)$，因为函数访问二叉索引树中的 $O(\log n)$ 个值，且每次移动到下一个位置需要 $O(1)$ 时间。

### 9.2.2 线段树

线段树是一种数据结构，它提供了两个时间复杂度为 $O(\log n)$ 的操作：处理区间查询和更新数组值。线段树支持区间求和查询、区间最小值查询以及许多其他查询。线段树起源于几何算法（例如 Bentley 和 Wood[4]），本节介绍的优雅的自底向上的实现方法遵循 Stańczyk[5] 的教科书。

线段树是一棵二叉树，其最底层的节点对应于数组的元素，其他节点包含处理区间查询所需的信息。在讨论线段树时，我们假设数组的大小是 2 的幂并使用从零开始的索引，因为这有助于方便地构建线段树。如果数组的大小不是 2 的幂，我们总是可以向其附加额外的元素。

我们将首先讨论支持区间求和查询的线段树。图 9.10 显示了一个数组及其对应的区间元素和查询的线段树。每个内部树节点对应于一个大小为 2 的幂的

---

1）译者注：在竞赛实践中一般使用 `long long` 来避免溢出。

数组区间。当线段树支持区间元素和查询时，每个内部节点的值是对应数组值的总和，它可以计算为其左孩子节点和右孩子节点值的和。

任何区间 [a, b] 都可以被划分为 O(log n) 个子区间，这些子区间的值存储在树节点中。例如，图 9.11 显示了原始数组中的区间 [2, 7] 及其在线段树中的对应情况。在该示例中，有两个树节点对应于该区间，并且 $\text{sum}_q(2, 7) = 9+17 = 26$。当使用树中尽可能高的节点计算总和时，每一层最多需要两个节点。因此，总节点数为 O(log n)。

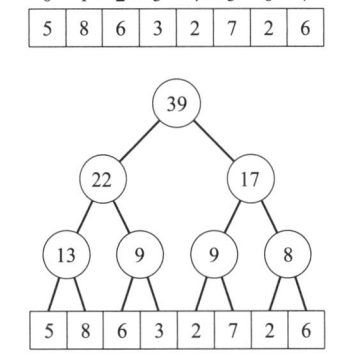

**图 9.10** 用于元素和查询的数组及其对应的线段树

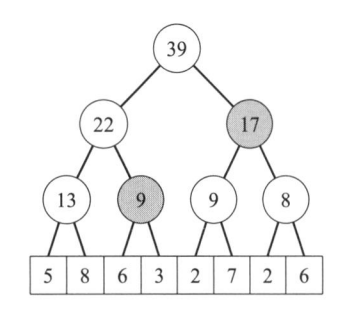

**图 9.11** 使用线段树处理区间元素和查询

在更新数组的某个值后，应更新所有依赖于该值的节点。可以通过遍历从更新的数组元素到树顶节点的路径来更新路径上的所有节点。图 9.12 显示了当位置 5 的值被更新时发生改变的节点。从底到顶的路径始终由 O(log n) 个节点组成，因此每次更新会改变 O(log n) 个树节点。

存储线段树内容的一种方便方法是使用一个包含 2n 个元素的数组，其中 n 是原始数组的大小。树节点从上到下存储：tree[1] 是树顶节点，tree[2] 和 tree[3] 是它的子节点，依此类推。最后，从 tree[n] 到 tree[2n-1] 的值对应于树的最底层，其中包含原始数组的值。注意，元素 tree[0] 未被使用。

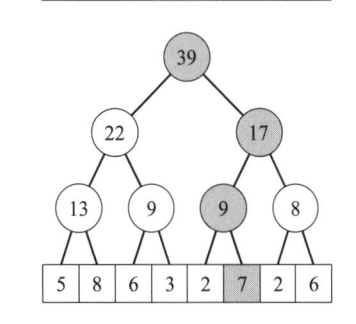

**图 9.12** 在线段树中更新数组值

图 9.13 显示了我们的示例树是如何存储的。注意，tree[k] 的父节点是 tree[k/2]，其左子节点是 tree[2k]，右子节点是 tree[2k+1]。此外，节点的位置（除了树顶节点）是偶数时，它是左子节点；是奇数时，它是右子节点。

| 1 | 2 | 3 | 4 | 5 | 6 | 7 | 8 | 9 | 10 | 11 | 12 | 13 | 14 | 15 |
|---|---|---|---|---|---|---|---|---|----|----|----|----|----|----|
| 39 | 22 | 17 | 13 | 9 | 9 | 8 | 5 | 8 | 6 | 3 | 2 | 7 | 2 | 6 |

**图 9.13** 数组中线段树的内容

以下函数计算区间 $[a, b]$ 的值 $\text{sum}_q(a, b)$：

```
int sum(int a, int b) {
    a += n; b += n;
    int s = 0;
    while (a <= b) {
        if (a % 2 == 1) s += tree[a++];
        if (b % 2 == 0) s += tree[b--];
        a /= 2; b /= 2;
    }
    return s;
}
```

该函数在线段树数组中维护一个区间。最初，该区间为 $[a+n, b+n]$。在每一步中，区间向树的更高一层移动，并将不属于更高区间的节点值加入总和。

以下函数将数组中位置 $k$ 的值增加 $x$：

```
void add(int k, int x) {
    k += n;
    tree[k] += x;
    for (k /= 2; k >= 1; k /= 2) {
        tree[k] = tree[2 * k] + tree[2 * k + 1];
    }
}
```

首先，更新树底层对应位置的值。之后，更新所有内部树节点的值，直到到达树顶节点。

以上两个函数的时间复杂度均为 $O(\log n)$，因为一个包含 $n$ 个元素的线段树由 $O(\log n)$ 层组成，并且函数每一步都向树的更高一层移动。

**其他查询**

线段树支持任何可以将区间划分为两部分、分别计算答案并高效地合并答案的查询。这类查询的示例有最小值、最大值、最大公约数以及按位运算（与、或、异或）。

例如，图 9.14 的线段树支持最小值查询。在该树中，每个节点包含对应数组区间的最小值。树顶节点包含整个数组的最小值。操作的实现方式与之前类似，但将总和替换为最小值。

线段树的结构还允许我们使用类似二分查找的方法定位数组元素。例如，如果树支持最小值查询，我们可以在 $O(\log n)$ 时间内找到最小值对应的元素位置。图 9.15 显示了如何通过从树顶节点向下遍历路径找到最小值 1 的元素。

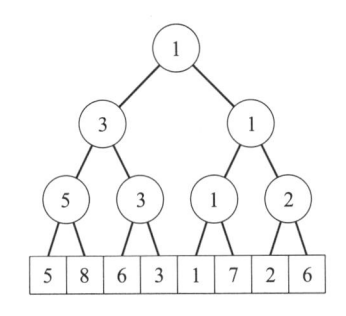

图 9.14　用于处理区间最小值查询的线段树

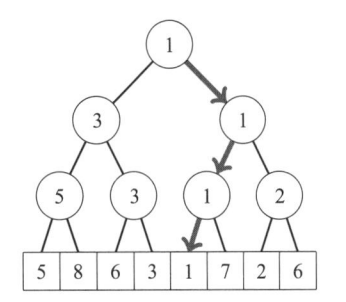

图 9.15　使用二分查找寻找最小元素

### 9.2.3　附加技术

#### 1. 索引压缩

基于数组构建的数据结构的一个限制是，元素必须使用连续的整数进行索引。当需要使用非常大的索引时会遇到困难。例如，如果我们想要使用索引 $10^9$，数组需要包含 $10^9$ 个元素，这将占用过多的内存。

然而，如果我们在算法运行之前就知道所有需要的索引，则可以通过使用索引压缩来绕过这个限制。索引压缩的思想是将原始索引替换为连续的整数 0, 1, 2, ⋯ 为此，我们定义一个函数 $c$ 用于压缩索引。该函数为每个原始索引 $i$ 赋予一个压缩后的索引 $c(i)$，并保证如果 $a < b$，则 $c(a) < c(b)$。在压缩索引之后，我们可以方便地使用这些索引进行查询。

图 9.16 展示了索引压缩的一个简单示例。这里只有索引 2, 5, 7 实际被使用，其他数组值均为 0。压缩后的索引为 $c(2) = 0$，$c(5) = 1$，$c(7) = 2$，这使得我们可以创建一个仅包含三个元素的压缩数组。

在索引压缩之后，我们可以为压缩数组构建线段树并执行查询。唯一需要修改的是，在查询之前需要先对索引进行压缩：原始数组中的区间 $[a, b]$ 对应于压缩数组中的区间 $[c(a), c(b)]$。

图 9.16　使用索引压缩压缩数组

## 2. 区间更新

到目前为止，我们实现了支持区间查询和单个值更新的数据结构。现在我们考虑一种相反的情况，其中我们需要更新区间并检索单个值。我们关注的操作是将区间 [a, b] 中的所有元素增加 x。

事实证明，我们也可以在这种情况下使用本章介绍的数据结构。为此，我们构建一个差分数组，其值表示原始数组中相邻值之间的差异。原始数组是差分数组的前缀和数组。图 9.17 展示了一个数组及其差分数组。

例如，原始数组中位置 6 的值 2 对应于差分数组中的和 3-2+4-3 = 2。

差分数组的好处是，我们可以通过仅改变差分数组中的两个元素来更新原始数组中的一个区间。更具体地说，要将区间 [a, b] 中的值增加 x，我们需要将差分数组中位置 a 的值增加 x，并将位置 b+1 的值减少 x。例如，要将原始数组中位置 1 到 4 之间的值增加 3，我们将差分数组中位置 1 的值增加 3，并将位置 5 的值减少 3（图 9.18）。

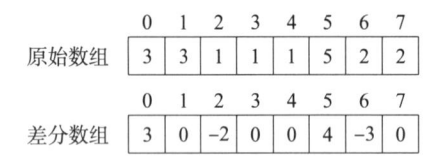

|  | 0 | 1 | 2 | 3 | 4 | 5 | 6 | 7 |
|---|---|---|---|---|---|---|---|---|
| 原始数组 | 3 | 3 | 1 | 1 | 1 | 5 | 2 | 2 |

|  | 0 | 1 | 2 | 3 | 4 | 5 | 6 | 7 |
|---|---|---|---|---|---|---|---|---|
| 差分数组 | 3 | 0 | –2 | 0 | 0 | 4 | –3 | 0 |

**图 9.17** 一个数组及其差分数组

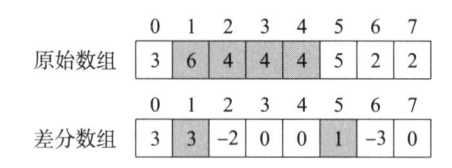

|  | 0 | 1 | 2 | 3 | 4 | 5 | 6 | 7 |
|---|---|---|---|---|---|---|---|---|
| 原始数组 | 3 | 6 | 4 | 4 | 4 | 5 | 2 | 2 |

|  | 0 | 1 | 2 | 3 | 4 | 5 | 6 | 7 |
|---|---|---|---|---|---|---|---|---|
| 差分数组 | 3 | 3 | –2 | 0 | 0 | 1 | –3 | 0 |

**图 9.18** 使用差分数组更新数组区间

因此，我们只需在差分数组中更新单个值并处理前缀和查询，所以可以使用树状数组或线段树。更困难的任务是创建一个同时支持区间查询和区间更新的数据结构。15.2.1 节中我们将看到使用懒标记的线段树也可以实现这一点。

### 参考文献

[1] M A Bender, M Farach-Colton.The LCA problem revisited. LatinAmericanSymposium on Theoretical Informatics, 2000: 88-94.

[2] J Fischer, V Heun. Theoretical and practical improvements on the RMQ-problem, with applications to LCA and LCE. 17th Annual Symposium on Combinatorial Pattern Matching, 2006, 36-48.

[3] P M Fenwick. A new data structure for cumulative frequency tables. Software: Practice and Experience, 1994, 24(3): 327-336.

[4] J Bentley, D Wood. An optimal worst case algorithm for reporting intersections of rectan-gles. IEEE Transactions on Computers, 1980, C-29(7): 571-577.

[5] P Sta' nczyk. Algorytmika praktyczna w konkursach Informatycznych. MSc thesis, University of Warsaw, 2006.

# 第10章 树上算法

树的特殊性质使我们能够创建专门针对树的算法，这些算法比一般的图算法工作得更有效率。本章将介绍一系列这样的算法。

10.1 节介绍与树相关的基本概念和算法。一个核心问题是找到树的直径，即两个节点之间的最大距离。我们将学习两种线性时间算法来解决这个问题。

10.2 节着重于处理树上的查询。我们将学习使用树遍历数组来处理与子树和路径相关的各种查询。之后，将讨论确定最近公共祖先的方法，以及一种基于合并数据结构的离线算法。

10.3 节介绍两种高级树处理技术：重心分解和重链剖分。

## 10.1 基本技术

树是一个由 $n$ 个节点和 $n-1$ 条边组成的连通无环图。从树中删除任何一条边都会将其分成两个部分，添加任何一条边都会创建一个环。树中任意两个节点之间都有唯一的路径。树的叶子节点是只有一个邻居的节点。

考虑图 10.1 中的树，这棵树由 8 个节点和 7 条边组成，其叶子节点是节点 3、5、7 和 8。

在有根树中，其中一个节点被指定为树的根，所有其他节点都位于根的下面。节点的下层邻居称为其子节点，上层邻居称为其父节点。除了没有父节点的根节点外，每个节点都恰好有一个父节点。有根树的结构是递归的：树的每个节点都作为一个子树的根，该子树包含节点本身和其子节点的所有子树中的所有节点。

图 10.2 显示了一个以节点 1 为根的有根树。节点 2 的子节点是节点 5 和 6，节点 2 的父节点是节点 1。节点 2 的子树由节点 2、5、6 和 8 组成。

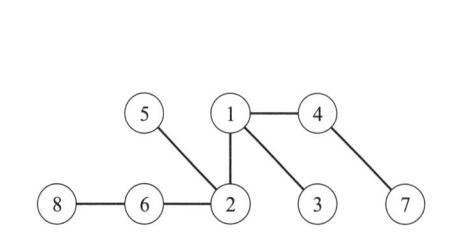

图 10.1　由 8 个节点和 7 条边组成的树 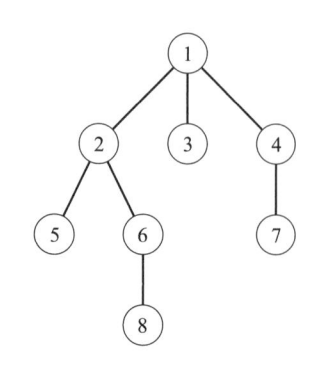　　图 10.2　以节点 1 为根节点的有根树

## 10.1.1 树的遍历

通用的图遍历算法可用于遍历树的节点。但是，树的遍历比一般图更容易实现，因为树中没有环，而且不可能从多个方向到达同一个节点。

遍历树的典型方法是从任意节点开始深度优先搜索。可以使用以下递归函数：

```
void dfs(int s, int e) {
    // 处理节点 s
    for (auto u : adj[s]) {
        if (u != e) dfs(u, s);
    }
}
```

函数有两个参数：当前节点 $s$ 和前一个节点 $e$。参数 $e$ 的目的是确保搜索只移动到尚未访问过的节点。

以下函数调用从节点 $x$ 开始搜索：

```
dfs(x, 0);
```

在第一次调用中 $e = 0$，因为没有前一个节点，所以可以在树中朝任何方向前进。

### 1. 动态规划

在树遍历过程中可以使用动态规划计算一些信息。例如，以下代码为每个节点 $s$ 计算 count[$s$] 值：其子树中的节点数。子树包含节点本身和其子节点的子树中的所有节点，所以我们可以递归计算节点数：

```
void dfs(int s, int e) {
    count[s] = 1;
    for (auto u : adj[s]) {
        if (u == e) continue;
        dfs(u, s);
        count[s] += count[u];
    }
}
```

### 2. 二叉树遍历

在二叉树中，每个节点都有左右子树（可能为空），因此有三种流行的树遍历顺序：

（1）前序遍历（pre-order）：先处理根节点，然后遍历左子树，最后遍历右子树。

（2）中序遍历（in-order）：先遍历左子树，然后处理根节点，最后遍历右子树。

（3）后序遍历（post-order）：先遍历左子树，然后遍历右子树，最后处理根节点。

在图 10.3 中，前序遍历是 [1, 2, 4, 5, 6, 3, 7]，中序遍历是 [4, 2, 6, 5, 1, 3, 7]，后序遍历是 [4, 6, 5, 2, 7, 3, 1]。

如果我们知道一棵树的前序遍历和中序遍历，就可以重建其精确结构。例如，带有前序遍历 [1, 2, 4, 5, 6, 3, 7] 和中序遍历 [4, 2, 6, 5, 1, 3, 7] 的唯一可能的树如图 10.3 所示。后序遍历和中序遍历也能唯一确定树的结构。但是，如果我们只知道前序遍历和后序遍历，可能有多棵树匹配这些遍历顺序。

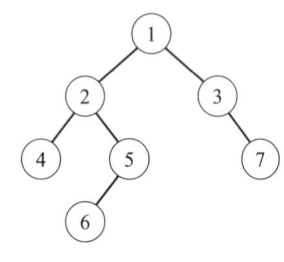

图 10.3　一棵二叉树

## 10.1.2　计算直径

树的直径是两个节点之间路径的最大长度。例如，图 10.4 显示了一棵直径为 4 的树，对应于节点 6 和 7 之间长度为 4 的路径。注意，这棵树在节点 5 和 7 之间也有一条长度为 4 的路径。

接下来我们将讨论两种计算树的直径的 $O(n)$ 时间算法。第一个算法基于动态规划，第二个算法使用深度优先搜索。

图 10.4　直径为 4 的树

### 1. 第一个算法

处理树问题的一般方法是先任意选择一个根，然后分别解决每个子树的问题。我们计算直径的第一个算法就是基于这个想法。

一个重要的观察是，有根树中的每条路径都有一个最高点：属于该路径的最高节点。因此，我们可以为每个节点 $x$ 计算以 $x$ 为最高点的最长路径的长度。这些路径中的一条对应于树的直径。在图 10.5 中，节点 1 是对应直径路径的最高点。

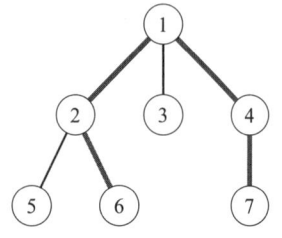

图 10.5　节点 1 是直径路径上的最高点

我们为每个节点 $x$ 计算两个值：

（1）`toLeaf(x)`：从 $x$ 到任何叶子节点的路径的最大长度。

（2）`maxLength(x)`：以 $x$ 为最高点的路径的最大长度。

在图 10.5 中，`toLeaf(1)` = 2，因为有一条路径 $1 \to 2 \to 6$，而 `maxLength(1)` = 4，因为有一条路径 $6 \to 2 \to 1 \to 4 \to 7$。在这种情况下，`maxLength(1)` 等于直径。

动态规划可用于在 $O(n)$ 时间内计算所有节点的上述值。首先计算 `toLeaf(x)`，我们遍历 $x$ 的子节点，选择具有最大 `toLeaf(c)` 的子节点 $c$ 并将该值加 1。然后计算 `maxLength(x)`，我们选择两个不同的子节点 $a$ 和 $b$，使得 `toLeaf(a)+toLeaf(b)` 的和最大，并将该和加 2。（$x$ 的节点数少于两个时属于简单的特殊情况）

**2. 第二个算法**

计算树的直径的另一种有效方法是基于两次深度优先搜索。首先，我们在树中选择一个任意节点 $a$ 并找到距离 $a$ 最远的节点 $b$。然后，我们找到距离 $b$ 最远的节点 $c$。树的直径就是 $b$ 和 $c$ 之间的距离。

例如，图 10.6 显示了在计算我们示例树的直径时选择节点 $a$、$b$ 和 $c$ 的一种可能方式。

这是一个优雅的方法，但为什么它有效呢？将树画成直径路径水平的形式，其他所有节点从中垂下来就一目了然了（图 10.7）。节点 $x$ 表示从节点 $a$ 开始的路径与对应直径的路径相交的位置。距离节点 $a$ 最远的节点是节点 $b$、节点 $c$ 或其他到节点 $x$ 同样远或更远的节点。因此，这个节点总是对应直径路径的一个有效端点。

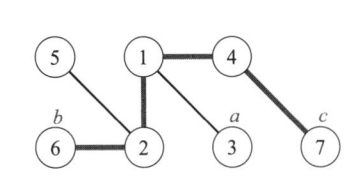

图 10.6　计算直径时的节点 $a$、$b$ 和 $c$

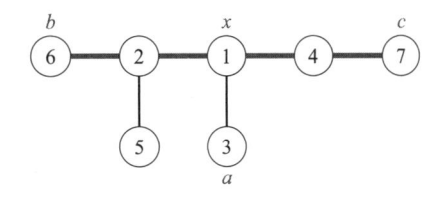

图 10.7　算法为何有效？

### 10.1.3　所有最长路径

我们的下一个问题是为每个树节点 $x$ 计算 `maxLength(x)` 值：从节点 $x$ 开

始的路径的最大长度。图 10.8 显示了一棵树及其 maxLength 值，这可以看作树直径问题的一般化，因为这些长度中的最大值等于树的直径，这个问题也可以在 $O(n)$ 时间内解决。

再次，一个好的起点是任意选择一个节点作为树的根。问题的第一部分是为每个节点 $x$ 计算通过 $x$ 的一个子节点向下的路径的最大长度。例如，从节点 1 出发的最长路径通过其子节点 2（图 10.9）。这部分很容易在 $O(n)$ 时间内解决，因为我们可以像之前一样使用动态规划。

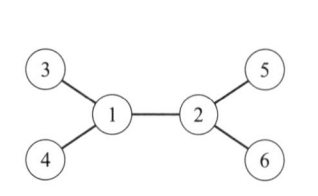

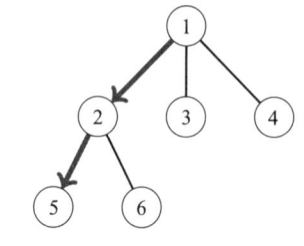

图 10.8　计算最大路径长度

图 10.9　从节点 1 开始的最长路径

然后，问题的第二部分是为每个节点 $x$ 计算通过其父节点 $p$ 向上的路径的最大长度。例如，从节点 3 出发的最长路径通过其父节点 1（图 10.10）。乍看之下，似乎我们应该先移动到 $p$，然后选择从 $p$ 开始的最长路径（向上或向下）。但是，这种方法并不总是有效，因为这样的路径可能会经过 $x$（图 10.11）。不过，我们可以为每个节点 $x$ 存储两条路径的最大长度来在 $O(n)$ 时间内解决第二部分：

（1）$\mathtt{maxLength}_1(x)$：从 $x$ 到叶子节点的路径的最大长度。

（2）$\mathtt{maxLength}_2(x)$：从 $x$ 到叶子节点的路径的最大长度，方向与第一条路径不同。

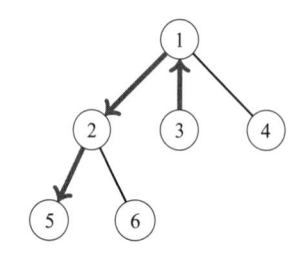

图 10.10　从节点 3 出发的最长路径经过其父节点

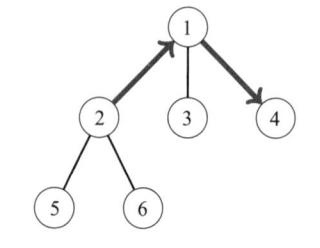

图 10.11　在这种情况下，应选择父节点的第二长路径

例如，在图 10.11 中，$\mathtt{maxLength}_1(1) = 2$，对应路径 $1 \to 2 \to 5$，而 $\mathtt{maxLength}_2(1) = 1$，对应路径 $1 \to 3$。

最后，要确定从节点 $x$ 通过其父节点 $p$ 向上的最长路径的长度，我们考虑两种情况：如果对应 $\text{maxLength}_1(p)$ 的路径经过 $x$，则最大长度是 $\text{maxLength}_2(p)\text{+1}$，否则最大长度是 $\text{maxLength}_1(p)\text{+1}$。

## 10.2 树上查询

本节我们专注于处理有根树的查询。这类查询通常与树的子树和路径有关，它们可以在常数或对数时间内处理。

### 10.2.1 寻找祖先

在有根树中，节点 $x$ 的第 $k$ 个祖先是指从 $x$ 向上移动 $k$ 层所到达的节点。令 ancestor($x$, $k$) 表示节点 $x$ 的第 $k$ 个祖先（如果不存在这样的祖先则为 0）。例如，在图 10.12 中，ancestor(2, 1) = 1 且 ancestor(8, 2) = 4。

计算任何 ancestor($x$, $k$) 值的简单方法是在树中执行 $k$ 次移动序列。然而，这种方法的时间复杂度为 $O(k)$，这可能会很慢，因为一个有 $n$ 个节点的树可能有一条包含 $n$ 个节点的路径。

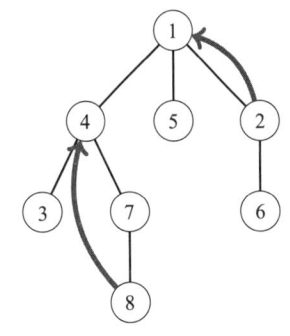

幸运的是，在预处理之后，我们可以在 $O(\log k)$ 时间内高效计算任何 ancestor($x$, $k$) 值。如 7.5.1 节所述，其思想是首先预计算所有 $k$ 为 2 的幂时的 ancestor($x$, $k$) 值。例如，图 10.12 中的树的值如下：

**图 10.12** 找到节点的祖先

| $x$ | 1 2 3 4 5 6 7 8 |
|---|---|
| ancestor($x$, 1) | 0 1 4 1 1 2 4 7 |
| ancestor($x$, 2) | 0 0 1 0 0 1 1 4 |
| ancestor($x$, 4) | 0 0 0 0 0 0 0 0 |
| … | |

由于我们知道一个节点总是有少于 $n$ 个祖先，因此为每个节点计算 $O(\log n)$ 个值就足够了，预处理需要 $O(n \log n)$ 时间。在此之后，通过将 $k$ 表示为 2 的幂之和，可以在 $O(\log k)$ 时间内计算任何 ancestor($x$, $k$) 值。

### 10.2.2 子树与路径

树遍历数组包含了从根节点开始进行深度优先搜索时访问节点的顺序。图 10.13 展示了一棵树及其对应的树遍历数组。

树遍历数组的一个重要特性是，树中的每个子树都对应于树遍历数组中的一个子数组，且该子数组的第一个元素是根节点。图 10.14 展示了对应于节点 4 的子树的子数组。

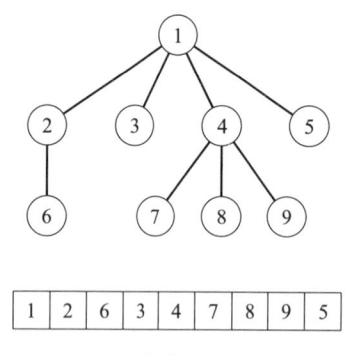

图 10.13　一棵树及其树遍历数组

图 10.14　树遍历数组中节点 4 的子树

### 1. 子树查询

假设树中的每个节点都被赋予一个值，我们的任务是处理两种类型的查询：更新节点的值，以及计算节点的子树中所有值的和。要解决这个问题，我们需要构造一个树遍历数组，为每个节点包含三个值：节点的标识符、子树的大小和节点的值。图 10.15 展示了一棵树及其对应的数组。

使用这个数组，我们可以通过先确定子树的大小，然后对相应节点的值求和来计算任何子树中值的和。图 10.16 展示了计算节点 4 的子树中值的和时访问的值。数组的最后一行告诉我们，值的和是 3+4+3+1 = 11。

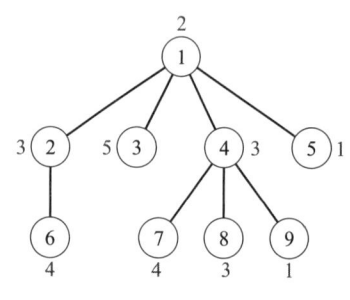

图 10.15　用于计算子树和的树遍历数组

图 10.16　计算节点 4 子树中值的和

为了高效回答查询，将数组的最后一行存储在树状数组或线段树中就足够了。之后，我们可以在 $O(\log n)$ 时间内既更新值又计算值的和。

### 2. 路径查询

使用树遍历数组，我们还可以高效计算从根节点到树中任何节点的路径上值的和。例如，我们的任务是处理两种类型的查询：更新节点的值，以及计算从根到某个节点的路径上值的和。

要解决这个问题，我们需要构造一个树遍历数组，为每个节点包含其标识符、子树的大小和从根到该节点的路径上值的和（图 10.17）。

当一个节点的值增加 $x$ 时，其子树中所有节点的和都增加 $x$。图 10.18 展示了将节点 4 的值增加 1 后的数组。

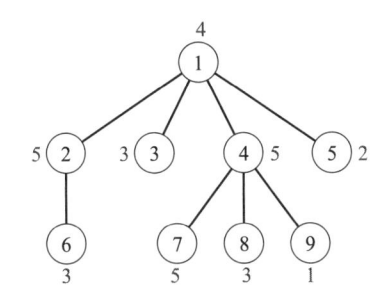

图 10.17　用于计算路径和的树遍历数组

图 10.18　将节点 4 的值增加 1

要支持这两种操作，我们需要能够增加一个区间内的所有值并检索单个值。使用树状数组或线段树和差分数组可以在 $O(\log n)$ 时间内完成这些操作（参见 9.2.3 节）。

## 10.2.3　最近公共祖先

有根树中两个节点的最近公共祖先是指包含这两个节点的子树中最低的节点。例如，在图 10.19 中，节点 5 和节点 8 的最近公共祖先是节点 2。

一个典型的问题是需要高效处理两个节点的最近公共祖先的查询。接下来我们将讨论两种高效处理此类查询的技术。

### 1. 第一种方法

由于可以高效找到树中任何节点的第 $k$ 个祖先，

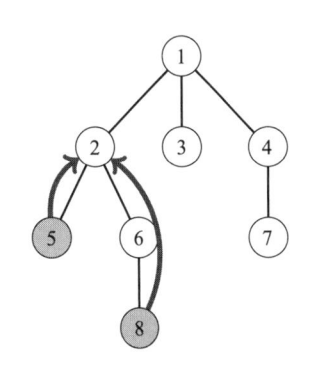

图 10.19　节点 5 和节点 8 的最近公共祖先是节点 2

所以用这个事实将问题分成两部分。使用两个指针，初始时指向我们要找到最近公共祖先的两个节点。

首先，确保指针指向树中同一层的节点。如果初始时不是这样，则向上移动其中一个指针。之后，我们确定需要向上移动两个指针的最小步数，使它们指向同一个节点。这个指针最后指向的节点就是最近公共祖先。由于算法的两个部分都可以使用预计算的信息在 $O(\log n)$ 时间内完成，我们可以在 $O(\log n)$ 时间内找到任意两个节点的最近公共祖先。

图 10.20 展示了如何在我们的示例场景中找到节点 5 和节点 8 的最近公共祖先。首先，将第二个指针向上移动一层，使其指向节点 6，与节点 5 处于同一层。然后，将两个指针都向上移动一步到节点 2，这就是最近公共祖先。

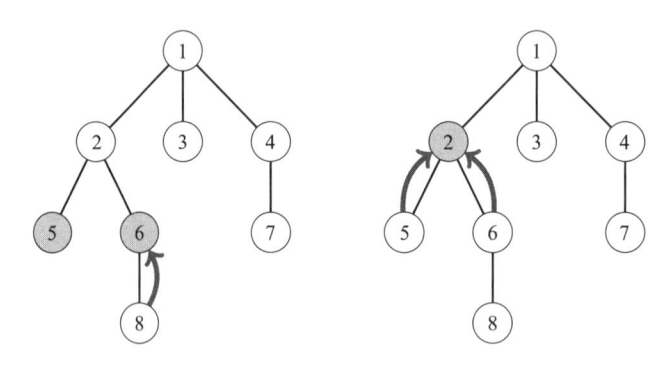

图 10.20　找到节点 5 和节点 8 的最近公共祖先的两个步骤

### 2. 第二种方法

解决这个问题的另一种方法是由 Bender 和 Farach-Colton 提出的[1]，基于扩展树遍历数组，有时称为欧拉游览树。要构造这个数组，我们需要使用深度优先搜索遍历树节点，每当深度优先搜索经过一个节点时（不仅仅是在第一次访问时）就将其添加到数组中。因此，有 $k$ 个子节点的节点在数组中出现 $k+1$ 次，数组中总共有 $2n-1$ 个节点。我们在数组中存储两个值：节点的标识符和节点在树中的深度。图 10.21 展示了我们示例场景中得到的数组。

| | 0 | 1 | 2 | 3 | 4 | 5 | 6 | 7 | 8 | 9 | 10 | 11 | 12 | 13 | 14 |
|---|---|---|---|---|---|---|---|---|---|---|---|---|---|---|---|
| 节点id | 1 | 2 | 5 | 2 | 6 | 8 | 6 | 2 | 1 | 3 | 1 | 4 | 7 | 4 | 1 |
| 深度 | 1 | 2 | 3 | 2 | 3 | 4 | 3 | 2 | 1 | 2 | 1 | 2 | 3 | 2 | 1 |

图 10.21　用于处理最近公共祖先查询的扩展树遍历数组

现在我们可以通过找到数组中节点 $a$ 和 $b$ 之间深度最小的节点来找到它们的最近公共祖先。图 10.22 展示了如何找到节点 5 和节点 8 的最近公共祖先。

它们之间深度最小的节点是深度为 2 的节点 2，所以节点 5 和节点 8 的最近公共祖先是节点 2。

| | 0 | 1 | 2 | 3 | 4 | 5 | 6 | 7 | 8 | 9 | 10 | 11 | 12 | 13 | 14 |
|---|---|---|---|---|---|---|---|---|---|---|---|---|---|---|---|
| 节点id | 1 | 2 | 5 | 2 | 6 | 8 | 6 | 2 | 1 | 3 | 1 | 4 | 7 | 4 | 1 |
| 深度 | 1 | 2 | 3 | 2 | 3 | 4 | 3 | 2 | 1 | 2 | 1 | 2 | 3 | 2 | 1 |

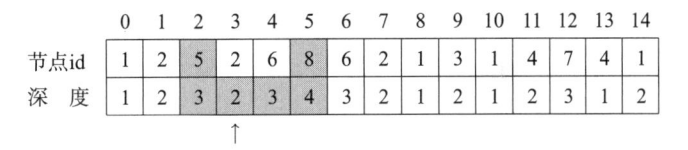

图 10.22　找到节点 5 和节点 8 的最近公共祖先

注意，一个节点可能在数组中出现多次，因此可能有多种选择节点 $a$ 和 $b$ 位置的方式。然而，任何选择都能正确确定节点的最近公共祖先。

使用这种技术，要找到两个节点的最近公共祖先，只需要处理一个区间最小值查询。通常的方法是使用线段树在 $O(\log n)$ 时间内处理这样的查询。然而，由于数组是静态的，我们也可以在 $O(n \log n)$ 时间的预处理后在 $O(1)$ 时间内处理查询。

### 3. 计算距离

最后考虑如何计算节点 $a$ 和节点 $b$ 之间距离（即 $a$ 和 $b$ 之间路径的长度）。事实证明，这个问题可以归结为找到节点的最近公共祖先。首先，我们任意选择树的根。之后，节点 $a$ 和 $b$ 的距离可以用以下公式计算：

$$\mathrm{depth}(a)+\mathrm{depth}(b)-2 \cdot \mathrm{depth}(c)$$

其中，$c$ 是 $a$ 和 $b$ 的最近公共祖先。

例如，要计算图 10.23 中节点 5 和节点 8 之间的距离，我们先确定这些节点的最近公共祖先是节点 2。然后，由于节点的深度分别是 `depth(5) = 3`，`depth(8) = 4` 和 `depth(2) = 2`，我们得出节点 5 和节点 8 之间的距离是 $3+4-2 \cdot 2 = 3$。

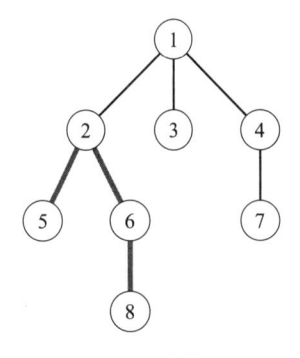

图 10.23　计算节点 5 和 8 之间的距离

## 10.2.4　合并数据结构

到目前为止，我们已经讨论了树查询的在线算法。这些算法能够一个接一个地处理查询，每个查询在接收下一个查询之前就被回答。然而，在许多问题中，在线属性并不是必需的，我们可以使用离线算法来解决它们。这些算法接收一个完整的查询集合，可以按任意顺序回答这些查询。离线算法通常比在线算法更容易设计。

构造离线算法的一种方法是执行深度优先树遍历并在节点中维护数据结构。在每个节点 $s$，我们创建一个基于其子节点数据结构的数据结构 $d[s]$。然后，使用这个数据结构处理与 $s$ 相关的所有查询。

举个例子，考虑下面的问题：给定一个有根树，每个节点都有一些值。我们的任务是处理查询，这些查询要求计算节点 $s$ 的子树中值为 $x$ 的节点数量。在图 10.24 中，节点 4 的子树包含两个值为 3 的节点。

在这个问题中，我们可以使用 map 来回答查询。例如，图 10.25 展示了节点 4 及其子节点的映射。如果我们为每个节点创建这样的数据结构，我们可以轻松处理所有给定的查询，因为我们可以在创建数据结构后立即处理与节点相关的所有查询。

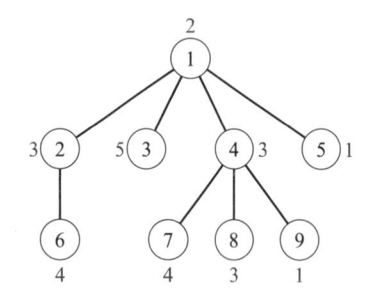

**图 10.24** 节点 4 的子树包含两个值为 3 的节点

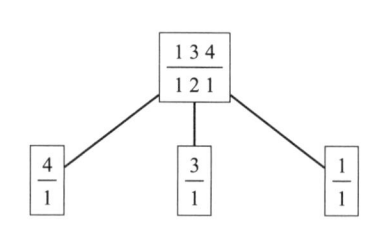

**图 10.25** 使用 map 处理查询

然而，从头开始创建所有数据结构会太慢。相反，在每个节点 $s$，我们创建一个只包含 $s$ 的值的初始数据结构 $d[s]$。之后，我们遍历 $s$ 的子节点，合并 $d[s]$ 和所有数据结构 $d[u]$，其中 $u$ 是 $s$ 的子节点。例如，在上面的树中，节点 4 的 map 是通过合并图 10.26 中的映射创建的。这里第一个 map 是节点 4 的初始数据结构，其他三个 map 对应于节点 7、8 和 9。

**图 10.26** 在节点处合并 map

节点 $s$ 的合并可以这样完成：我们遍历 $s$ 的子节点，在每个子节点 $u$ 处合并 $d[s]$ 和 $d[u]$。我们总是从 $d[u]$ 复制内容到 $d[s]$。但是，在此之前，如果 $d[s]$ 比 $d[u]$ 小，我们就交换 $d[s]$ 和 $d[u]$ 的内容。通过这样做，每个值在树遍历过程中只被复制 $O(\log n)$ 次，这确保了算法的效率。

要高效交换两个数据结构 $a$ 和 $b$ 的内容，我们只需使用以下代码：

```
swap(a, b);
```

当 $a$ 和 $b$ 是 C++ STL 中的容器时，可以保证上述代码在常数时间内工作。

## 10.3 高级技术

本节我们讨论两种高级树处理技术：重心分解将树分成更小的子树并递归处理它们；重链剖分将树表示为一组特殊路径的集合，这使我们能够高效处理路径查询。

### 10.3.1 重心分解

一棵有 $n$ 个节点的树的重心是指：删除该节点后，树被分割成的每个子树包含最多 $n/2$ 个节点。每棵树都有一个重心，我们可以通过任意选择树根，然后一直移动到节点数最多的子树，直到当前节点成为重心来找到它。

在重心分解技术中，我们首先定位树的重心并处理所有经过重心的路径。之后，我们从树中移除重心并递归处理剩余的子树。由于移除重心总是创建大小最多为原树一半的子树，因此如果我们能在线性时间内处理每条路径，这种算法的时间复杂度为 $O(n \log n)$。

图 10.27 显示了重心分解算法的第一步。在这棵树中，节点 5 是唯一的重心，所以我们首先处理所有经过节点 5 的路径。之后，从树中移除节点 5，然后递归处理三个子树 {1, 2}、{3, 4} 和 {6, 7, 8}。

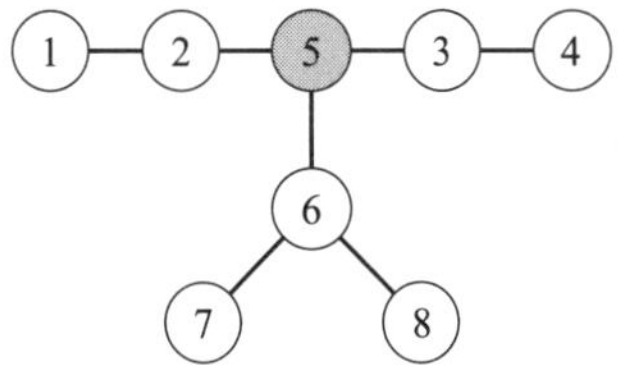

使用重心分解，我们可以高效地计算树中长度为 $x$ 的路径数量。在处理一棵树时，我们首先找到重心并计算经过它的路径数量，这可以在线性时间内完成。之后，我们移除重心并递归处理较小的树。最终算法的时间复杂度为 $O(n \log n)$。

图 10.27 重心分解

### 10.3.2 重链剖分

重链剖分[1]将树的节点划分为一组称为重链的路径。重链的创建方式使得任意两个树节点之间的路径可以表示为 $O(\log n)$ 个重链的子路径。使用这种技术，我们可以像处理数组元素一样处理树节点间路径上的节点，只需额外 $O(\log n)$ 的因子。

为构造重链，我们首先任意选择树根。然后，从树根开始第一条重链，总是移动到具有最大子树大小的节点。之后，递归处理剩余的子树。例如，在

---
1）Sleator 和 Tarjan[2] 在他们提出的 Link/Cut Tree 数据结构的背景下引入了这一概念。

图 10.28 中，有四条重链：1-2-6-8、3、4-7 和 5（注意其中两条路径只有一个节点）。

现在，考虑树中任意两个节点之间的路径。由于在创建重链时我们总是选择最大子树，这保证了我们可以将路径划分为 $O(\log n)$ 个子路径，使得每个子路径都是单个重链的子路径。例如，在图 10.28 中，节点 7 和节点 8 之间的路径可以划分为两个重链子路径：首先是 7-4，然后是 1-2-6-8。

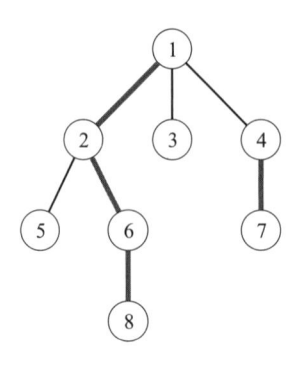

图 10.28　重链剖分

重链剖分的好处是每条重链都可以被视为节点数组。例如，我们可以为每条重链分配一个线段树，支持复杂的路径查询，如计算路径中的最小节点值或增加路径中每个节点的值。这种查询可以在 $O(\log^2 n)$ 时间[1]内处理，因为每条路径由 $O(\log n)$ 条重链组成，每条重链可以在 $O(\log n)$ 时间内处理。

虽然许多问题可以使用重链剖分解决，但要记住通常还有其他更容易实现的解决方案。特别是，10.2.2 节中介绍的技术通常可以替代重链剖分。

**参考文献**

[1]　M A Bender, M Farach-Colton. The LCA problem revisited. LatinAmericanSymposiumon Theoretical Informatics (2000): 88-94.

[2]　D D Sleator, R E Tarjan. A data structure for dynamic trees. J. Comput. Syst. Sci, 1983, 26(3): 362-391.

---

1）$\log^k n$ 对应于 $(\log n)^k$。

# 第 11 章 数学专题

本章介绍算法竞赛中经常出现的数学主题。我们既会讨论理论结果，也会学习如何在算法中实践应用这些理论。

11.1 节讨论数论主题。我们将学习寻找数的质因数的算法、模运算相关的技术，以及求解整数方程的高效方法。

11.2 节探讨组合问题的解决方法：如何高效地统计所有有效的对象组合。本节的主题包括二项式系数、Catalan 数和容斥原理。

11.3 节展示如何在算法编程中使用矩阵。例如，我们将学习如何利用高效计算矩阵幂的方法来优化动态规划算法。

11.4 节首先讨论计算事件概率的基本技术和马尔可夫链的概念，之后将展示基于随机性的算法示例。

11.5 节重点介绍博弈论。首先我们将学习如何使用 Nim 理论来最优地玩一个简单的取棒游戏，然后将这个策略推广到更广泛的其他游戏。

11.6 节介绍快速傅里叶变换（FFT）算法，通过它我们可以高效地计算卷积，如多项式的乘积。

11.7 节展示如何通过先找到序列的前几项值然后猜测匹配该序列的公式来解决数学问题。

# 11.1 数 论

数论是研究整数的数学分支。在本节中，我们讨论一系列数论主题和算法，如寻找质数和因数，以及求解整数方程。

## 11.1.1 质数和因数

如果整数 $a$ 可以整除整数 $b$，则称 $a$ 是 $b$ 的因子或除数。如果 $a$ 是 $b$ 的因子，我们写作 $a \mid b$，否则写作 $a \nmid b$。例如，24 的因子有 1、2、3、4、6、8、12 和 24。

如果一个整数 $n > 1$ 的唯一正因子是 1 和 $n$，则称其为质数。例如，7、19 和 41 是质数，35 不是质数，因为 $5 \cdot 7 = 35$。对于每个大于 1 的整数 $n$，都有唯一的质因数分解式：

$$n = p_1^{a_1} p_1^{a_2} \cdots p_k^{a_k}$$

其中，$p_1, p_2, \cdots, p_k$ 是不同的质数，$\alpha_1, \alpha_2, \cdots, \alpha_k$ 是正整数。

例如，84 的质因数分解式为：
$$84 = 2^2 \cdot 3^1 \cdot 7^1$$

令 $\tau(n)$ 表示整数 $n$ 的因子个数。例如，$\tau(12) = 6$，因为 12 的因子有 1、2、3、4、6 和 12。要计算 $\tau(n)$ 的值，可以使用公式：

$$\tau(n) = \prod_{i=1}^{k}(\alpha_i + 1)$$

因为对每个质数 $p_i$，在因子中出现的次数有 $\alpha_i+1$ 种选择。例如，$12 = 2^2 \cdot 3$，因此 $\tau(12) = 3 \cdot 2 = 6$。然后，令 $\sigma(n)$ 表示整数 $n$ 的因子和。例如，$1+2+3+4+6+12 = 28$，因此 $\sigma(12) = 28$。要计算 $\sigma(n)$ 的值，可以使用公式：

$$\sigma(n) = \prod_{i=1}^{k}\left(1 + p_i + \cdots + p_i^{\alpha_i}\right) = \prod_{i=1}^{k}\frac{p_i^{\alpha_i+1} - 1}{p_i - 1}$$

其中，后一个形式基于等比数列求和公式。例如，$\sigma(12) = (2^3-1)/(2-1) \cdot (3^2-1)/(3-1) = 28$。

### 1. 基本算法

如果整数 $n$ 不是质数，则它可以表示为 $a \cdot b$，其中 $a \leq \sqrt{n}$ 或 $b \leq \sqrt{n}$，所以它一定有一个介于 2 和 $\sqrt{n}$ 之间的因子。利用这个性质，我们可以在 $O(\sqrt{n})$ 时间内判断一个整数是否为质数并找出其质因数分解。

下面的函数 prime 用来检查给定整数 $n$ 是否为质数。该函数尝试用 2 到 $\sqrt{n}$ 之间的整数去除 $n$，如果都不能整除，则说明 $n$ 为质数。

```
bool prime(int n) {
    if (n < 2) return false;
    for (int x = 2; x*x <= n; x++) {
        if (n%x == 0) return false;
    }
    return true;
}
```

下面的函数 factors 用来构造一个 vector，其中包含 $n$ 的质因数分解。该函数用其质因子去除 $n$，并将它们加入向量。当剩余的数 $n$ 在 2 到 $\sqrt{n}$ 之间没有因子时，过程结束。如果 $n > 1$，则它是质数且是最后一个因子。

```
vector<int> factors(int n) {
    vector<int> f;
    for (int x = 2; x*x <= n; x++) {
        while (n%x == 0) {
            f.push_back(x);
            n /= x;
        }
    }
    if (n > 1) f.push_back(n);
    return f;
}
```

注意，每个质因子在 vector 中出现的次数就是它在数中的次数。例如，12 = $2^2 \cdot 3$，所以函数的结果是 [2, 2, 3]。

### 2. 质数的性质

很容易证明质数的数量是无限的。如果质数的数量是有限的，则我们可以构造一个集合 $P = p_1, p_2, \cdots, p_n$ 包含所有的质数。例如，$p_1 = 2$，$p_2 = 3$，$p_3 = 5$，依此类推。然而，使用这样的集合 $P$，我们可以构造一个新的质数——$p_1 p_2 \cdots p_n + 1$，它比 $P$ 中的所有元素都大。这是矛盾的，因此质数的数量必须是无限的。

### 3. 素数统计

函数 $\pi(n)$ 给出不超过 $n$ 的质数个数。例如，$\pi(10) = 4$，因为不超过 10 的质数是 2、3、5 和 7。可以证明：

$$\pi(n) \approx \frac{n}{\ln n}$$

这意味着质数是相当稠密的。例如，$\pi(10^6)$ 的近似值是 $10^6/\ln 10^6 \approx 72382$，而确切值是 78498。

## 11.1.2 Eratosthenes筛法

Eratosthenes 筛法是一个预处理算法，它构造一个数组 sieve，通过这个数组我们可以高效地检查 2 到 $n$ 之间的任意整数 $x$ 是否为质数。如果 $x$ 是质数，则 sieve[$x$] = 0；否则，sieve[$x$] = 1。图 11.1 展示了 $n$ = 20 时 sieve 数组的内容。

要构造这个数组，需要逐个遍历 2 到 $n$ 的整数。每当找到一个新的质数 $x$，

| 2 | 3 | 4 | 5 | 6 | 7 | 8 | 9 | 10 | 11 | 12 | 13 | 14 | 15 | 16 | 17 | 18 | 19 | 20 |
|---|---|---|---|---|---|---|---|---|---|---|---|---|---|---|---|---|---|---|
| 0 | 0 | 1 | 0 | 1 | 0 | 1 | 1 | 1 | 0 | 1 | 0 | 1 | 1 | 1 | 0 | 1 | 0 | 1 |

图 11.1　$n = 20$ 时 Eratosthenes 筛法的结果

算法就记录 $2x$、$3x$、$4x$ 等不是质数。假设 sieve 的每个元素初始为零，则算法可以实现如下：

```
for (int x = 2; x <= n; x++) {
    if (sieve[x]) continue;
    for (int u = 2*x; u <= n; u += x) {
        sieve[u] = 1;
    }
}
```

算法的内循环对每个值 $x$ 执行 $n/x$ 次，因此算法运行时间的上界是调和级数：

$$\sum_{x=2}^{n} \lfloor n/x \rfloor = \lfloor n/2 \rfloor + \lfloor n/3 \rfloor + \lfloor n/4 \rfloor + \cdots = O(n \log n)$$

实际上，该算法更加高效，因为内循环只在数 $x$ 是质数时执行。可以证明该算法的运行时间仅为 $O(n \log \log n)$，其时间复杂度非常接近 $O(n)$。在实践中，Eratosthenes 筛法非常高效，表 11.1 展示了一些实际运行时间。

表 11.1　Eratosthenes 筛法的运行时间

| 上界 $n$ | 运行时间 /s | 上界 $n$ | 运行时间 /s |
|---|---|---|---|
| $10^6$ | 0.01 | $16 \cdot 10^6$ | 0.28 |
| $2 \cdot 10^6$ | 0.03 | $32 \cdot 10^6$ | 0.57 |
| $4 \cdot 10^6$ | 0.07 | $64 \cdot 10^6$ | 1.16 |
| $8 \cdot 10^6$ | 0.14 | $128 \cdot 10^6$ | 2.35 |

Eratosthenes 筛法有几种扩展方式。例如，我们可以计算每个数 $k$ 的最小质因子（图 11.2）。之后，我们就可以利用筛法高效地分解 2 到 $n$ 之间的任意数。（注意，一个数 $n$ 有 $O(\log n)$ 个质因子）

| 2 | 3 | 4 | 5 | 6 | 7 | 8 | 9 | 10 | 11 | 12 | 13 | 14 | 15 | 16 | 17 | 18 | 19 | 20 |
|---|---|---|---|---|---|---|---|---|---|---|---|---|---|---|---|---|---|---|
| 2 | 3 | 2 | 5 | 2 | 7 | 2 | 3 | 2 | 11 | 2 | 13 | 2 | 3 | 2 | 17 | 2 | 19 | 2 |

图 11.2　扩展的 Eratosthenes 筛法，包含每个数的最小质因子

### 11.1.3　欧几里得算法

整数 $a$ 和 $b$ 的最大公约数记作 $\gcd(a, b)$，是同时整除 $a$ 和 $b$ 的最大整数。

例如，gcd(30, 12) = 6。一个相关的概念是最小公倍数，记作 lcm(a, b)，它是同时被 a 和 b 整除的最小整数。可以使用公式：

$$\text{lcm}(a, b) = \frac{ab}{\gcd(a, b)}$$

来计算最小公倍数。例如，lcm(30, 12) = 360/gcd(30, 12) = 60。

寻找 gcd(a, b) 的一种方法是将 a 和 b 分解成质因数，然后选择每个质数在两个分解中出现次数的较大值。例如，要计算 gcd(30, 12)，我们可以构造分解式 30 = 2·3·5 和 12 = 22·3，从而得出 gcd(30, 12) = 2·3 = 6。但是，如果 a 和 b 是很大的数，这种方法就不高效。

欧几里得算法提供了一种高效计算 gcd(a, b) 值的方法，该算法基于公式：

$$\gcd(a, b) = \begin{cases} a & b = 0 \\ \gcd(b, a \bmod b) & b \neq 0 \end{cases}$$

例如：

$$\gcd(30, 12) = \gcd(12, 6) = \gcd(6, 0) = 6$$

算法可以实现如下：

```
int gcd(int a, int b) {
    if (b == 0) return a;
    return gcd(b, a%b);
}
```

为什么这个算法有效呢？要理解这一点，请看图 11.3，其中 x = gcd(a, b)。由于 x 能同时整除 a 和 b，所以它必然也能整除 a mod b，这解释了递归公式成立的原因。

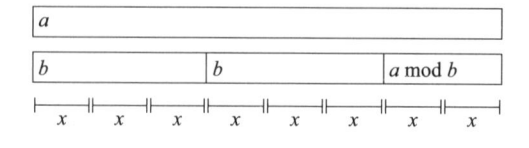

**图 11.3** 为什么欧几里得算法有效

可以证明欧几里得算法的运行时间是 $O(\log n)$，其中 $n = \min(a, b)$。

欧几里得算法也可以扩展，找到满足下式的整数 x 和 y：

$$ax + by = \gcd(a, b)$$

例如，当 $a = 30$ 且 $b = 12$ 时，

$$30 \cdot 1 + 12 \cdot (-2) = 6$$

我们也可以使用公式 $\gcd(a, b) = \gcd(b, a \bmod b)$ 来解决这个问题。假设我们已经解决了 $\gcd(b, a \bmod b)$ 的问题，并且知道满足以下等式的 $x$ 和 $y$ 值：

$$bx + (a \bmod b)y = \gcd(a, b)$$

那么，由于 $a \bmod b = a - \lfloor a/b \rfloor \cdot b$，所以

$$bx + \left(a - \lfloor a/b \rfloor \cdot b\right)y = \gcd(a, b)$$

等价于：

$$ay + b\left(x - \lfloor a/b \rfloor \cdot y\right) = \gcd(a, b)$$

因此，我们可以选择 $x' = y$ 和 $y' = x - \lfloor a/b \rfloor \cdot y$。使用这个思路，下面的函数返回一个满足方程的元组 $(x, y, \gcd(a, b))$。

```
tuple<int,int,int> gcd(int a, int b) {
    if (b == 0) {
        return {1,0,a};
    } else {
        int x,y,g;
        tie(x,y,g) = gcd(b,a%b);
        return {y,x-(a/b)*y,g};
    }
}
```

我们可以这样使用该函数：

```
int x,y,g;
tie(x, y, g) = gcd(30, 12);[1]
cout << x << " " << y << " " << g << "\n"; // 1 -2 6
```

### 11.1.4 模幂运算

我们经常需要高效计算 $x^n \bmod m$ 的值，这可以使用以下递归公式在 $O(\log n)$ 时间内完成：

---

[1] 译者注：这个语法需要 C++17 以上。

$$x^n \begin{cases} 1 & n=0 \\ x^{n/2} \cdot x^{n/2} & n\text{是偶数} \\ x^{n-1} \cdot x & n\text{是奇数} \end{cases}$$

例如，要计算 $x^{100}$ 的值，我们首先计算 $x^{50}$ 的值，然后使用公式 $x^{100} = x^{50} \cdot x^{50}$。要计算 $x^{50}$ 的值，我们首先计算 $x^{25}$ 的值，依此类推。由于 $n$ 每当是偶数时就减半，所以计算只需要 $O(\log n)$ 的时间。

算法可以实现如下：

```
int modpow[1](int x, int n, int m) {
    if (n == 0) return 1%m;
    long long u = modpow(x,n/2,m);
    u = (u*u)%m;
    if (n%2 == 1) u = (u*x)%m;
    return u;
}
```

### 11.1.5 欧拉定理

如果 $\gcd(a, b) = 1$，则称两个整数 $a$ 和 $b$ 互质。欧拉函数 $\phi(n)$ 给出 1 到 $n$ 中与 $n$ 互质的整数个数。例如，$\phi(10) = 4$，因为 1、3、7 和 9 与 10 互质。

任何 $\phi(n)$ 的值都可以使用公式从 $n$ 的质因数分解式计算出来：

$$\phi(n) = \prod_{i=1}^{k} p_i^{\alpha_i - 1}(p_i - 1)$$

例如，由于 $10 = 2 \cdot 5$，所以 $\phi(10) = 2^0 \cdot (2-1) \cdot 5^0 \cdot (5-1) = 4$。

欧拉定理指出，对于所有互质的正整数 $x$ 和 $m$：

$$x^{\phi(m)} \bmod m = 1$$

例如，欧拉定理告诉我们 $7^4 \bmod 10 = 1$，因为 7 和 10 互质且 $\phi(10) = 4$。

如果 $m$ 是质数，$\phi(m) = m-1$，那么公式变成：

$$x^{m-1} \bmod m = 1$$

这就是费马小定理，这也意味着：

$$x^n \bmod m = x^{n \bmod (m-1)} \bmod m$$

---

1) 译者注：现实中更推荐非递归的实现。

这可以用来计算 $x^n$ 的值,即使 $n$ 很大。

$x$ 关于 $m$ 的模乘法逆元记作 $\mathrm{inv}_m(x)$,满足以下等式:

$$x \cdot \mathrm{inv}_m(x) \bmod m = 1$$

例如,$\mathrm{inv}_{17}(6) = 3$,因为 $6 \cdot 3 \bmod 17 = 1$。

使用模乘法逆元可以进行模 $m$ 的除法运算,因为除以 $x$ 等价于乘以 $\mathrm{inv}_m(x)$。例如,既然我们知道 $\mathrm{inv}_{17}(6) = 3$,那么我们可以使用公式 $36 \cdot 3 \bmod 17$ 计算 $36/6 \bmod 17$。

当且仅当 $x$ 和 $m$ 互质时,模乘法逆元存在。在这种情况下,可以使用下式计算模乘法逆元:

$$\mathrm{inv}_m(x) = x^{\phi(m)-1}$$

以上公式基于欧拉定理。特别地,如果 $m$ 是质数,$\phi(m) = m-1$,则公式变为:

$$\mathrm{inv}_m(x) = x^{m-2}$$

例如:

$$\mathrm{inv}_{17}(6) \bmod 17 = 6^{17-2} \bmod 17 = 3$$

上述公式允许我们使用模幂运算算法(11.1.4 节)高效地计算模乘法逆元。

### 11.1.6 求解方程

#### 1. 丢番图(Diophantine)方程

形如

$$ax+by = c$$

的方程称为丢番图方程,其中 $a$、$b$ 和 $c$ 是常数,需要求 $x$ 和 $y$ 的值。方程中的每个数都必须是整数。例如,方程

$$5x+2y = 11$$

的一个解是 $x = 3$ 和 $y = -2$。

我们可以使用扩展欧几里得算法(11.1.3 节)高效地解决丢番图方程,该算法给出满足方程的整数 $x$ 和 $y$:

$$ax+by = \gcd(a, b)$$

当且仅当 $c$ 能被 $\gcd(a, b)$ 整除时，丢番图方程才有解。

例如，我们求满足如下方程的整数 $x$ 和 $y$：

$$39x+15y = 12$$

该方程可以解，因为 $\gcd(39, 15) = 3$ 且 $3 \mid 12$。由扩展欧几里得算法可知：

$$39 \cdot 2+15 \cdot (-5) = 3$$

将上面等式左右乘以 4，方程变为：

$$39 \cdot 8+15 \cdot (-20) = 12$$

所以方程的一个解是 $x = 8$ 和 $y = -20$。

丢番图方程的解不是唯一的，因为如果知道一个解，我们就可以形成无限多个解。如果 $(x, y)$ 是一个解，那么所有形如

$$\left(x + \frac{kb}{\gcd(a, b)},\ y - \frac{ka}{\gcd(a, b)}\right)$$

的对也都是解，其中 $k$ 是任意整数。

### 2. 中国剩余定理

中国剩余定理可以求解形如

$$\begin{cases} x \equiv a_1 \pmod{m_1} \\ x \equiv a_2 \pmod{m_2} \\ \vdots \\ x \equiv a_n \pmod{m_n} \end{cases}$$

的一组方程，其中 $m_1, m_2, \cdots, m_n$ 中任意两个数互质。

结果表明，这组方程的一个解是

$$x = a_1 X_1 \mathrm{inv}_{m_1}(X_1) + a_2 X_2 \mathrm{inv}_{m_2}(X_2) + \cdots + a_n X_n \mathrm{inv}_{m_n}(X_n)$$

其中，

$$X_k = \frac{m_1 m_2 \cdots m_n}{m_k}$$

在这个解中，对于每个 $k = 1, 2, \cdots, n$：

$$a_k X_k \mathrm{inv}_{m_k}(X_k) \bmod m_k = a_k$$

因为

$$X_k \text{inv}_{m_k}(X_k) \bmod m_k = 1$$

由于和中的其他项都能被 $m_k$ 整除，它们对余数没有影响，所以 $x \bmod m_k = a_k$。

例如，

$$\begin{cases} x \equiv 3 (\bmod\ 5) \\ x \equiv 4 (\bmod\ 7) \\ x \equiv 2 (\bmod\ 3) \end{cases}$$

的解是 $3 \cdot 21 \cdot 1 + 4 \cdot 15 \cdot 1 + 2 \cdot 35 \cdot 2 = 263$。

一旦我们找到一个解 $x$，便可以创造无限多个其他解，因为形如

$$x + m_1 m_2 \cdots m_n$$

的所有数都是解。

## 11.2 组合数学

组合数学研究的是离散的、可数的对象的组合方式和性质。通常是找到一种方法来高效地计数组合，而不是单独生成每个组合。本节我们将讨论可以应用于大量问题的组合技术。

### 11.2.1 二项式系数

二项式系数 $\binom{n}{k}$ 给出了从 $n$ 个元素的集合中选择 $k$ 个元素的子集的方法数。例如，$\binom{5}{3} = 10$，因为集合 $\{1, 2, 3, 4, 5\}$ 有 10 个含 3 个元素的子集：

二项式系数可以使用以下递归公式计算：

$$\binom{n}{k} = \binom{n-1}{k-1} + \binom{n-1}{k}$$

基本情况为：

$$\binom{n}{0} = \binom{n}{n} = 1$$

要理解这个公式为什么成立，需要考虑集合中的任意元素 $x$。如果我们决定在子集中包含 $x$，剩下的任务就是从 $n-1$ 个元素中选择 $k-1$ 个元素。如果我们决定不在子集中包含 $x$，则需要从 $n-1$ 个元素中选择 $k$ 个元素。

计算二项式系数的另一种方法是使用公式：

$$\binom{n}{k}=\frac{n!}{k!(n-k)!}$$

上述公式基于以下推理：$n$ 个元素共有 $n!$ 种排列。我们遍历所有排列，每次都将排列的前 $k$ 个元素包含在子集中。由于子集内和子集外元素的顺序都不重要，结果要除以 $k!$ 和 $(n-k)!$。

对于二项式系数有

$$\binom{n}{k}=\binom{n}{n-k}$$

因为我们实际上是将包含 $n$ 个元素的集合分成两个子集：第一个包含 $k$ 个元素和第二个包含 $n-k$ 个元素。

二项式系数的和为：

$$\binom{n}{0}+\binom{n}{1}+\binom{n}{2}+\cdots+\binom{n}{n}=2^n$$

“二项式系数”这个名称来源于将二项式 $(a+b)$ 的 $n$ 次幂展开为一系列项的和：

$$(a+b)^n=\binom{n}{0}a^nb^0+\binom{n}{1}a^{n-1}b^1+\cdots+\binom{n}{n-1}a^1b^{n-1}+\binom{n}{n}a^0b^n$$

二项式系数也出现在杨辉三角（图 11.4）中，其中每个数等于其上方两个数之和。

1
1 1
1 2 1
1 3 3 1
1 4 6 4 1
… … … … …

**图 11.4** 杨辉三角的前 5 行

### 1. 乘法系数

乘法系数 $\frac{n!}{k_1!k_2!\cdots k_m!}$ 给出了将 $n$ 个元素的集合划分为大小分别为 $k_1$, $k_2$, …, $k_m$ 的子集的方案数，其中 $k_1+k_2+\cdots+k_m=n$。乘法系数可以看作二项式系数的推广，如果 $m=2$，上述公式就对应于二项式系数公式。

## 2. 盒子与球模型

"盒子与球"是一个有用的模型，用于计算 $k$ 个球放入 $n$ 个盒子的方法数。下面考虑三种情况：

（1）情况 1：每个盒子最多包含一个球。例如，当 $n=5$ 且 $k=2$ 时，有 10 种组合（图 11.5）。在这种情况下，组合的数量直接就是二项式系数。

**图 11.5**　情况 1：每个盒子最多包含一个球

（2）情况 2：一个盒子可能包含多个球。例如，当 $n=5$ 且 $k=2$ 时，有 15 种组合（图 11.6）。在这种情况下，将球放入盒子的过程可以表示为一个由符号"o"和"→"组成的字符串。假设我们最初站在最左边的盒子。符号"o"表示我们在当前盒子放入一个球，符号"→"表示我们移动到右边的下一个盒子。现在每个解决方案都是一个长度为 $k+n-1$ 的字符串，包含 $k$ 个"o"和 $n-1$ 个"→"。例如，图 11.6 中右上角的解对应于字符串"→→o→o→"，因此，我们可以得出组合的数量是 $\binom{k+n-1}{k}$。

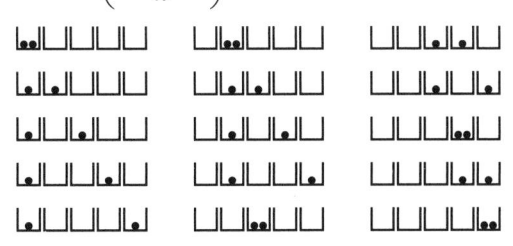

**图 11.6**　情况 2：一个盒子可能包含多个球

（3）情况 3：每个盒子最多包含一个球且任意两个相邻的盒子不能同时包含球。例如，当 $n=5$ 且 $k=2$ 时，有 6 种组合（图 11.7）。在这种情况下，我们可以假设 $k$ 个球最初被放置在盒子中，每两个相邻的球之间都有一个空盒子。剩下的任务是选择剩余空盒子的位置。总共有 $n-2k+1$ 个这样的盒子和 $k+1$ 个位置给它们。因此，使用情况 2 的公式，解的数量是 $\binom{n-k+1}{n-2k+1}$。

**图 11.7**　情况 3：每个盒子最多包含一个球且任意两个相邻的盒子不能同时包含球

## 11.2.2 Catalan数

Catalan 数 $C_n$ 给出了由 $n$ 个左括号和 $n$ 个右括号组成的合法括号序列的数量。例如，$C_3 = 5$，因为使用三个左括号和三个右括号可以构造出五种括号序列：

- ()()()。
- (())()。
- ()(())。
- ((()))。
- (()())。

什么是合法的括号序列？以下规则准确定义了所有合法的括号序列：

- 空括号序列是合法的。
- 如果表达式 *A* 是合法的，那么表达式 (*A*) 也是合法的。
- 如果表达式 *A* 和 *B* 都是合法的，那么表达式 *AB* 也是合法的。

描述合法括号序列的另一种方式是：如果选择该表达式的任何前缀，其中左括号的数量必须大于或等于右括号的数量，并且完整表达式中左右括号的数量必须相等。

Catalan 数可以使用如下公式计算：

$$C_n = \sum_{i=0}^{n-1} C_i C_{n-i-1}$$

其中我们考虑将括号序列分成两个部分，这两个部分都是合法的括号序列且第一部分尽可能短但不为空。对于每个 $i$，第一部分包含 $i+1$ 对括号，合法表达式的数量是以下值的乘积：

- $C_i$：使用第一部分的括号构造括号序列的方法数，不计算最外层括号。
- $C_{n-i-1}$：使用第二部分的括号构造括号序列的方法数。

基本情况是 $C_0 = 1$，因为我们可以使用零对括号构造一个空的括号序列。

Catalan 数也可以使用公式计算：

$$C_n = \frac{1}{n+1} \binom{2n}{n}$$

这个公式可以这样解释：总共有 $\binom{2n}{n}$ 种方法可以构造含有 $n$ 个左括号和 $n$ 个右括号的括号序列（不管是否合法）。

如果一个括号序列非法，它一定包含一个前缀，其中右括号的数量超过左括号的数量。思路是选择最短的这样的前缀并反转其中的每个括号。例如，表达式 ())()( 的前缀是 ())，反转括号后，表达式变成 )((()(。结果序列包含 $n+1$ 个左括号和 $n-1$ 个右括号。实际上，通过上述方法可以唯一地产生任何包含 $n+1$ 个左括号和 $n-1$ 个右括号的表达式。这样的表达式数量是 $\binom{2n}{n+1}$，等于非法括号序列的数量。因此，有效括号序列的数量可以使用下述公式计算：

$$\binom{2n}{n} - \binom{2n}{n+1} = \binom{2n}{n} - \frac{n}{n+1}\binom{2n}{n} = \frac{1}{n+1}\binom{2n}{n}$$

我们也可以使用 Catalan 数来计数某些树结构。首先，$C_n$ 等于 $n$ 个节点的二叉树的数量，假设左右子节点是可以区分的。例如，由于 $C_3 = 5$，所以有 5 种含 3 个节点的二叉树（图 11.8）。然后，$C_n$ 等于 $n+1$ 个节点的一般有根树的数量。例如，有 5 种含 4 个节点的有根树（图 11.9）。

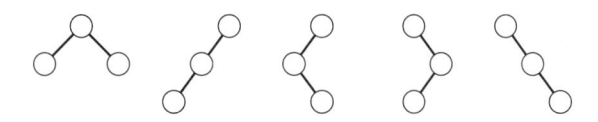

**图** 11.8　有 5 种含 3 个节点的二叉树

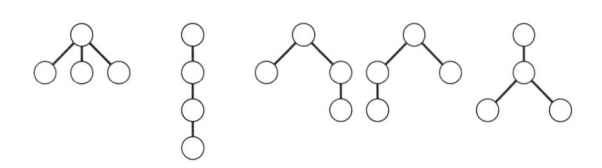

**图** 11.9　有 5 种含 4 个节点的有根树

## 11.2.3　容斥原理

容斥原理是组合数学中一种重要的计数原理，用于计算多个集合的并集或交集的大小。最简单的例子如下所示：

$$|A \cup B| = |A| + |B| - |A \cap B|$$

其中，$A$ 和 $B$ 是集合，$|X|$ 表示 $X$ 的大小。图 11.10 说明了这个公式。在这种情况下，我们要计算并集 $A \cup B$ 的大小，它对应于图 11.10 中至少属于一个圆的

区域的面积。我们可以先计算 $A$ 和 $B$ 的面积之和，然后从结果中减去 $A \cap B$ 的面积。

相同的思路可以应用于更多集合的情况。当有三个集合时（图 11.11），容斥原理公式如下所示：

$$|A \cup B \cup C|=|A|+|B|+|C|-|A \cap B|-|A \cap C|-|B \cap C|+|A \cap B \cap C|$$

一般情况下，并集 $X_1 \cup X_2 \cup \cdots \cup X_n$ 的大小可以通过遍历所有可能的包含集合 $X_1, X_2, \cdots, X_n$ 中某些集合的交集来计算。如果一个交集包含奇数个集合，则其大小加到答案中；否则，从答案中减去。

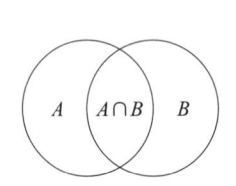

图 11.10 两个集合的容斥原理 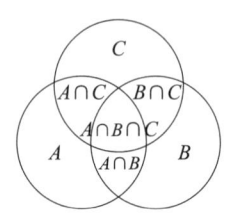    图 11.11 三个集合的容斥原理

注意，也有类似的公式可以从并集的大小计算交集的大小，例如：

$$|A \cap B|=|A|+|B|-|A \cup B|$$

和

$$|A \cap B \cap C|=|A|+|B|+|C|-|A \cup B|-|A \cup C|-|B \cup C|+|A \cup B \cup C|$$

作为例子，我们来计算 $\{1, 2, \cdots, n\}$ 的错位排列的数量，即任何元素都不在其原始位置的排列。例如，当 $n=3$ 时，有两个错位排列：$(2, 3, 1)$ 和 $(3, 1, 2)$。

解决这个问题的一种方法是使用容斥原理。令 $X_k$ 表示包含元素 $k$ 在位置 $k$ 的排列的集合。例如，当 $n=3$ 时，这些集合如下：

$X_1 = \{(1, 2, 3), (1, 3, 2)\}$
$X_2 = \{(1, 2, 3), (3, 2, 1)\}$
$X_3 = \{(1, 2, 3), (2, 1, 3)\}$

错位排列的数量等于：

$$n!-|X_1 \cup X_2 \cup \cdots \cup X_n|$$

所以只需要计算 $|X_1 \cup X_2 \cup \cdots \cup X_n|$。使用容斥原理，可以归结为计算交集的大小。此外，含有 $c$ 个不同集合 $X_k$ 的交集有 $(n-c)!$ 个元素，因为这样的

交集包含所有在其原始位置包含 c 个元素的排列。因此，我们可以高效地计算交集的大小。例如，当 n = 3 时：

$$|X_1 \cup X_2 \cup X_3| = |X_1|+|X_2|+|X_3|-|X_1 \cap X_2|- \\ |X_1 \cap X_3|-|X_2 \cap X_3|+|X_1 \cap X_2 \cap X_3| \\ = 2+2+2-1-1-1+1 = 4$$

所以错位排列的数量是 3!−4 = 2。

事实证明，这个问题也可以不使用容斥原理来解决。令 $f(n)$ 表示 $\{1, 2, \cdots, n\}$ 的错位排列数量，我们可以使用以下递归公式：

$$f(n)=\begin{cases} 0 & n=1 \\ 1 & n=2 \\ (n-1)(f(n-2)+f(n-1)) & n>2 \end{cases}$$

可以通过考虑元素 1 如何在错位排列中变化来证明这个公式。有 n−1 种方法可以选择一个元素 x 来替换元素 1。在每种选择中，有两种选项：

（1）选项 1：用元素 1 替换元素 x。在这之后，剩下的任务是构造 n−2 个元素的错位排列。

（2）选项 2：用某个不是 1 的元素替换元素 x。现在我们需要构造 n−1 个元素的错位排列，因为我们不能用元素 1 替换元素 x，所以所有其他元素都必须改变。

### 11.2.4　Burnside引理

Burnside 引理可以用来计算不同组合的数量，使得对称的组合只计算一次。Burnside 引理指出组合的数量是

$$\frac{1}{n}\sum_{k=1}^{n}c(k)$$

其中，有 n 种方法可以改变组合的位置，而当应用第 k 种方法时有 $c(k)$ 个组合保持不变。

作为例子，我们来计算由 n 颗珠子组成的项链数量，每颗珠子有 m 种可能的颜色。如果两个项链在旋转后相似，则认为它们是对称的。图 11.12 显示了四个对称的项链，它们应该被计算为一个组合。

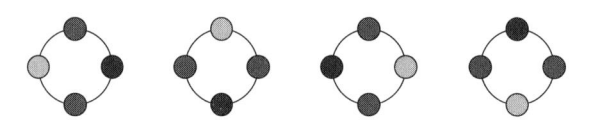

图 11.12　四个对称的项链

有 $n$ 种方法可以改变项链的位置，因为它可以顺时针旋转 $k=0, 1, \cdots, n-1$ 步。例如，如果 $k=0$，则所有 $m^n$ 个项链保持不变；如果 $k=1$，则只有 $m$ 个项链（每颗珠子颜色相同）保持不变。在一般情况下，总共有 $m^{\gcd(k,n)}$ 个项链保持不变，因为大小为 $\gcd(k,n)$ 的珠子块会相互替换。因此，根据 Burnside 引理，不同项链的数量是

$$\frac{1}{n}\sum_{k=0}^{n-1}m^{\gcd(k,n)}$$

例如，4 颗珠子和 3 种颜色的不同项链数量是

$$\frac{3^4+3+3^2+3}{4}=24$$

## 11.2.5　Cayley 公式

Cayley 公式指出，$n$ 个节点的不同标记树的总数是 $n^{n-2}$。节点标记为 $1, 2, \cdots, n$，如果两棵树的结构或标记不同，则认为它们是不同的。例如，当 $n=4$ 时，有 $4^{4-2}=16$ 棵标记树，如图 11.13 所示。

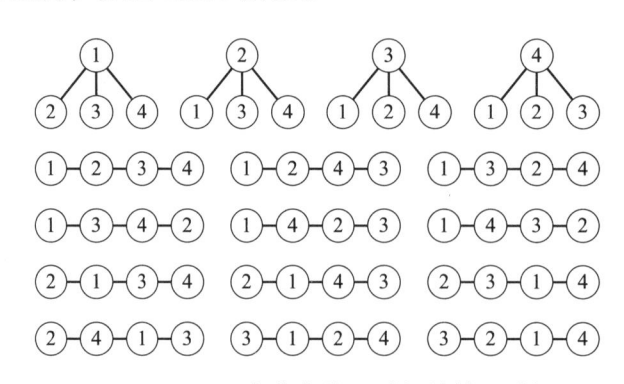

图 11.13　4 个节点的 16 棵不同标记树

Cayley 公式可以使用 Prüfer 编码来证明。Prüfer 编码是一个描述标记树的 $n-2$ 个数的序列。该编码通过一个从树上移除 $n-2$ 个叶子的过程来构造。在每一步，移除标记最小的叶子，并将其唯一邻居的标记加入编码。例如，图 11.14 中树的 Prüfer 编码是 [4, 4, 2]，因为我们移除叶子 1、3 和 4。

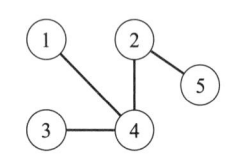

图 11.14　这棵树的 Prüfer 编码是 [4,4,2]

对于任何树我们都可以构造 Prüfer 编码，更重要的是，原始树可以从 Prüfer 编码重构。因此，$n$ 个节点的标记树的数量等于 $n^{n-2}$，即长度为 $n$ 的 Prüfer 编码的数量。

## 11.3 矩 阵

矩阵是一个数学概念，对应编程中的二维数组。例如，

$$A = \begin{bmatrix} 6 & 13 & 7 & 4 \\ 7 & 0 & 8 & 2 \\ 9 & 5 & 4 & 18 \end{bmatrix}$$

是一个 $3 \times 4$ 的矩阵，即它有 3 行 4 列。符号 $[i, j]$ 表示矩阵中第 $i$ 行第 $j$ 列的元素。例如，在上面的矩阵中，$A[2, 3] = 8$ 且 $A[3, 1] = 9$。

矩阵的一个特例是向量，它是一个 $n \times 1$ 的一维矩阵。例如：

$$V = \begin{bmatrix} 4 \\ 7 \\ 5 \end{bmatrix}$$

是一个包含三个元素的向量。

矩阵 $A$ 的转置 $A^{\mathrm{T}}$ 是通过交换 $A$ 的行和列得到的，即 $A^{\mathrm{T}}[i, j] = A[j, i]$：

$$A^{\mathrm{T}} = \begin{bmatrix} 6 & 7 & 9 \\ 13 & 0 & 5 \\ 7 & 8 & 4 \\ 4 & 2 & 18 \end{bmatrix}$$

如果矩阵的行数和列数相等，则称为方阵。例如，以下矩阵是一个方阵：

$$S = \begin{bmatrix} 3 & 12 & 4 \\ 5 & 9 & 15 \\ 0 & 2 & 4 \end{bmatrix}$$

### 11.3.1 矩阵运算

如果矩阵 $A$ 和 $B$ 的大小相同，则矩阵 $A$ 和矩阵 $B$ 的和为 $A+B$，结果是一个矩阵，其中每个元素都是 $A$ 和 $B$ 对应元素的和。例如：

$$\begin{bmatrix} 6 & 1 & 2 \\ 1 & 9 & 4 \end{bmatrix} + \begin{bmatrix} 4 & 9 & 3 \\ 8 & 1 & 3 \end{bmatrix} = \begin{bmatrix} 6+4 & 1+9 & 4+3 \\ 3+8 & 9+1 & 2+3 \end{bmatrix} = \begin{bmatrix} 10 & 10 & 7 \\ 11 & 10 & 5 \end{bmatrix}$$

用一个值 $x$ 乘以矩阵 $A$ 意味着 $A$ 的每个元素都乘以 $x$，例如：

$$2 \cdot \begin{bmatrix} 6 & 1 & 4 \\ 3 & 9 & 2 \end{bmatrix} = \begin{bmatrix} 2 \cdot 6 & 2 \cdot 1 & 4 \cdot 3 \\ 2 \cdot 3 & 2 \cdot 9 & 2 \cdot 3 \end{bmatrix} = \begin{bmatrix} 12 & 2 & 8 \\ 6 & 18 & 4 \end{bmatrix}$$

如果矩阵 $A$ 的宽度等于矩阵 $B$ 的高度，则矩阵 $A$ 和 $B$ 的乘积为 $AB$，即如果 $A$ 是 $a \times n$ 矩阵，$B$ 是 $n \times b$ 矩阵，则结果是一个 $a \times b$ 矩阵，其元素按照以下公式计算：

$$AB[i, j] = \sum_{k=1}^{n} \left( A[i, k] \cdot B[k, j] \right)$$

由图 11.15 可知，$AB$ 的每个元素都是 $A$ 和 $B$ 的元素的乘积之和。例如：

$$\begin{bmatrix} 1 & 4 \\ 3 & 9 \\ 8 & 6 \end{bmatrix} \cdot \begin{bmatrix} 1 & 6 \\ 2 & 9 \end{bmatrix} = \begin{bmatrix} 1 \cdot 1 + 4 \cdot 2 & 1 \cdot 6 + 4 \cdot 9 \\ 3 \cdot 1 + 9 \cdot 2 & 3 \cdot 6 + 9 \cdot 9 \\ 8 \cdot 1 + 6 \cdot 2 & 8 \cdot 6 + 6 \cdot 9 \end{bmatrix} = \begin{bmatrix} 9 & 42 \\ 21 & 99 \\ 20 & 102 \end{bmatrix}$$

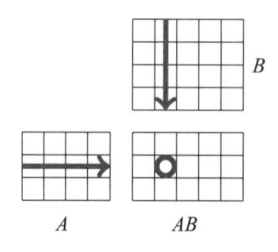

图 11.15　矩阵乘法公式背后的直观理解

我们可以直接使用上述公式在 $O(n^3)$ 时间 [1] 内计算两个 $n \times n$ 矩阵 $A$ 和 $B$ 的乘积 $C$：

```
for (int i = 1; i <= n; i++) {
    for (int j = 1; j <= n; j++) {
        for (int k = 1; k <= n; k++) {
            C[i][j] += A[i][k]*B[k][j];
        }
    }
}
```

---

[1] 虽然在算法竞赛中 $O(n^3)$ 时间的直接算法已经足够使用，但理论上存在更高效的算法。在 1969 年，Strassen[1] 发现了第一个这样的算法，现在称为 Strassen 算法，其时间复杂度为 $O(n^{2.81})$。目前最好的算法是由 Le Gall[2] 在 2014 年提出的，其时间复杂度为 $O(n^{2.37})$。

矩阵乘法满足结合律，所以 $A(BC) = (AB)C$ 成立，但它不满足交换律，所以通常 $AB \neq BA$。

单位矩阵是一个方阵，其对角线上的每个元素都是1，其他元素都是0。例如，以下矩阵是 $3 \times 3$ 单位矩阵：

$$I = \begin{bmatrix} 1 & 0 & 0 \\ 0 & 1 & 0 \\ 0 & 0 & 1 \end{bmatrix}$$

矩阵与单位矩阵相乘不会改变其值，例如：

$$\begin{bmatrix} 1 & 0 & 0 \\ 0 & 1 & 0 \\ 0 & 0 & 1 \end{bmatrix} \cdot \begin{bmatrix} 1 & 4 \\ 3 & 9 \\ 8 & 6 \end{bmatrix} = \begin{bmatrix} 1 & 4 \\ 3 & 9 \\ 8 & 6 \end{bmatrix} \text{且} \begin{bmatrix} 1 & 4 \\ 3 & 9 \\ 8 & 6 \end{bmatrix} \cdot \begin{bmatrix} 1 & 0 \\ 0 & 1 \end{bmatrix} = \begin{bmatrix} 1 & 4 \\ 3 & 9 \\ 8 & 6 \end{bmatrix}$$

如果 $A$ 是方阵，则 $A$ 的 $k$ 次幂可如下定义：

$$A^k = A \cdot A \cdot A \cdots A\ (k\text{次})$$

例如：

$$\begin{bmatrix} 2 & 5 \\ 1 & 4 \end{bmatrix}^3 = \begin{bmatrix} 2 & 5 \\ 1 & 4 \end{bmatrix} \cdot \begin{bmatrix} 2 & 5 \\ 1 & 4 \end{bmatrix} \cdot \begin{bmatrix} 2 & 5 \\ 1 & 4 \end{bmatrix} = \begin{bmatrix} 48 & 165 \\ 33 & 114 \end{bmatrix}$$

另外，$A^0$ 是单位矩阵。例如：

$$\begin{bmatrix} 2 & 5 \\ 1 & 4 \end{bmatrix}^0 = \begin{bmatrix} 1 & 0 \\ 0 & 1 \end{bmatrix}$$

矩阵 $A^k$ 可以使用 11.1.4 节中的算法在 $O(n^3 \log k)$ 时间内高效计算，例如：

$$\begin{bmatrix} 2 & 5 \\ 1 & 4 \end{bmatrix}^8 = \begin{bmatrix} 2 & 5 \\ 1 & 4 \end{bmatrix}^4 \cdot \begin{bmatrix} 2 & 5 \\ 1 & 4 \end{bmatrix}^4$$

### 11.3.2　线性递推

线性递推是一个函数 $f(n)$，其初始值是 $f(0), f(1), \cdots, f(n-1)$，更大的值通过以下公式递归计算：

$$f(n) = c_1 f(n-1) + c_2 f(n-2) + \cdots + c_k f(n-k)$$

其中，$c_1, c_2, \cdots, c_k$ 是常数系数。

动态规划可以通过逐个计算 $f(0), f(1), \cdots, f(n)$ 的所有值，在 $O(kn)$ 时间内计算 $f(n)$ 的任何值。然而，正如我们接下来会看到的，我们也可以使用矩阵运算在 $O(k^3 \log n)$ 时间内计算 $f(n)$ 的值。如果 $k$ 很小而 $n$ 很大，则这是一个重要的改进。

### 1. Fibonacci 数列

线性递推的一个简单例子是如下定义 Fibonacci 数列的函数：

$f(0) = 0$
$f(1) = 1$
$f(n) = f(n-1)+f(n-2)$

在这种情况下，$k = 2$ 且 $c_1 = c_2 = 1$。

为了高效计算 Fibonacci 数，我们将 Fibonacci 公式表示为一个 $2 \times 2$ 的方阵 $X$，使得以下式子成立：

$$X \cdot \begin{bmatrix} f(i) \\ f(i+1) \end{bmatrix} = \begin{bmatrix} f(i+1) \\ f(i+2) \end{bmatrix}$$

因此，$X$ 以 $f(i)$ 和 $f(i+1)$ 作为"输入"，并从中计算出 $f(i+1)$ 和 $f(i+2)$。这样的矩阵是

$$X = \begin{bmatrix} 0 & 1 \\ 1 & 1 \end{bmatrix}$$

例如：

$$\begin{bmatrix} 0 & 1 \\ 1 & 1 \end{bmatrix} \cdot \begin{bmatrix} f(5) \\ f(6) \end{bmatrix} = \begin{bmatrix} 0 & 1 \\ 1 & 1 \end{bmatrix} \cdot \begin{bmatrix} 5 \\ 8 \end{bmatrix} = \begin{bmatrix} 8 \\ 13 \end{bmatrix} = \begin{bmatrix} f(6) \\ f(7) \end{bmatrix}$$

因此，我们可以使用以下公式计算 $f(n)$：

$$\begin{bmatrix} f(n) \\ f(n+1) \end{bmatrix} = X^n \cdot \begin{bmatrix} f(0) \\ f(1) \end{bmatrix} = \begin{bmatrix} 0 & 1 \\ 1 & 1 \end{bmatrix}^n \cdot \begin{bmatrix} 0 \\ 1 \end{bmatrix}$$

$X^n$ 的值可以在 $O(\log n)$ 时间内计算，所以 $f(n)$ 的值也可以 $O(\log n)$ 时间内计算。

### 2. 一般情况

现在让我们考虑一般情况，其中 f(n) 是任何线性递推。同样，我们的目标是构造一个矩阵 X，使得

$$X \cdot \begin{bmatrix} f(i) \\ f(i+1) \\ \vdots \\ f(i+k-1) \end{bmatrix} = \begin{bmatrix} f(i+1) \\ f(i+2) \\ \vdots \\ f(i+k) \end{bmatrix}$$

这样的矩阵是

$$X = \begin{bmatrix} 0 & 1 & 0 & \cdots & 0 \\ 0 & 0 & 1 & \cdots & 0 \\ \vdots & \vdots & \vdots & \ddots & \vdots \\ 0 & 0 & 0 & \cdots & 1 \\ c_k & c_{k-1} & c_{k-2} & \cdots & c_1 \end{bmatrix}$$

在前 k-1 行中，每个元素都是 0，除了一个元素是 1。这些行将 f(i) 替换为 f(i+1)，将 f(i+1) 替换为 f(i+2)，依此类推。然后，最后一行包含递推公式的系数，用于计算新值 f(i+k)。

现在，可以在 $O(k^3 \log n)$ 时间内使用以下公式计算 f(n)：

$$\begin{bmatrix} f(n) \\ f(n+1) \\ \vdots \\ f(n+k-1) \end{bmatrix} = X^n \cdot \begin{bmatrix} f(0) \\ f(1) \\ \vdots \\ f(k-1) \end{bmatrix}$$

### 11.3.3 图和矩阵

图的邻接矩阵的幂具有有趣的性质。当 M 是一个无权图的邻接矩阵时，矩阵 $M^n$ 对于每个节点对 (a, b) 给出从节点 a 开始、在节点 b 结束且恰好包含 n 条边的路径数量。允许一个节点在路径中出现多次。

例如，考虑图 11.16（a）中的图。该图的邻接矩阵是

$$M = \begin{bmatrix} 0 & 0 & 0 & 1 & 0 & 0 \\ 1 & 0 & 0 & 0 & 1 & 1 \\ 0 & 1 & 0 & 0 & 0 & 0 \\ 0 & 1 & 0 & 0 & 0 & 0 \\ 0 & 0 & 0 & 0 & 0 & 0 \\ 0 & 0 & 1 & 0 & 1 & 0 \end{bmatrix}$$

然后，矩阵

$$M^4 = \begin{bmatrix} 0 & 0 & 1 & 1 & 1 & 0 \\ 2 & 0 & 0 & 0 & 2 & 2 \\ 0 & 2 & 0 & 0 & 0 & 0 \\ 0 & 2 & 0 & 0 & 0 & 0 \\ 0 & 0 & 0 & 0 & 0 & 0 \\ 0 & 0 & 1 & 0 & 1 & 0 \end{bmatrix}$$

给出了恰好包含 4 条边的路径数量。例如，$M^4[2, 5] = 2$，因为从节点 2 到节点 5 有两条 4 边路径：$2 \rightarrow 1 \rightarrow 4 \rightarrow 2 \rightarrow 5$ 和 $2 \rightarrow 6 \rightarrow 3 \rightarrow 2 \rightarrow 5$。

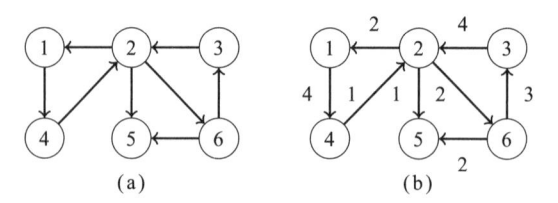

图 11.16 用于矩阵运算的示例图

在加权图中使用类似的想法，我们可以计算对于每个节点对 $(a, b)$，从 $a$ 到 $b$ 且恰好包含 $n$ 条边的路径的最短长度。为了计算这个，我们以新方式定义矩阵乘法，这样我们不计算路径数量而是最小化路径长度。

例如，考虑图 11.16（b）中的图。我们构造一个邻接矩阵，其中 $\infty$ 表示边不存在，其他值对应边的权值。该矩阵是

$$M = \begin{bmatrix} \infty & \infty & \infty & 4 & \infty & \infty \\ 2 & \infty & \infty & \infty & 1 & 2 \\ \infty & 4 & \infty & \infty & \infty & \infty \\ \infty & 1 & \infty & \infty & \infty & \infty \\ \infty & \infty & \infty & \infty & \infty & \infty \\ \infty & \infty & 3 & \infty & 2 & \infty \end{bmatrix}$$

而不是公式

$$AB[i,j] = \sum_{k=1}^{n} \big( A[i,k] \cdot B[k,j] \big)$$

我们现在使用公式

$$AB[i,j] = \min_{k=1}^{n} \big( A[i,k] + B[k,j] \big)$$

进行矩阵乘法运算，所以我们计算最小值而非求和，并计算元素的和而非乘积。经过这一修改后，矩阵幂最小化图中的路径长度。例如，由于

$$M^4 = \begin{bmatrix} \infty & \infty & 10 & 11 & 9 & \infty \\ 9 & \infty & \infty & \infty & 8 & 9 \\ \infty & 11 & \infty & \infty & \infty & \infty \\ \infty & 8 & \infty & \infty & \infty & \infty \\ \infty & \infty & \infty & \infty & \infty & 0 \\ \infty & \infty & 12 & 13 & 11 & 0 \end{bmatrix}$$

我们可以得出结论，从节点2到节点5的4边路径的最小长度是8，这样的路径是 $2 \to 1 \to 4 \to 2 \to 5$。

### 11.3.4 高斯消元

高斯消元是求解一组线性方程的一种系统方法。其思想是将方程表示为矩阵，然后应用一系列简单的矩阵行运算，这些运算既保留方程的信息，又能确定每个变量的值。

假设我们有 $n$ 个线性方程，每个方程包含 $n$ 个变量：

$$a_{1,1}x_1 + a_{1,2}x_2 + \cdots + a_{1,n}x_n = b_1$$
$$a_{2,1}x_1 + a_{2,2}x_2 + \cdots + a_{2,n}x_n = b_2$$
$$\cdots$$
$$a_{n,1}x_1 + a_{n,2}x_2 + \cdots + a_{n,n}x_n = b_n$$

我们将方程表示为以下矩阵：

$$\begin{bmatrix} a_{1,1} & a_{1,2} & \cdots & a_{1,n} & b_1 \\ a_{2,1} & a_{2,2} & \cdots & a_{2,n} & b_2 \\ \vdots & \vdots & \ddots & \vdots & \vdots \\ a_{n,1} & a_{n,2} & \cdots & a_{n,n} & b_n \end{bmatrix}$$

为了求解方程，我们要将矩阵转换为

$$\begin{bmatrix} 1 & 0 & \cdots & 0 & c_1 \\ 0 & 1 & \cdots & 0 & c_2 \\ \vdots & \vdots & \ddots & \vdots & \vdots \\ 0 & 0 & \cdots & 1 & c_n \end{bmatrix}$$

由此可知，解是 $x_1 = c_1, x_2 = c_3, \cdots, x_n = c_n$。为此，我们使用三种类型的矩阵行运算：

（1）交换两行的值。

（2）将一行中的每个值乘以一个非负常数。

（3）将一行乘以一个常数后加到另一行。

上述每个运算都保留了方程的信息，这保证了最终解与原始方程一致。我们可以系统地处理每个矩阵列，使得最终算法在 $O(n^3)$ 时间内工作。

例如，考虑以下方程组：

$$2x_1 + 4x_2 + x_3 = 16$$
$$x_1 + 2x_2 + 5x_3 = 17$$
$$3x_1 + x_2 + x_3 = 8$$

在这种情况下，矩阵如下：

$$\begin{bmatrix} 2 & 4 & 1 & 16 \\ 1 & 2 & 5 & 17 \\ 3 & 1 & 1 & 8 \end{bmatrix}$$

我们逐列处理矩阵。在每一步，我们确保当前列在正确位置有 1，其他值都是 0。为了处理第一列，我们首先将第一行乘以 $\frac{1}{2}$：

$$\begin{bmatrix} 1 & 2 & \frac{1}{2} & 8 \\ 1 & 2 & 5 & 17 \\ 3 & 1 & 1 & 8 \end{bmatrix}$$

然后我们将第一行乘以 −1 加到第二行，并将第一行乘以 −3 加到第三行：

$$\begin{bmatrix} 1 & 2 & \frac{1}{2} & 8 \\ 0 & 0 & \frac{9}{2} & 9 \\ 0 & -5 & -\frac{1}{2} & -16 \end{bmatrix}$$

在此之后，我们处理第二列。由于第二行第二个值是 0，我们首先交换第二行和第三行：

$$\begin{bmatrix} 1 & 2 & \frac{1}{2} & 8 \\ 0 & -5 & -\frac{1}{2} & -16 \\ 0 & 0 & \frac{9}{2} & 9 \end{bmatrix}$$

然后我们将第二行乘以 $-\frac{1}{5}$ 并加到第一行（乘以 $-2$）：

$$\begin{bmatrix} 1 & 0 & \frac{3}{10} & \frac{8}{5} \\ 0 & 1 & \frac{1}{10} & \frac{16}{5} \\ 0 & 0 & \frac{9}{2} & 9 \end{bmatrix}$$

最后，我们先将它乘以 $\frac{9}{2}$，然后加到第一行（乘以 $-\frac{3}{10}$）和第二行（乘以 $-\frac{1}{10}$）来处理第三列：

$$\begin{bmatrix} 1 & 0 & 0 & 1 \\ 0 & 1 & 0 & 3 \\ 0 & 0 & 1 & 2 \end{bmatrix}$$

现在矩阵的最后一列告诉我们原始方程组的解是 $x_1 = 1$，$x_2 = 3$，$x_3 = 2$。

注意，高斯消元只在方程组有唯一解时有效。例如，方程组

$$x_1 + x_2 = 2$$
$$2x_1 + 2x_2 = 4$$

有无穷多解，因为两个方程包含相同的信息。另一方面，方程组

$$x_1 + x_2 = 5$$

$$x_1 + x_2 = 7$$

无解，因为方程是矛盾的。如果没有唯一解，我们会在算法过程中注意到这一点，因为在某个点我们将无法成功处理某一列。

## 11.4 概　率

概率是一个介于 0 和 1 之间的实数，表示某个事件发生的可能性。如果一个事件必然发生，其概率为 1；如果不可能发生，其概率为 0。事件的概率用 $P(\cdots)$ 表示，其中省略号描述该事件。例如，掷骰子时有 6 种可能的结果 1, 2, $\cdots$, 6，且 $P($"结果为偶数"$) = 1/2$。

要计算事件的概率，我们可以使用组合数学或模拟产生该事件的过程。以抽牌实验为例，我们从洗好的一副牌中抽取顶部的三张牌。每张牌都有相同点数的概率是多少（例如，♠8、♣8 和 ♦8）？

计算概率的一种方法是使用如下公式：

$$\frac{\text{期望结果的数量}}{\text{总结果数量}}$$

在我们的例子中，期望结果是三张点数相同的牌。有 $13\binom{4}{3}$ 种这样的结果，因为有 13 种可能的点数，且 $\binom{4}{3}$ 种方式从 4 种花色中选择 3 个花色。总共有 $\binom{52}{3}$ 种结果，因为我们从 52 张牌中选择 3 张。因此，该事件的概率是：

$$\frac{13\binom{4}{3}}{\binom{52}{3}} = \frac{1}{425}$$

计算概率的另一种方法是模拟产生事件的过程。在上述例子中，我们抽取三张牌，所以过程包含三个步骤，要求每个步骤都成功。

抽第一张牌一定成功，因为任何牌都可以。第二步以 $\frac{3}{51}$ 的概率成功，因为还剩 51 张牌，其中 3 张与第一张牌点数相同。类似地，第三步以 $\frac{2}{50}$ 的概率成功。因此，整个过程成功的概率是：

$$1 \cdot \frac{3}{51} \cdot \frac{2}{50} = \frac{1}{425}$$

### 11.4.1 事件处理

表示事件的一个便捷方式是使用集合。例如，掷骰子的可能结果是 1, 2, …, 6，这个集合的任何子集都是一个事件。事件"结果为偶数"对应集合 2, 4, 6。

每个结果 $x$ 被赋予一个概率 $p(x)$，事件 $X$ 的概率 $P(X)$ 可以用以下公式计算：

$$P(X) = \sum_{x \in X} p(x)$$

例如，掷骰子时，每个结果 $x$ 的 $p(x) = 1/6$，所以事件"结果为偶数"的概率是：

$$p(2) + p(4) + p(6) = 1/2$$

由于事件用集合表示，因此我们可以使用标准的集合运算处理它们：

- 补集 $\overline{A}$ 表示"$A$ 没有发生"。例如，掷骰子时，集合 $A$ = 2, 4, 6 的补集是 $\overline{A}$ = 1, 3, 5。
- 并集 $A \cup B$ 表示"$A$ 或 $B$ 发生"。例如，集合 $A$ = 2, 5 和 $B$ = 4, 5, 6 的并集是 $A \cup B$ = 2, 4, 5, 6。
- 交集 $A \cap B$ 表示"$A$ 和 $B$ 同时发生"。例如，集合 $A$ = 2, 5 和 $B$ = 4, 5, 6 的交集是 $A \cap B$ = 5。

补集的概率用以下公式计算：

$$P(\overline{A}) = 1 - P(A)$$

有时候，通过正难则反的思想使用补集可以更容易解决问题。例如，掷骰子 10 次，至少掷出一次 6 点的概率是：

$$1 - (5/6)^{10}$$

这里 5/6 是单次投掷不是 6 点的概率，$(5/6)^{10}$ 是 10 次投掷都不是 6 点的概率。这个概率的补集就是问题的答案。

并集的概率用以下公式计算：

$$P(A \cup B) = P(A) + P(B) - P(A \cap B)$$

例如，考虑掷骰子时事件 $A =$ "结果为偶数"和 $B =$ "结果小于 4"。在这种情况下，事件表示"结果为偶数或小于 4"，其概率是：

$$P(A \cup B) = P(A)+P(B)-P(A \cap B) = 1/2+1/2-1/6 = 5/6$$

如果事件 $A$ 和 $B$ 是不相交的，即 $A \cap B$ 为空集，则事件 $A \cup B$ 的概率可简单地如下计算：

$$P(A \cup B) = P(A)+P(B)$$

交集的概率可以用以下公式计算：

$$P(A \cap B) = P(A)P(B|A)$$

其中，$P(B|A)$ 是在已知 $A$ 发生的条件下 $B$ 发生的条件概率。例如，使用我们之前例子中的事件，$P(B|A) = 1/3$，因为我们知道结果属于集合 2, 4, 6，且其中一个结果小于 4。因此：

$$P(A \cap B) = P(A)P(B|A) = 1/2 \cdot 1/3 = 1/6$$

如果事件 $A$ 和 $B$ 是独立的，则：

$$P(A|B) = P(A) \text{ 且 } P(B|A) = P(B)$$

这意味着 $B$ 的发生不会改变 $A$ 的概率，反之亦然。在这种情况下，交集的概率是：

$$P(A \cap B) = P(A)P(B)$$

### 11.4.2 随机变量

随机变量是由随机过程产生的值。例如，掷两个骰子时，可能的随机变量是：

$$X = \text{"点数之和"}$$

例如，如果结果是 [4, 6]，则 $X$ 的值为 10。

我们用 $P(X = x)$ 表示随机变量 $X$ 的值为 $x$ 的概率。例如，掷两个骰子时，$P(X = 10) = 3/36$，因为总共有 36 种可能的结果，且有三种方式得到和为 10：[4, 6]、[5, 5] 和 [6, 4]。

#### 1. 期望值

期望值 $E[X]$ 表示随机变量 $X$ 的平均值。期望值可以计算为总和：

$$\sum_x P(X=x)x$$

其中，$x$ 遍历 $X$ 的所有可能值。

例如，掷骰子时，期望的结果是：

$$1/6 \cdot 1 + 1/6 \cdot 2 + 1/6 \cdot 3 + 1/6 \cdot 4 + 1/6 \cdot 5 + 1/6 \cdot 6 = 7/2$$

期望值的一个有用性质是线性性质，这意味着和 $E[X_1+X_2+\cdots+X_n]$ 总是等于和 $E[X_1]+E[X_2]+\cdots+E[X_n]$。即使随机变量相互依赖也成立。例如，掷两个骰子时，点数之和的期望值是：

$$E[X_1+X_2] = E[X_1]+E[X_2] = 7/2+7/2 = 7$$

让我们考虑一个问题：$n$ 个球随机放入 $n$ 个盒子中，我们的任务是计算空盒子的期望数量。每个球以相等的概率放入任何一个盒子。

图 11.17 显示了 $n=2$ 时的可能性。在这种情况下，空盒子的期望数量是：

$$\frac{0+0+1+1}{4} = \frac{1}{2}$$

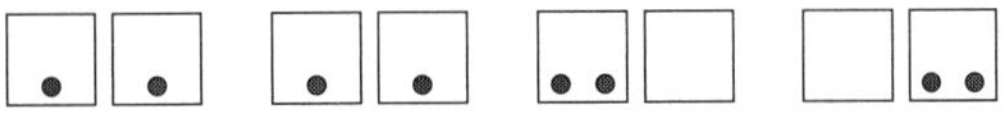

**图 11.17** 将两个球放入两个盒子的可能方式

然后，在一般情况下，单个盒子为空的概率是：

$$\left(\frac{n-1}{n}\right)^n$$

因为没有球应该放入其中，所以由线性性质可知，空盒子的期望数量是：

$$n \cdot \left(\frac{n-1}{n}\right)^n$$

### 2. 分 布

随机变量 $X$ 的分布显示了 $X$ 可能取的每个值的概率。分布由 $P(X=x)$ 的值组成。例如，掷两个骰子时，它们和的分布是：

| $x$ | 2 | 3 | 4 | 5 | 6 | 7 | 8 | 9 | 10 | 11 | 12 |
|---|---|---|---|---|---|---|---|---|---|---|---|
| $P(X=x)$ | 1/36 | 2/36 | 3/36 | 4/36 | 5/36 | 6/36 | 5/36 | 4/36 | 3/36 | 2/36 | 1/36 |

在均匀分布中，随机变量 X 有 n 个可能的值 a, a+1, ⋯, b 且每个值的概率是 1/n。例如，掷骰子时，a = 1，b = 6 且每个值 x 的 $P(X=x) = 1/6$。

均匀分布中 X 的期望值是：

$$E[X] = \frac{a+b}{2}$$

在二项分布中，进行 n 次尝试且单次尝试成功的概率是 p。随机变量 X 用于统计成功尝试的次数，其取值为 x 的概率是：

$$P(X=x) = p^x (1-p)^{n-x} \binom{n}{x}$$

其中，$p^x$ 和 $(1-p)^{n-x}$ 对应成功和不成功的尝试，而 $\binom{n}{x}$ 是我们可以选择尝试顺序的方式数。

例如，掷骰子 10 次，正好投出三次 6 点的概率是 $(1/6)^3 (5/6)^7 \binom{10}{3}$。

二项分布中 X 的期望值是：

$$E[X] = pn$$

在几何分布中，尝试成功的概率是 p，且我们继续直到第一次成功发生。随机变量 X 用于统计需要的尝试次数，其取值为 x 的概率是：

$$P(X=x) = (1-p)^{x-1} p$$

其中，$(1-p)^{x-1}$ 对应不成功的尝试，p 对应第一次成功的尝试。

例如，如果我们掷骰子直到得到 6 点，投掷次数正好为 4 的概率是 $(5/6)3 · 1/6$。

几何分布中 X 的期望值是：

$$E[X] = \frac{1}{p}$$

### 11.4.3 Markov链

Markov 链是由状态和它们之间的转移组成的随机过程。对于每个状态，我们知道转移到其他状态的概率。Markov 链可以表示为一个图，其中节点对应状态，边描述转移。

例如，考虑一个问题：我们在 n 层建筑的 1 层，每一步，我们随机地向上或向下走一层，除了在 1 层时总是向上走一层，在 n 层时总是向下走一层，k 步后在 m 层的概率是多少？

在这个问题中，建筑的每一层对应 Markov 链中的一个状态。例如，图 11.18 显示了 n = 5 时的链。

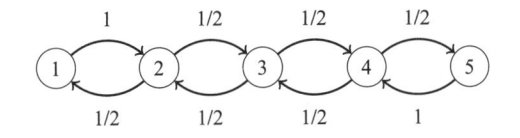

**图 11.18** 由五层组成的建筑的 Markov 链

Markov 链的概率分布是一个向量 $[p_1, p_2, \cdots, p_n]$，其中 $p_k$ 是当前状态为 $k$ 的概率。公式 $p_1+p_2+\cdots+p_n = 1$ 一定成立。

在上述场景中，初始分布是 [1, 0, 0, 0, 0]，因为我们总是从 1 层开始。下一个分布是 [0, 1, 0, 0, 0]，因为我们只能从 1 层移动到 2 层。之后，我们可以向上或向下移动一层，所以下一个分布是 [1/2, 0, 1/2, 0, 0]，依此类推。

模拟 Markov 链中的行走的一个有效方法是使用动态规划。思路是维护概率分布，并在每一步遍历所有可能的移动方式。使用这种方法，我们可以在 $O(n^2m)$ 时间内模拟 $m$ 步行走。

Markov 链的转移也可以表示为更新概率分布的矩阵。在上述场景中，矩阵是：

$$\begin{bmatrix} 0 & 1/2 & 0 & 0 & 0 \\ 1 & 0 & 1/2 & 0 & 0 \\ 0 & 1/2 & 0 & 1/2 & 0 \\ 0 & 0 & 1/2 & 0 & 1 \\ 0 & 0 & 0 & 1/2 & 0 \end{bmatrix}$$

当我们用这个矩阵乘以概率分布时，可以得到移动一步后的新分布。例如，从分布 [1, 0, 0, 0, 0] 移动到分布 [0, 1, 0, 0, 0] 时：

$$\begin{bmatrix} 0 & 1/2 & 0 & 0 & 0 \\ 1 & 0 & 1/2 & 0 & 0 \\ 0 & 1/2 & 0 & 1/2 & 0 \\ 0 & 0 & 1/2 & 0 & 1 \\ 0 & 0 & 0 & 1/2 & 0 \end{bmatrix} \begin{bmatrix} 1 \\ 0 \\ 0 \\ 0 \\ 0 \end{bmatrix} = \begin{bmatrix} 0 \\ 1 \\ 0 \\ 0 \\ 0 \end{bmatrix}$$

通过高效计算矩阵幂，我们可以在 $O(n^3 \log m)$ 时间内计算 $m$ 步后的分布。

## 11.4.4 随机化算法

有时我们可以使用随机性来解决问题，即使问题与概率无关。随机化算法是基于随机性的算法。有两种流行的随机化算法类型：

（1）Monte Carlo 算法：有时可能给出错误答案的算法。为了使这样的算法有用，错误答案的概率应该很小。

（2）Las Vegas 算法：总是给出正确答案的算法，但其运行时间随机变化。目标是设计一个以大概率高效运行的算法。

下面我们介绍三个可以使用这些算法解决的示例问题。

### 1. 顺序统计量

数组的第 $k$ 个顺序统计量是将数组按升序排序后位置 $k$ 处的元素。先对数组进行排序，可以在 $O(n \log n)$ 时间内计算任何顺序统计量，但是为了找到一个元素就需要对整个数组排序吗？

事实证明，我们可以使用 Las Vegas 算法找到顺序统计量，其期望运行时间为 $O(n)$。算法从数组中随机选择一个元素 $x$，并将小于 $x$ 的元素移到数组的左部分，将所有其他元素移到右部分。当有 $n$ 个元素时，需要 $O(n)$ 时间。

假设左部分包含 $a$ 个元素，右部分包含 $b$ 个元素。如果 $a = k$，元素 $x$ 就是第 $k$ 个顺序统计量；如果 $a > k$，我们递归地在左部分找第 $k$ 个顺序统计量；如果 $a < k$，我们递归地在右部分找第 $r$ 个顺序统计量，其中 $r = k-a-1$。以类似的方式继续搜索，直到找到所需的元素。

当每个元素 $x$ 都是随机选择的时候，数组的大小在每一步大约减半，所以找到第 $k$ 个顺序统计量的时间复杂度大约是：

$$n+n/2+n/4+n/8+\cdots = O(n)$$

注意算法的最坏情况需要 $O(n^2)$ 时间，因为可能 $x$ 总是选择成数组中最小或最大的元素之一且需要 $O(n)$ 步。然而，这种情况的概率很小，以至于我们可以假设在实践中这种情况永远不会发生。

### 2. 矩阵乘法验证

给定矩阵 $A$、$B$ 和 $C$，每个都是 $n \times n$ 大小，我们的下一个问题是验证 $AB = C$ 是否成立。当然，我们可以通过在 $O(n^3)$ 时间内计算乘积 $AB$ 来解决问题，但人们可能希望用更容易的方法直接验证答案，而不是从头计算。

事实证明，我们可以使用时间复杂度仅为 $O(n^2)$ 的 Monte Carlo 算法解决问题。思路很简单：选择一个含 $n$ 个元素的随机向量 $X$，并计算矩阵 $ABX$ 和 $CX$。如果 $ABX = CX$，则报告 $AB = C$；否则，报告 $AB \neq C$。

算法的时间复杂度是 $O(n^2)$，因为我们可以在 $O(n^2)$ 时间内计算矩阵 $ABX$ 和 $CX$。我们可以使用 $A(BX)$ 的形式来高效计算矩阵 $ABX$，所以只需要两次 $n \times n$ 和 $n \times 1$ 大小矩阵的乘法。

该算法的缺点是当它报告 $AB = C$ 时有很小的机会出错。例如：

$$\begin{bmatrix} 6 & 8 \\ 1 & 3 \end{bmatrix} = \begin{bmatrix} 8 & 7 \\ 3 & 2 \end{bmatrix}$$

但是

$$\begin{bmatrix} 6 & 8 \\ 1 & 3 \end{bmatrix} \begin{bmatrix} 3 \\ 6 \end{bmatrix} = \begin{bmatrix} 8 & 7 \\ 3 & 2 \end{bmatrix} \begin{bmatrix} 3 \\ 6 \end{bmatrix}$$

然而，在实践中，算法出错的概率很小，而且我们可以在报告 $AB = C$ 之前使用多个随机向量 $X$ 验证结果来降低出错概率。

### 3. 图着色

给定一个包含 $n$ 个节点和 $m$ 条边的图，我们的最后一个问题是找到一种使用两种颜色给节点着色的方法，使得至少 $m/2$ 条边的端点有不同的颜色。图 11.19 显示了图的一个有效着色。在这种情况下，图包含七条边，其中五条边的端点在着色中有不同的颜色。

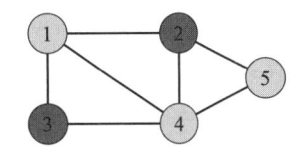

**图 11.19** 图的有效着色

这个问题可以使用 Las Vegas 算法解决，该算法生成随机着色直到找到有效着色。在随机着色中，每个节点的颜色独立选择，每种颜色的概率都是 $1/2$。

因此，端点有不同颜色的边的期望数量是 $m/2$。由于期望随机着色是有效的，我们在实践中会快速找到有效着色。

## 11.5 博弈论

本节我们关注两个玩家交替行动、拥有相同的可选移动且没有随机元素的游戏。我们的目标是找到一个必胜策略，如果这样的策略存在，我们就能不管对手怎么走都能赢得游戏。

事实证明，对于这类游戏存在一个通用策略，我们可以使用 Nim 理论来分析这些游戏。首先，我们分析玩家从堆中移除棍子的简单游戏，然后将这些游戏中使用的策略推广到其他游戏。

### 11.5.1 游戏状态

下面我们考虑一个以 $n$ 根棍子的堆开始的游戏。两个玩家交替行动，每次行动时玩家必须从堆中移除 1、2 或 3 根棍子。最后，移除最后一根棍子的玩家获胜。

例如，如果 $n = 10$，则游戏可能如下进行：

- 玩家 A 移除 2 根棍子（剩 8 根）。
- 玩家 B 移除 3 根棍子（剩 5 根）。
- 玩家 A 移除 1 根棍子（剩 4 根）。
- 玩家 B 移除 2 根棍子（剩 2 根）。
- 玩家 A 移除 2 根棍子并获胜。

这个游戏包含状态 $0, 1, 2, \cdots, n$，其中状态的数字对应剩余棍子的数量。

必胜状态是指如果玩家采取最优策略就能赢得游戏的状态，而必败状态是指如果对手采取最优策略玩家就会输掉游戏的状态。事实证明，我们可以将游戏的所有状态分类，每个状态要么是必胜状态，要么是必败状态。

在上述游戏中，状态 0 显然是一个必败状态，因为玩家不能进行任何移动。状态 1、2 和 3 是必胜状态，因为玩家可以移除 1、2 或 3 根棍子并赢得游戏。状态 4 则是一个必败状态，因为任何移动都会导致对手处于必胜状态。

更一般地说，如果存在一个移动可以让当前状态转移到必败状态，那么它就是一个必胜状态；否则，就是必败状态。利用这个观察，我们可以从不可移动的必败状态开始对游戏的所有状态进行分类。图 11.20 显示了状态 0…15 的分类（$W$ 表示必胜状态，$L$ 表示必败状态）。

| 0 | 1 | 2 | 3 | 4 | 5 | 6 | 7 | 8 | 9 | 10 | 11 | 12 | 13 | 14 | 15 |
|---|---|---|---|---|---|---|---|---|---|----|----|----|----|----|----|
| $L$ | $W$ | $W$ | $W$ | $L$ | $W$ | $W$ | $W$ | $L$ | $W$ | $W$ | $W$ | $L$ | $W$ | $W$ | $W$ |

图 11.20　棍子游戏中状态 0…15 的分类

分析这个游戏很容易：如果状态 $k$ 能被 4 整除，那么它是必败状态；否则，是必胜状态。玩这个游戏的最优策略是始终选择一个移动，使得堆中剩余的棍子数量能被 4 整除。最后，当没有棍子时对手就输了。当然，这个策略要求在我们移动时棍子数量不能被 4 整除。如果是这样，我们就无能为力，如果对手采取最优策略就会赢得游戏。

让我们再考虑另一个棍子游戏：在状态 $k$ 中，可以移除任何小于 $k$ 且能整除 $k$ 的数量 $x$ 的棍子。例如，在状态 8 中我们可以移除 1、2 或 4 根棍子，但在状态 7 中只允许移除 1 根棍子。图 11.21 显示了游戏状态 $1\cdots9$ 的状态图，其中节点是状态，边是状态间的移动。

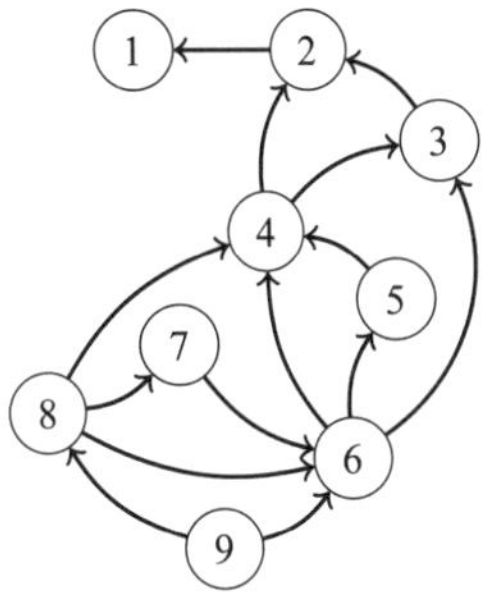

图 11.21 可整除性游戏的状态图

在这个游戏中，最终状态始终是状态 1，因为没有可行的移动，所以它是一个必败状态。图 11.22 显示了状态 $1\cdots9$ 的分类。事实证明，在这个游戏中，所有偶数状态都是必胜状态，所有奇数状态都是必败状态。

| 1 | 2 | 3 | 4 | 5 | 6 | 7 | 8 | 9 |
|---|---|---|---|---|---|---|---|---|
| L | W | L | W | L | W | L | W | L |

图 11.22 可整除性游戏中状态 $1\cdots9$ 的分类

## 11.5.2 Nim游戏

Nim 游戏在博弈论中具有重要作用，因为许多其他游戏都可以用相同的策略来玩。首先我们关注 Nim 本身，然后将策略推广到其他游戏。

Nim 游戏中有 $n$ 个堆，每个堆包含一定数量的棍子。玩家交替行动，每次行动时玩家选择一个还有棍子的堆并从中移除任意数量的棍子，移除最后一根棍子的玩家获胜。

Nim 游戏的状态形如 $[x_1, x_2, \cdots, x_n]$，其中 $x_i$ 表示第 $i$ 个堆中棍子的数量。例如，$[10, 12, 5]$ 是一个有三个堆的状态，分别有 10、12 和 5 根棍子。状态 $[0, 0, \cdots, 0]$ 是一个必败状态，因为不能移除任何棍子，这总是最终状态。

事实证明，我们可以通过计算 Nim 和 $s = x_1 \oplus x_2 \oplus \cdots \oplus x_n$ 来对任何 Nim 状态做分类，其中 $\oplus$ 表示异或运算。Nim 和为 0 的状态是必败状态，所有其他状态都是必胜状态。例如，$[10, 12, 5]$ 的 Nim 和是 $10 \oplus 12 \oplus 5 = 3$，所以这是一个必胜状态。

但是 Nim 和与 Nim 游戏有什么关系呢？我们可以通过观察 Nim 状态改变时 Nim 和如何变化来解释这一点。

**必败状态**：最终状态 [0, 0, ···, 0] 是一个必败状态，它的 Nim 和为 0，这是预期的。在其他必败状态中，任何移动都会导致必胜状态，因为当单个值 $x_i$ 改变时，Nim 和也会改变，所以移动后 Nim 和不为 0。

**必胜状态**：如果存在任何第 $i$ 堆使得 $x_i \oplus s < x_i$，我们就可以移动到必败状态。在这种情况下，我们可以从堆 $i$ 中移除棍子使其包含 $x_i \oplus s$ 根棍子，这将导致必败状态。这样的堆总是存在，其中 $x_i$ 在 Nim 和 $s$ 的最左边 1 位有一个 1。

以状态 [10, 12, 5] 为例，这是一个必胜状态，因为其 Nim 和为 3。因此，一定存在一个移动可以到达必败状态，下面我们试着找出这样的移动。

状态的 Nim 和如下：

| 10 | 1010 |
| 12 | 1100 |
| 5  | 0101 |
| 3  | 0011 |

在这种情况下，10 根棍子的堆是唯一一个在 Nim 和最左边 1 位有 1 的堆：

| 10 | 101<u>0</u> |
| 12 | 1100 |
| 5  | 0101 |
| 3  | 00<u>1</u>1 |

新堆的大小必须是 $10 \oplus 3 = 9$，所以我们只需移除一根棍子。之后，状态将变为 [9, 12, 5]，这是一个必败状态：

| 9  | 1001 |
| 12 | 1100 |
| 5  | 0101 |
| 0  | 0000 |

在反常 Nim 游戏中，游戏目标相反，即移除最后一根棍子的玩家输掉游戏。事实证明，反常 Nim 游戏几乎可以像标准游戏一样最优地玩。

策略是先像标准游戏那样玩反常游戏，但在游戏结束时改变策略。在下一步移动后每个堆最多包含一根棍子的情况下引入新策略。在标准游戏中，我们应该选择一个移动使得移动后有偶数个堆包含一根棍子。然而，在反常游戏中，我们选择一个移动使得有奇数个堆包含一根棍子。

这个策略之所以有效，是因为改变策略的状态总是会出现在游戏中，而且这个状态是一个必胜状态，因为它恰好包含一个有多于一根棍子的堆，所以 Nim 和不为 0。

## 11.5.3 Sprague-Grundy定理

Sprague-Grundy 定理将 Nim 中使用的策略推广到满足以下要求的所有游戏：

- 有两个玩家交替行动。
- 游戏由状态组成，状态中的可能移动不依赖于轮到谁行动。
- 当玩家无法移动时游戏结束。
- 游戏一定会结束。
- 玩家对状态和允许的移动有完整信息，且游戏中没有随机性。

### 1. Grundy 数

思路是为每个游戏状态计算一个 Grundy 数，它对应于 Nim 堆中棍子的数量。当我们知道所有状态的 Grundy 数时，就可以像玩 Nim 游戏一样玩这个游戏。

游戏状态的 Grundy 数使用以下公式计算：

$$\text{mex}(\{g_1, g_2, \cdots, g_n\})$$

其中，$g_1, g_2, \cdots, g_n$ 是从该状态可以移动到的状态的 Grundy 数，mex 函数给出不在集合中的最小非负数。例如，$\text{mex}(\{0, 1, 3\}) = 2$。如果一个状态没有可能的移动，则其 Grundy 数为 0，因为 $\text{mex}(\phi) = 0$，如图 11.23 所示。

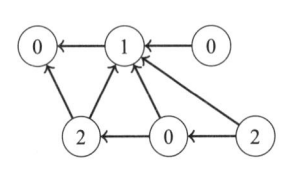

图 11.23 游戏状态的 Grundy 数

考虑 Grundy 数为 $x$ 的状态，我们可以认为它对应于有 $x$ 根棍子的 Nim 堆。特别是，如果 $x > 0$，则我们可以移动到 Grundy 数为 $0, 1, \cdots, x-1$ 的状态，这模拟了从 Nim 堆中移除棍子。不过有一个区别：可以移动到 Grundy 数大于 $x$ 的状态，相当于给堆"添加"棍子。但是，对手总是可以消除任何这样的移动，所以这不会改变策略。

例如，考虑一个玩家在迷宫中移动棋子的游戏。迷宫的每个方格要么是地板，要么是墙。每次行动，玩家必须将棋子向左或向上移动若干步，最后一个移动的玩家获胜。图 11.24 显示了游戏可能的初始布局，其中 @ 表示棋子，* 表示它可以移动到的方格。游戏的状态是迷宫的所有地板方格。图 11.25 显示了这个配置中状态的 Grundy 数。

根据 Sprague-Grundy 定理，迷宫游戏的每个状态对应于 Nim 游戏中的一个堆。例如，右下角方格的 Grundy 数为 2，所以它是一个必胜状态。我们可以通过向左移动四步或向上移动两步到达必败状态并赢得游戏。

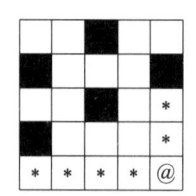

图 11.24　第一回合可能的移动 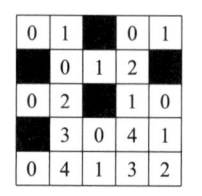　　　图 11.25　游戏状态的 Grundy 数

### 2. 子游戏

假设我们的游戏由子游戏组成，每次行动时，玩家先选择一个子游戏，然后在子游戏中移动。当无法在任何子游戏中移动时游戏结束。在这种情况下，游戏的 Grundy 数等于子游戏 Grundy 数的 Nim 和。然后可以通过计算所有子游戏的 Grundy 数及其 Nim 和，像 Nim 游戏一样来玩这个游戏。

例如，考虑一个由三个迷宫组成的游戏。每次行动时，玩家选择其中一个迷宫，然后在迷宫中移动棋子。图 11.26 显示了游戏的初始配置，图 11.27 显示了相应的 Grundy 数。在这个配置中，Grundy 数的 Nim 和是 $2 \oplus 3 \oplus 3 = 2$，所以先手可以赢得游戏。一个最优移动是在第一个迷宫中向上移动两步，这会产生 Nim 和：$0 \oplus 3 \oplus 3 = 0$。

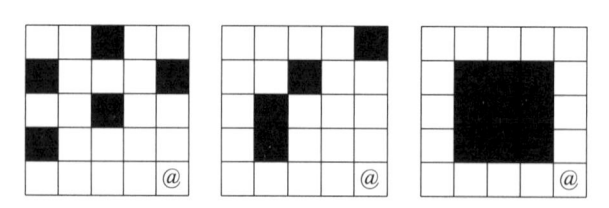

图 11.26　由三个子游戏组成的游戏

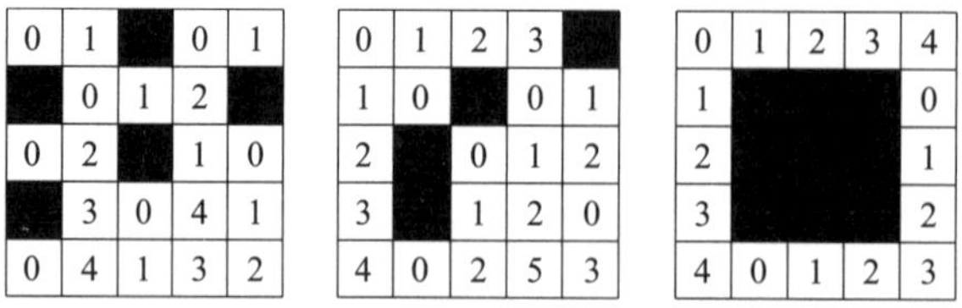

图 11.27　子游戏中的 Grundy 数

### 3. Grundy 游戏

有时游戏中的一个移动会将游戏分成相互独立的子游戏。在这种情况下，游戏状态的 Grundy 数是：

$$\text{mex}(\{g_1, g_2, \cdots, g_n\})$$

其中，有 $n$ 种可能的移动，且

$$g_k = a_{k,1} \oplus a_{k,2} \oplus \cdots \oplus a_{k,m}$$

这意味着移动 $k$ 将游戏分成 $m$ 个子游戏,它们的 Grundy 数是 $a_{k,1}, a_{k,2}, \cdots, a_{k,m}$。

这样游戏的一个例子是 Grundy 游戏。初始时有一个包含 $n$ 根棍子的堆。每次行动时,玩家选择一个堆并将其分成两个非空堆,要求这两个堆大小不同,做出最后移动的玩家获胜。

设 $g(n)$ 表示大小为 $n$ 的堆的 Grundy 数。通过遍历所有将堆分成两堆的方式可以计算 Grundy 数。例如,当 $n = 8$ 时,可能性是 1+7、2+6 和 3+5,所以:

$$g(8) = \text{mex}(\{g(1) \oplus g(7), g(2) \oplus g(6), g(3) \oplus g(5)\})$$

在这个游戏中,$g(n)$ 的值基于 $g(1), \cdots, g(n-1)$ 的值。基础情况是 $g(1) = g(2) = 0$,因为不可能将 1 和 2 根棍子的堆分成更小的堆。前几个 Grundy 数是:

$g(1) = 0$
$g(2) = 0$
$g(3) = 1$
$g(4) = 0$
$g(5) = 2$
$g(6) = 1$
$g(7) = 0$
$g(8) = 2$

$n = 8$ 时的 Grundy 数是 2,所以可以赢得游戏。必胜移动是创建堆 1+7,因为 $g(1) \oplus g(7) = 0$。

## 11.6 傅里叶变换

给定两个多项式 $f(x)$ 和 $g(x)$,本节的目标是高效地计算它们的乘积 $f(x)g(x)$。例如,如果 $f(x) = 2x+3$ 且 $g(x) = 5x+1$,那么所需结果是 $f(x)g(x) = 10x^2+17x+3$。计算乘积的一个简单方法是遍历 $f(x)$ 和 $g(x)$ 中所有项的配对并对这些项的乘积求和,如下所示:

$$f(x)g(x) = 2x \cdot 5x + 2x \cdot 1 + 3 \cdot 5x + 3 \cdot 1 = 10x^2 + 17x + 3$$

然而,这种简单的技术很慢:它需要 $O(n^2)$ 的时间,其中 $n$ 是多项式的次数。幸运的是,我们可以使用快速傅里叶变换(FFT)算法在 $O(n \log n)$ 时间内更快地计算乘积。该算法的思想是将多项式转换为一种特殊的点值形式，在这种形式下计算乘积更容易。

## 11.6.1 处理多项式

考虑一个多项式 $f(x) = c_0+c_1x+\cdots+c_{n-1}x^{n-1}$，它的次数是 $n-1$。有两种标准方式来表示这样的多项式：

（1）系数表示：创建一个列表 $[c_0, c_1, \cdots, c_{n-1}]$，其中包含多项式的系数。

（2）点值表示：创建一个列表 $[(x_0, f(x_0)), (x_1, f(x_1)), \cdots(x_{n-1}, f(x_{n-1}))]$，它显示多项式在 $n$ 个不同点的值。这种表示基于这样一个事实：如果一个多项式的次数是 $n-1$，并且我们知道它在 $n$ 个不同点的值，就可以唯一地确定这个多项式。

例如，考虑多项式 $f(x) = x^3+2x+5$，它的系数表示是 $[5, 2, 0, 3]$。要创建点值表示，我们可以选择任意 $n$ 个不同的点并在这些点计算多项式的值。一个可能的点值表示是 $[(0, 5), (1, 8), (2, 17), (3, 38)]$，这意味着 $f(0) = 5$，$f(1) = 8$，$f(2) = 17$ 且 $f(3) = 38$。

上述两种表示多项式的方式都有一些优点。使用系数表示，计算多项式在任意给定点的值很容易。然而，如果有两个多项式 $f(x)$ 和 $g(x)$ 并想计算它们的乘积 $f(x)g(x)$，点值表示更方便：如果知道在某点 $x_i$ 处 $f(x_i) = a_i$ 且 $g(x_i) = b_i$，我们可以容易地计算 $f(x_i)g(x_i) = a_ib_i$。例如，如果知道 $f(1) = 5$ 且 $g(1) = 6$，那么直接知道 $f(1)g(1) = 30$。

下面是计算以系数形式给出的多项式 $f(x)$ 和 $g(x)$ 的乘积的步骤：

（1）为 $f(x)$ 和 $g(x)$ 创建点值表示。

（2）以点值形式计算乘积 $f(x)g(x)$。

（3）为 $f(x)g(x)$ 创建系数表示。

注意，如果 $f(x)$ 和 $g(x)$ 的次数是 $n-1$，那么 $f(x)g(x)$ 的次数是 $2n-2$。因此，我们必须在步骤（1）中计算 $2n-1$ 个值以确保我们能在步骤（3）中找到正确的多项式。

步骤（2）很容易在 $O(n)$ 时间内完成，因为我们可以简单地计算所有点的乘积。步骤（1）和步骤（3）更难，但接下来我们将看到如何使用 FFT 算法在 $O(n \log n)$ 时间内执行它们。这个想法是使用点值表示，其中多项式在特殊的复数点上求值，这些点允许我们在表示之间高效地切换。

## 11.6.2 FFT算法

给定一个向量 $a = [c_0, c_1, \cdots, c_{n-1}]$ 表示多项式

$$f(x) = c_0 + c_1 x + \cdots + c_{n-1} x^{n-1}$$

$a$ 的傅里叶变换是一个向量

$$t = [f(\omega_n^0), f(\omega_n^1), \cdots, f(\omega_n^{n-1})]$$

其中，

$$\omega_n = e^{2\pi i/n} = \cos(2\pi/n) + \sin(2\pi/n)i$$

向量 $t$ 对应于多项式 $f(x)$ 的点值表示，在点 $\omega_n^0, \omega_n^1, \cdots, \omega_n^{n-1}$ 上求值。值 $\omega_n$ 是一个称为单位根的复数，满足 $\omega_n^n = 1$。

快速傅里叶变换（FFT）算法在 $O(n \log n)$ 时间内计算傅里叶变换。该算法使用 $\omega_n$ 值的性质来高效地计算变换。从现在起，我们假设 $n$（输入向量 $a$ 的长度）是 2 的幂。如果不是，我们可以在算法开始前在向量末尾添加额外的零。

FFT 算法的思想是将向量 $a = [c_0, c_1, \cdots, c_{n-1}]$ 分成两个向量 $a_{\text{EVEN}} = [c_0, c_2, \cdots, c_{n-2}]$ 和 $a_{\text{ODD}} = [c_1, c_3, \cdots, c_{n-1}]$。这些向量包含 $n/2$ 个值并表示多项式 $c_0 + c_2 x + c_4 x^2 + \cdots + c_{n-2} x^{n/2-1}$ 和 $c_1 + c_3 x + c_5 x^2 + \cdots + c_{n-1} x^{n/2-1}$。然后，算法递归地计算 $a_{\text{EVEN}}$ 和 $a_{\text{ODD}}$ 的傅里叶变换得到向量 $t_{\text{EVEN}}$ 和 $t_{\text{ODD}}$。最后，算法使用公式

$$t[k] = t_{\text{EVEN}}[k \bmod (n/2)] + t_{\text{ODD}}[k \bmod (n/2)] \omega_n^k$$

计算 $a$ 的傅里叶变换。

这个公式之所以有效，是因为 $\omega_{n/2}^k = \omega_n^{2k}$ 且 $\omega_n^k = \omega_n^{k \bmod n}$，如图 11.28 所示。由于算法将大小为 $n$ 的输入向量分成两个大小为 $n/2$ 的向量并递归处理它们，所以算法的运行时间为 $O(n \log n)$。

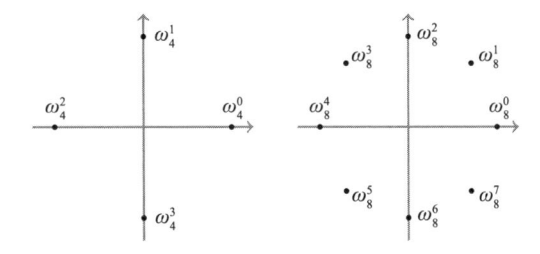

图 11.28 $\omega_4$ 和 $\omega_8$ 及其幂在复平面上的值

FFT 算法也可以用来计算逆傅里叶变换，即将多项式的点值表示转换为系数表示。令人惊讶的是，如果我们计算向量

$$t = [f(\omega_n^0), f(\omega_n^1), \cdots, f(\omega_n^{n-1})]$$

的傅里叶变换，使用 $1/\omega_n$ 代替 $\omega_n$ 并将所有输出值除以 $n$，输出向量就是原始系数向量 $a$。

FFT 算法很难实现好。特别是，创建新向量并递归处理它们并不是一个好主意，因为这样的实现会有较大的常数因子。通常，该算法被用作黑盒来高效地计算傅里叶变换，而不关注实现细节。以下实现基于《算法导论》[3]中给出的伪代码，如果你想知道代码具体做什么，可以查阅该书获取更多信息。

首先，我们定义一个使用 double 数作为实部和虚部的复数类型 cd，以及一个值为 π 的变量 pi。

```
typedef complex<double> cd;
double pi = acos(-1);
```

然后，函数 fft 执行 FFT 算法。该函数接收一个包含多项式系数的向量 $a$ 和一个额外的参数 $d$。如果 $d$ 是 1（默认值），则函数计算普通的傅里叶变换；如果 $d$ 是 -1，则计算逆变换。如前所述，函数假设 $n$ 是 2 的幂。

```
vector<cd> fft(vector<cd> a, int d = 1) {
    int n = a.size();
    vector<cd> r(n);
    for (int k = 0; k < n; k++) {
        int b = 0;
        for (int z = 1; z < n; z *= 2) {
            b *= 2;
            if (k&z) b++;
        }
        r[b] = a[k];
    }
    for (int m = 2; m <= n; m *= 2) {
        cd wm = exp(cd{0,d*2*pi/m});
        for (int k = 0; k < n; k += m) {
            cd w = 1;
            for (int j = 0; j < m/2; j++) {
                cd u = r[k+j];
                cd t = w*r[k+j+m/2];
                r[k+j] = u+t;
```

```
                    r[k+j+m/2] = u-t;
                    w = w*wm;
                }
            }
        }
        if (d == -1) {
            for (int i = 0; i < n; i++) r[i] /= n;
        }
        return r;
    }
```

以下代码展示了如何使用 fft 函数来计算 $f(x) = 2x+3$ 和 $g(x) = 5x+1$ 的乘积。首先我们将多项式转换为点值形式，然后计算乘积，最后将结果转换回系数形式。结果是 $10x^2+17x+3$，正如预期的那样。

```
int n = 4;
vector<cd> f = {3,2,0,0};
vector<cd> g = {1,5,0,0};
auto tf = fft(f);
auto tg = fft(g);
vector<cd> tp(n);
for (int i = 0; i < n; i++) tp[i] = tf[i]*tg[i];
auto p = fft(tp,-1); // [3,17,10,0]
```

虽然 FFT 算法使用复数进行运算，但我们的输入和输出值通常是整数。计算乘积后，我们可以使用语法 `(int)(p[i].real()+0.5)`[1] 来获取复数 $p[i]$ 的实部并将其转换为整数。

### 11.6.3 卷积计算

一般来说，我们可以使用 FFT 算法在 $O(n \log n)$ 时间内计算两个数组的卷积。给定数组 $a$ 和 $b$，它们的卷积 $c = a*b$ 是一个数组，其中每个元素对应于公式

$$c[k] = \sum_{i+j=k} a[i]b[j]$$

如果 $a$ 和 $b$ 由多项式的系数组成，则卷积表示多项式的乘积，但我们也可以计算与多项式无关的卷积，下面是一些例子：

---

[1] 译者注：C++11 中更推荐使用 `round(p[i].real())` 完成相同的功能。

### 1. 组合计数

我们有苹果和香蕉，每个水果有一个整数重量，范围在 $1\cdots n$ 之间。我们想要计算对于每个重量 $w \leq 2n$，有多少种方式可以选择一个苹果和一个香蕉使它们的总重量为 $w$。

我们可以通过创建数组 $a$ 和 $b$ 来解决这个问题，其中 $a[i]$ 表示重量为 $i$ 的苹果的数量，$b[i]$ 表示重量为 $i$ 的香蕉的数量。然后数组的卷积给出了所需的结果。

### 2. 信号处理

我们可以认为数组 $a$ 是一个信号，数组 $b$ 是一个修改信号的掩码。掩码从左到右扫过信号，在每个位置计算乘积的和。如果我们先反转掩码，就可以将结果计算为卷积。

例如，假设 $a = [5, 1, 3, 4, 2, 1, 2]$ 且 $b = [1, 3, 2]$。我们先创建反转掩码 $b' = [2, 3, 1]$ 然后计算卷积

$$c = a*b' = [10, 17, 14, 18, 19, 12, 9, 7, 2]$$

图 11.29 展示了值 $c[1]$ 和 $c[5]$ 的解释。

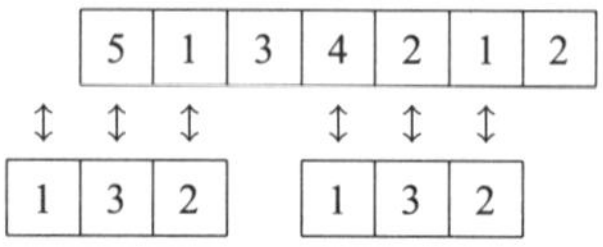

图 11.29　信号处理：$c[1] = 5 \cdot 3 + 1 \cdot 2 = 17$ 且 $c[5] = 4 \cdot 1 + 2 \cdot 3 + 1 \cdot 2 = 12$

### 3. 差　分

给定长度为 $n$ 的位串 $s$，我们想要计算对于每个 $k = 1, 2, \cdots, n-1$，有多少种方式可以选择两个位置 $i$ 和 $j$，使得 $s[i] = s[j] = 1$ 且 $j - i = k$。

我们可以通过计算卷积 $c = s*s'$ 来解决这个问题，其中 $s'$ 是 $s$ 的反转。然后 $c[n+k-1]$ 给出了每个 $k$ 的答案（我们也可以认为 $s$ 既是信号又是掩码）。

## 11.7　猜测公式

解决许多数学问题的一个有效方法是首先使用暴力算法解决一些小规模的

情况，然后猜测一个与数据相对应的公式。这种方法特别适用于答案是一个表示"有多少种方法可以做某事"的单个数字的问题。

## 11.7.1 使用OEIS

OEIS[1] 是一个包含整数序列的大型在线数据库。如果我们知道一个序列的一些数字，就可以搜索该序列并找到有关它的信息。如果有一个可用于计算这些值的公式，我们就可以在 OEIS 中找到它。

例如，考虑 3.2.2 节中讨论的问题：给定一个整数 $n$，计算在 $n \times n$ 的棋盘上放置两个皇后使它们互不攻击的方法数。这个问题对应于一个整数序列，其前几个数字是：

$s(1) = 0$
$s(2) = 0$
$s(3) = 8$
$s(4) = 44$
$s(5) = 140$
$s(6) = 340$
$s(7) = 700$
$s(8) = 1288$

使用这些数据，我们可以使用 OEIS 搜索以 0, 0, 8, 44, 140, 340, 700, 1288 开头的整数序列。OEIS 告诉我们序列 A036464 对应于我们的问题，我们可以使用公式

$$s(n) = \binom{n}{3}(3n-1)$$

来计算序列的值。这就是我们在 3.2.2 节中讨论的公式，只是形式略有不同。

让我们再考虑一个有两个参数的问题：给定整数 $n$ 和 $k$，计算有 $n$ 个节点和恰好 $k$ 个叶子的树的数量。令 $s(n, k)$ 表示这样的树的数量。例如，$s(4, 2) = 3$，因为有 3 棵树有 4 个节点和 2 个叶子，如图 11.30 所示。

图 11.30　有 3 棵树有 4 个节点和 2 个叶子

---

[1] 译者注：https://oeis.org/。

由于这个问题有两个参数，我们可以尝试固定一个参数来在 OEIS 中找到序列。下面是 $n=9$ 时的值：

$s(9, 1) = 1$
$s(9, 2) = 28$
$s(9, 3) = 196$
$s(9, 4) = 490$
$s(9, 5) = 490$
$s(9, 6) = 196$
$s(9, 7) = 28$
$s(9, 8) = 1$

现在我们可以搜索包含数字 1, 28, 196, 490, 490, 196, 28, 1 的序列。这样的序列是 A001263，它对应于 Narayana 数的三角形。OEIS 告诉我们这个序列与许多数学问题有关，包括我们计算树数量的问题。我们还得到一个有用的公式

$$s(n, k) = \frac{1}{k}\binom{n-1}{k-1}\binom{n-2}{k-1}$$

用于高效解决问题。

当然，只有在比赛期间允许使用互联网的情况下，你才能使用 OEIS。

### 11.7.2 寻找多项式

如果问题的答案是一个多项式 $p(n)$，并且我们知道函数的一些初始值，还有一个算法可以用来找到这个多项式。

该算法[1]从包含多项式前几个值的列表 $[p(1), p(2), p(3), \cdots]$ 开始。在每一轮中，算法创建一个新列表，其中每个元素是前一个列表中两个连续元素的差。当列表中的每个数字都相同时，算法停止。然后我们知道多项式的次数是 $k$，其第一个系数是 $x/k!$，其中 $k$ 是轮数，$x$ 是最后列表中重复的数字。

例如，再次考虑计算两个皇后互不攻击的组合数的问题。在这种情况下，算法创建以下列表：

- 第 0 轮：[0, 0, 8, 44, 140, 340, 700, 1288]。

- 第 1 轮：[0, 8, 36, 96, 200, 360, 588]。

---

[1] 译者注：本节介绍的算法一般称为有限差分法（finite difference method）。

- 第 2 轮：[8, 28, 60, 104, 160, 228]。
- 第 3 轮：[20, 32, 44, 56, 68]。
- 第 4 轮：[12, 12, 12, 12]。

在第 4 轮之后，列表中的每个数字都相同。这意味着多项式的次数是 4，第一个系数是 12/4! = 1/2。

我们可以重复这个算法多次来找到所有系数。当我们知道 $k$ 和 $x$ 的值时，我们可以创建一个新的多项式

$$p'(n) = p(n) - \frac{x}{k!} n^k$$

它没有前一个多项式的第一项。之后，我们可以再次对 $p'$ 使用相同的算法。在上面的例子中，我们可以重复这个算法四次得到以下多项式：

$$q(n) = \frac{1}{2} n^4 - \frac{5}{3} n^3 + \frac{3}{2} n^2 - \frac{1}{3} n$$

这对应于在 3.2.2 节中讨论的多项式。

注意，即使问题的答案不是多项式，该算法也总是能为序列找到一个多项式。这是因为我们考虑的列表只有序列的一个前缀。如果初始列表有 $n$ 个元素，则算法总是在最多 $n-1$ 轮后停止。然而，这个多项式可能没有意义。

例如，我们可以尝试使用输入列表 [1!, 2!, 3!, 4!, 5!] 为阶乘创建一个多项式。该算法给出以下多项式：

$$f(n) = \frac{53}{24} n^4 - \frac{81}{4} n^3 + \frac{1627}{24} n^2 - \frac{375}{4} n + 45$$

确实，对于 $n = 1, 2, \cdots, 5$，有 $n! = f(n)$。然而 $6! \neq f(6)$。在这种情况下，多项式仅适用于输入列表中的值，没有多大用处。

在给定序列的前几个值的情况下，也可以自动找到线性递推关系。一个流行的算法是 Berlekamp–Massey 算法，但本书不会讨论它。

## 参考文献

[ 1 ] V Strassen. Gaussian elimination is not optimal. Numerische Mathematik, 1969, 13(4): 354-356.
[ 2 ] F Le Gall. Powers of tensors and fast matrix multiplication. 39th International Symposium on Symbolic and Algebraic Computation, 2014: 296-303.
[ 3 ] T H Cormen, C E Leiserson, R L Rivest, C Stein.Introduction to Algorithms, 3rd edn. MIT Press, 2009.

# 第12章 高级图算法

# 第 12 章 高级图算法

本章讨论一系列高级图算法。

12.1 节介绍一个用于寻找图的强连通分量的算法，之后介绍如何使用该算法高效地解决 2SAT 问题。

12.2 节关注欧拉道路和哈密顿道路。欧拉道路是指恰好经过图中每条边一次的路径，而哈密顿道路是指恰好访问每个节点一次的路径。虽然这些概念乍看之下很相似，但与它们相关的计算问题却有很大的不同。

12.3 节首先展示如何确定从源点到汇点的最大流，之后展示如何将其他几个图问题归约为最大流问题。

12.4 节讨论深度优先搜索的性质和与双连通图相关的问题。

12.5 节处理另一个网络流问题，即寻找从源点到汇点的最小成本流。这是一个相当通用的问题，因为我们可以将最短路问题和最大流问题都归约到这个问题上。

## 12.1　强连通性

一个有向图如果从任意节点都存在到所有其他节点的路径，就被称为强连通图。例如，图 12.1 中的左图是强连通的，而右图则不是。右图之所以不是强连通的，是因为节点 2 到节点 1 之间没有路径。

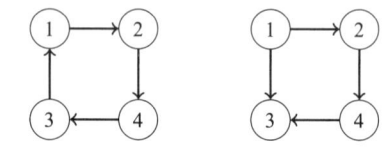

图 12.1　左图是强连通的，右图不是

一个有向图总是可以被划分为强连通分量。每个这样的分量包含一个最大节点集，使得该集合中任意节点都存在到所有其他节点的路径，这些分量形成一个表示原图深层结构的无环分量图。图 12.2 展示了一个图及其强连通分量和对应的分量图。这些分量是 $A = \{1, 2\}$、$B = \{3, 6, 7\}$、$C = \{4\}$ 和 $D = \{5\}$。

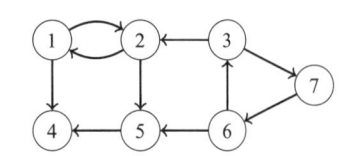

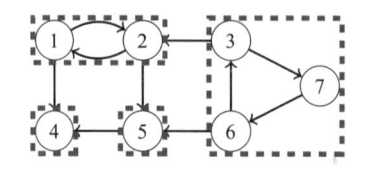

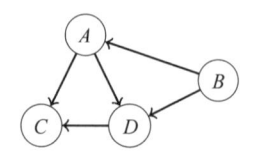

图 12.2　一个图及其强连通分量和分量图

分量图是一个有向无环图，因此比原图更容易处理。由于图不包含环，所以我们总是可以构造一个拓扑排序并使用动态规划来处理它。

## 12.1.1 Kosaraju算法

Kosaraju算法是一种用于寻找图的强连通分量的高效方法。该算法执行两次深度优先搜索：第一次搜索根据图的结构构造一个节点列表，第二次搜索形成强连通分量。

Kosaraju算法的第一阶段构造一个按照深度优先搜索处理顺序排列的节点列表。算法遍历节点，并在每个未处理的节点开始一次深度优先搜索。每个节点在处理完成后被添加到列表中。

图 12.3 显示了我们示例图中节点的处理顺序。符号 $x/y$ 表示节点的处理在时间 $x$ 开始，在时间 $y$ 结束。得到的列表是 [4, 5, 2, 1, 6, 7, 3]。

Kosaraju算法的第二阶段形成强连通分量。首先，算法将图中的每条边反向，这保证了在第二次搜索期间，我们总能找到有效的强连通分量。图 12.4 显示了我们的示例图在边反向后的状态。

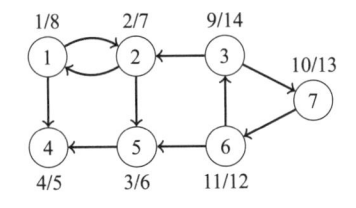

图 12.3 节点的处理顺序

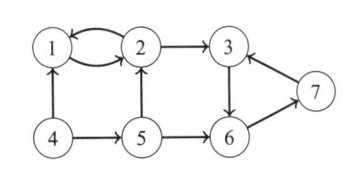

图 12.4 边反向后的图

之后，算法按照第一次搜索创建的节点列表的相反顺序遍历节点。如果某个节点不属于任何分量，则算法通过启动深度优先搜索来创建新的分量，该搜索将在搜索过程中发现的所有新节点添加到新分量中。注意，所有边都被反向，所以分量不会"泄漏"到图的其他部分。

图 12.5 显示了算法如何处理我们的示例图。节点的处理顺序是 [3, 7, 6, 1,

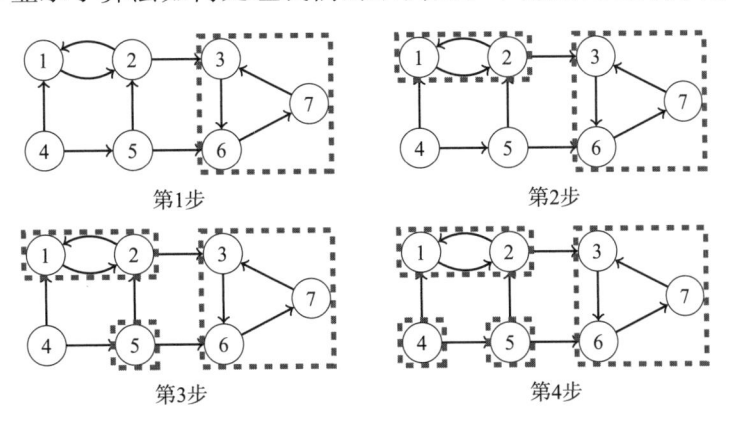

第1步　　　　　　　　　第2步

第3步　　　　　　　　　第4步

图 12.5 构造强连通分量的过程

2, 5, 4]。首先，节点 3 生成分量 {3, 6, 7}。然后，节点 7 和 6 被跳过，因为它们已经属于一个分量。之后，节点 1 生成分量 {1, 2}，节点 2 被跳过。最后，节点 5 和 4 分别生成分量 {5} 和 {4}。

算法的时间复杂度是 $O(n+m)$，因为需要执行两次深度优先搜索。

### 12.1.2　2SAT问题

在 2SAT 问题中，我们给定一个逻辑公式：

$$(a_1 \vee b_1) \wedge (a_2 \vee b_2) \wedge \cdots \wedge (a_m \vee b_m)$$

其中，每个 $a_i$ 和 $b_i$ 要么是逻辑变量 ($x_1, x_2, \cdots, x_n$)，要么是逻辑变量的否定 ($\neg x_1, \neg x_2, \cdots, \neg x_n$)。符号"$\wedge$"和"$\vee$"表示逻辑运算符"与"和"或"。我们的任务是为每个变量赋值，使得公式为真，或者说明这是不可能的。

例如，公式：

$$L_1 = (x_2 \vee \neg x_1) \wedge (\neg x_1 \vee \neg x_2) \wedge (x_1 \vee x_3) \wedge (\neg x_2 \vee \neg x_3) \wedge (x_1 \vee x_4)$$

在以下变量赋值时为真：

$$x_1 = \text{false}, \quad x_2 = \text{false}, \quad x_3 = \text{false}, \quad x_4 = \text{true}$$

然而，公式 $L_2 = (x_1 \vee x_2) \wedge (x_1 \vee \neg x_2) \wedge (\neg x_1 \vee x_3) \wedge (\neg x_1 \vee \neg x_3)$ 无论如何赋值都为假。原因是我们无法为 $x_1$ 选择一个值而不产生矛盾。如果 $x_1$ 为假，则 $x_2$ 和都应该为真，这是不可能的；如果 $x_1$ 为真，则 $x_3$ 和都应该为真，这也是不可能的。

2SAT 问题的一个实例可以表示为一个蕴含图，其节点对应于变量 $x_i$ 和否定 $\neg x_i$，边确定变量之间的连接。每对 $(a_i \vee b_i)$ 生成两条边：$\neg a_i \rightarrow b_i$ 和 $\neg b_i \rightarrow a_i$。这意味着如果 $a_i$ 不成立，则 $b_i$ 必须成立，反之亦然。例如，图 12.6 显示了 $L_1$ 的蕴含图，图 12.7 显示了 $L_2$ 的蕴含图。

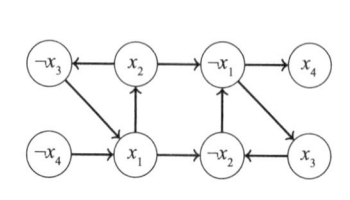

**图 12.6**　$L_1$ 的蕴含图

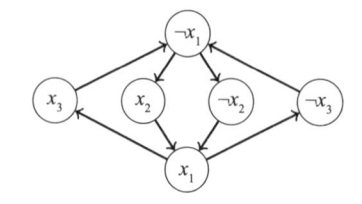

**图 12.7**　$L_2$ 的蕴含图

蕴含图的结构告诉我们是否可能为变量赋值使得公式为真。这可以通过确

认是否存在节点 $x_i$ 和 $\neg x_i$ 同时属于同一个强连通分量来判断。如果存在这样的节点，则图包含从 $x_i$ 到 $\neg x_i$ 的路径，也包含从 $\neg x_i$ 到 $x_i$ 的路径，所以 $x_i$ 和 $\neg x_i$ 都应该为真，这是不可能的。例如，$L_1$ 的蕴含图没有节点 $x_i$ 和 $\neg x_i$ 同时属于同一个强连通分量，所以存在解。而在 $L_2$ 的蕴含图中，所有节点都属于同一个强连通分量，所以没有解。

如果问题有解，我们可以按逆拓扑排序顺序遍历分量图的节点来找到变量的值。在每一步中，我们处理一个没有指向未处理分量的边的分量。如果分量中的变量还没有被赋值，则它们的值将根据分量中的值来确定；如果它们已经有值，则这些值保持不变。这个过程会持续进行，直到每个变量都被赋值。

图 12.8 显示了 $L_1$ 的分量图。分量是 $A = \{\neg x_4\}$，$B = \{x_1, x_2, \neg x_3\}$，$C = \{\neg x_1$，$\neg x_2, x_3\}$ 和 $D = \{x_4\}$。在构造解时，我们首先处理分量 $D$，其中 $x_4$ 变为真。之后，我们处理分量 $C$，其中 $x_1$ 和 $x_2$ 变为假，$x_3$ 变为真。所有变量都已被赋值，所以剩余的分量 $A$ 和 $B$ 不会改变变量的值。

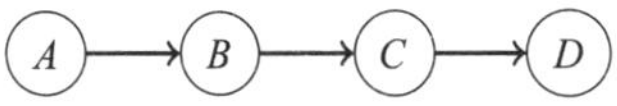

图 12.8　$L_1$ 的分量图

注意这种方法之所以有效，是因为蕴含图有一个特殊的结构：如果存在从节点 $x_i$ 到节点 $x_j$ 的路径，以及从节点 $x_j$ 到节点 $\neg x_j$ 的路径，则节点 $x_i$ 永远不会为真。原因是从节点 $\neg x_j$ 到节点 $\neg x_i$ 也存在路径，并且 $x_i$ 和 $x_j$ 都变为假。

一个更困难的问题是 3SAT 问题，其中公式的每个部分都是 $(a_i \lor b_i \lor c_i)$ 的形式。这个问题是 NP 困难的，所以目前没有已知的高效算法来解决这个问题。

## 12.2　完整路径

本节讨论图中两种特殊类型的路径：恰好经过每条边一次的路径（欧拉道路）和恰好访问每个节点一次的路径（哈密顿道路）。虽然这些路径乍看之下很相似，但与它们相关的计算问题却有很大的不同。

### 12.2.1　欧拉道路

欧拉道路是一条恰好经过图中每条边一次的路径。此外，如果这样的路径起点和终点是同一个节点，则称为欧拉回路。图 12.9 展示了一条从节点 2 到节点 5 的欧拉道路，而图 12.10 展示了一条起点和终点都是节点 1 的欧拉回路。

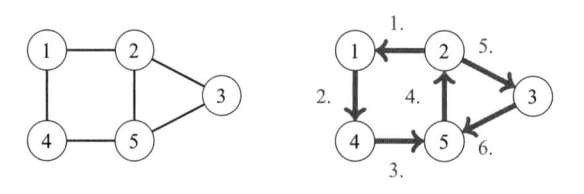

图 12.9　一个图及其欧拉道路

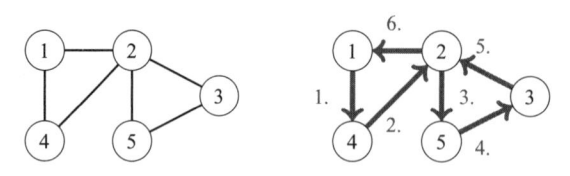

图 12.10　一个图及其欧拉回路

欧拉道路和回路的存在性取决于节点的度数。一个无向图存在欧拉道路的条件是，当且仅当所有边都属于同一个连通分量，并且满足以下条件之一：

- 每个节点的度都是偶数。
- 恰好两个节点的度是奇数，其余所有节点的度都是偶数。

在第一种情况下，每条欧拉道路也是欧拉回路；在第二种情况下，奇数度节点是欧拉道路的端点，但这不是欧拉回路。在图 12.9 中，节点 1、3 和 4 的度为 2，节点 2 和 5 的度为 3。恰好有两个节点的度为奇数，所以在节点 2 和 5 之间存在欧拉道路，但图中没有欧拉回路。在图 12.10 中，所有节点都有偶数度，所以图中存在欧拉回路。

要判断一个有向图是否有欧拉道路，我们需要关注节点的入度和出度。一个有向图包含欧拉道路的条件是，当且仅当所有边都属于同一个连通分量，并且满足以下条件之一：

- 每个节点的入度等于出度。
- 一个节点的入度比出度大 1，另一个节点的出度比入度大 1，其余所有节点的入度等于出度。

在第一种情况下，每条欧拉道路也是欧拉回路；在第二种情况下，图有一条欧拉道路，它从出度较大的节点开始，到入度较大的节点结束。例如，在图 12.11 中，节点 1、3 和 4 的入度和出度都是 1，节点 2 的入度是 1 出度是 2，节点 5 的入度是 2 出度是 1。因此，图中存在一条从节点 2 到节点 5 的欧拉道路。

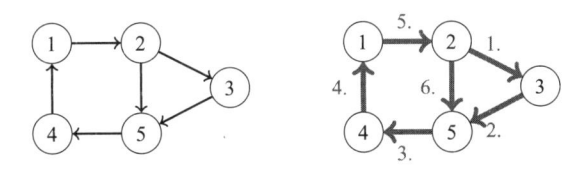

图 12.11 一个有向图及其欧拉道路

Hierholzer 算法是构建图的欧拉回路的一种有效方法。该算法包含多个回合，每个回合都会向回路添加新的边。当然，我们假设图包含欧拉回路，否则 Hierholzer 算法将无法找到它。

算法从只包含单个节点的空回路开始，然后逐步通过添加子回路来扩展回路。这个过程会一直持续到所有边都被添加到回路中。回路的扩展是通过找到属于回路但有未包含在回路中的出边的节点 $x$ 来实现的。然后，构造一条从节点 $x$ 开始的新路径，该路径仅包含尚未加入回路的边。这条路径迟早会返回到节点 $x$，从而创建一个子回路。

如果一个图没有欧拉回路但有欧拉道路，则我们仍然可以使用 Hierholzer 算法在图中添加一条额外的边来找到这条路径，并在构建回路后移除该边。例如，在无向图中，我们在两个奇数度的节点之间添加额外的边。

图 12.12 展示了 Hierholzer 算法如何在无向图中构造欧拉回路。首先，算法添加一个子回路 $1 \to 2 \to 3 \to 1$，然后添加一个子回路 $2 \to 5 \to 6 \to 2$，最后添加一个子回路 $6 \to 3 \to 4 \to 7 \to 6$。在此之后，由于所有边都已添加到回路中，我们已成功构造了一个欧拉回路。

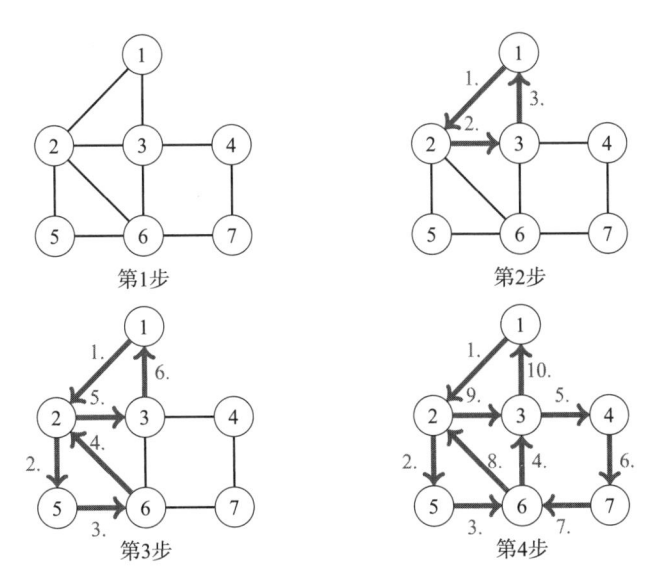

图 12.12 Hierholzer 算法

## 12.2.2 哈密顿道路（Hamiltonian paths）

哈密顿道路是一条恰好访问图中每个节点一次的路径。此外，如果该路径的起点和终点为同一个节点，则称为哈密顿回路。图 12.13 展示了一个既有哈密顿道路又有哈密顿回路的图。

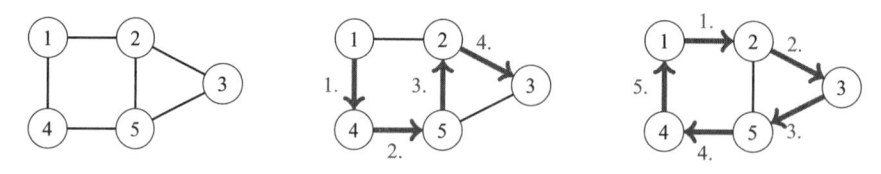

**图 12.13** 既有哈密顿道路又有哈密顿回路的图

与哈密顿道路相关的问题是 NP 困难的：没有人知道一种通用的方法来有效地检查一个图是否有哈密顿道路或回路。当然，在某些特殊情况下，我们可以确定一个图包含哈密顿道路。例如，如果图是完全图，即所有节点对之间都有边相连，那么它肯定包含哈密顿道路。

寻找哈密顿道路的一个简单方法是使用回溯算法，该算法遍历构造路径的所有可能方式。这种算法的时间复杂度至少为 $O(n!)$，因为有 $n!$ 种不同的方式来选择 $n$ 个节点的顺序。然后，使用动态规划，我们可以创建一个更高效的 $O(2^n n^2)$ 时间的解决方案，它为每个节点子集 $S$ 和每个节点 $x \in S$ 确定是否存在一条恰好访问 $S$ 中所有节点一次并在节点 $x$ 处结束的路径。

## 12.2.3 应 用

### 1. De Bruijn 序列

De Bruijn 序列是一个字符串，对于固定的 $k$ 个字符的字母表，它包含了所有长度为 $n$ 的字符串作为其子串，而且每个子串都恰好出现一次。这样的字符串长度为 $k^n+n-1$ 个字符。例如，当 $n=3$ 且 $k=2$ 时，一个 De Bruijn 序列示例是 0001011100。这个字符串的子串包含了所有 3 位二进制组合：000、001、010、011、100、101、110 和 111。

De Bruijn 序列总是对应于图中的欧拉道路，其中每个节点包含 $n-1$ 个字符，每条边添加一个字符到字符串中。例如，图 12.14 对应了 $n=3$ 且 $k=2$ 的情形。要创建一个 De Bruijn 序列，我们从任意节点开始，按照欧拉道路遍

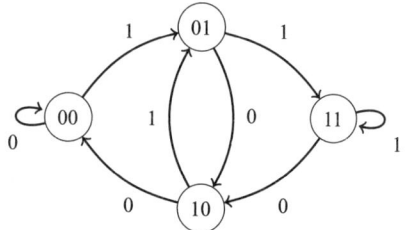

**图 12.14** 由欧拉道路构造 De Bruijn 序列

历每条边一次。当起始节点和边上的字符连接在一起时,生成的字符串长度为 $k^n+n-1$ 个字符,并且是一个有效的 De Bruijn 序列。

### 2. 骑士巡游

骑士巡游是在 $n \times n$ 的棋盘上按照国际象棋规则移动骑士,使其访问每个方格恰好一次的移动序列。如果骑士最终返回起始方格则称为闭合巡游,否则称为开放巡游。图 12.15 展示了一个 $5 \times 5$ 棋盘上的开放骑士巡游。

骑士巡游对应于图中的哈密顿道路,图的节点表示棋盘的方格,如果骑士可以按规则在两个方格之间移动,则这两个节点之间有一条边。构造骑士巡游的自然方法是使用回溯法。由于可能的移动数量很大,可以使用启发式方法来指导骑士移动,以快速找到完整的巡游路线。

Warnsdorf 法则是一个简单而有效的寻找骑士巡游的启发式方法。使用这个规则,即使在大棋盘上也能高效构造巡游路线。其思想是总是将骑士移动到后续可行移动数最少的方格。例如,在图 12.16 中,骑士可以移动到五个可能的方格(方格 $a \cdots e$)。在这种情况下,Warnsdorf 法则将骑士移动到方格 $a$,因为在这个选择之后,只有一种可行的移动。其他选择会将骑士移动到有三种可用移动的方格。

| 1  | 4  | 11 | 16 | 25 |
|----|----|----|----|----|
| 12 | 17 | 2  | 5  | 10 |
| 3  | 20 | 7  | 24 | 15 |
| 18 | 13 | 22 | 9  | 6  |
| 21 | 8  | 19 | 14 | 23 |

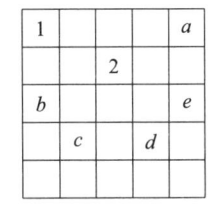

图 12.15　$5 \times 5$ 棋盘上的开放骑士巡游

| 1 |   |   |   | $a$ |
|---|---|---|---|---|
|   |   | 2 |   |   |
| $b$ |   |   |   | $e$ |
|   | $c$ |   | $d$ |   |
|   |   |   |   |   |

图 12.16　使用 Warnsdorf 规则构造骑士巡游

## 12.3　最大流

在最大流问题中,我们有一个带权有向图,其中包含两个特殊节点:一个没有入边的源点和一个没有出边的汇点。我们的任务是尽可能多地从源点向汇点发送流量。每条边都有一个容量,可以限制通过该边的流量,在每个中间节点,入流量和出流量必须相等。

考虑图 12.17 中的图,其中节点 1 是源点,节点 6 是汇点。该图的最大流是 7,

如图 12.18 所示。v/k 表示通过容量为 k 的边流量为 v 单位。流的大小是 7，因为源点发送了 3+4 单位流量，汇点接收了 5+2 单位流量。很容易看出这个流是最大的，因为通向汇点的边的总容量是 7。

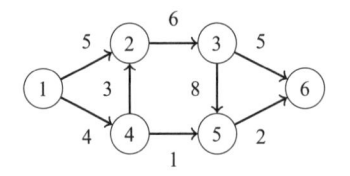

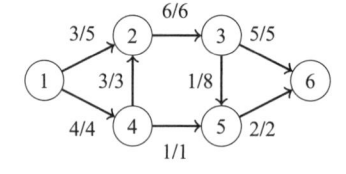

图 12.17　一个有源点 1 和汇点 6 的图

图 12.18　图的最大流为 7

事实证明，最大流问题与另一个图问题有关，即最小割问题，我们的任务是从图中移除一组边，使得移除后从源点到汇点不存在路径，并且移除的边权之和最小。

再次考虑图 12.17 中的图。最小割的大小是 7，因为只需要移除边 2 → 3 和 4 → 5，如图 12.19 所示。移除这些边后，从源点到汇点将不存在路径。割的大小是 6+1 = 7，这个割是最小的，因为不存在边权和小于 7 的有效割。

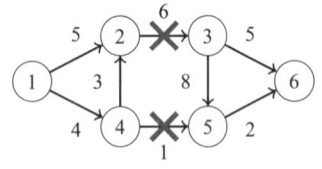

图 12.19　图的最小割为 7

在我们的示例图中，最大流和最小割相等并非巧合。事实上，它们总是相等的，所以这两个概念是同一枚硬币的两面。接下来我们将讨论 Ford-Fulkerson 算法，它可以用来找出图的最大流和最小割。该算法还可以帮助我们理解为什么它们是相等的。

## 12.3.1　Ford-Fulkerson算法

Ford-Fulkerson 算法用于寻找图中的最大流。算法从一个空流开始，在每一步中寻找从源点到汇点的路径来产生更多流量。最后，当算法无法增加流量时，就找到了最大流。

算法使用一种特殊的图表示方法，其中每条原始边都有一个相反方向的反向边。每条边权表示我们还能通过该边增加多少流量。在算法开始时，每条原始边权等于该边的容量，每条反向边权为零。图 12.20 展示了我们示例图的新表示方法。

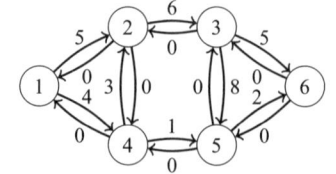

图 12.20　Ford-Fulkerson 算法中的图表示

Ford-Fulkerson 算法包含多轮迭代。在每一轮中，算法寻找一条从源点到汇点的路径，使得路径上的每条边权都为正。如果存在多条可能的路径，则可以选择其中任意一条。选定路径后，流量增加 $x$ 个单位，其中 $x$ 是路径上最小的边权。此外，路径上每条边权减少 $x$，每条反向边权增加 $x$。

这样做的思想是增加流量会减少将来可以通过这些边的流量。另一方面，如果发现之前的流量分配方式不够好，可以通过反向边来取消流量。只要存在一条从源点到汇点经过正权边的路径，算法就会继续增加流量。当不存在这样的路径时，算法终止，找到了最大流。

图 12.21 展示了 Ford-Fulkerson 算法如何为我们的示例图找到最大流。在这个例子中进行了四轮迭代。在第一轮中，算法选择路径 $1 \to 2 \to 3 \to 5 \to 6$。这条路径上最小的边权是 2，所以流量增加 2 个单位。然后，算法选择另外三条路径，分别使流量增加 3、1 和 1 个单位。之后，由于不存在正权边构成的路径，最大流为 2+3+1+1=7。

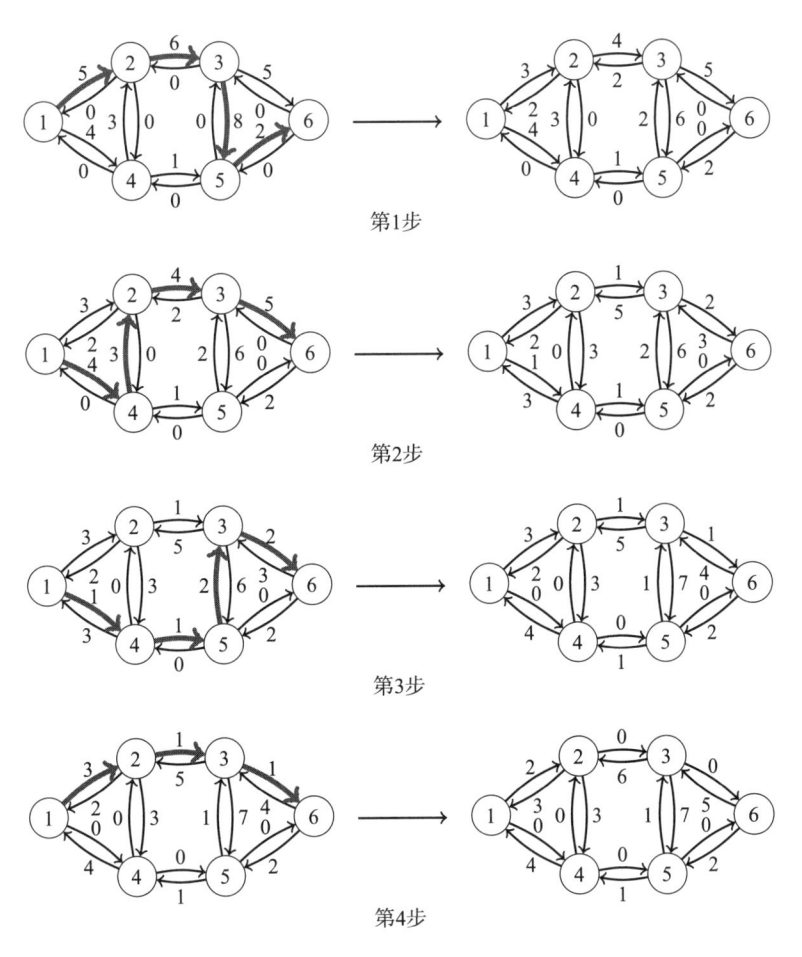

图 12.21　Ford-Fulkerson 算法确定最大流的步骤

## 1. 寻找路径

Ford-Fulkerson 算法没有具体规定应如何选择增加流量的路径。无论如何，算法最终都会终止并正确找到最大流。然而，算法的效率取决于路径的选择方式。一种简单的方法是使用深度优先搜索来寻找路径。这种方法通常效果不错，但在最坏情况下，每条路径只能增加一个单位的流量，使得算法运行缓慢。幸运的是，我们可以通过以下技术来避免这种情况：

（1）Edmonds-Karp 算法[2]：选择路径时使得路径上的边数最少。这可以通过使用广度优先搜索而不是深度优先搜索来实现。可以证明这能保证流量的快速增加，算法的时间复杂度为 $O(m^2n)$。

（2）容量缩放算法[1)]：使用深度优先搜索来寻找路径，要求路径上每条边权至少为一个整数阈值。初始时，阈值设为一个较大的数，例如图中所有边权之和。当找不到路径时，阈值除以 2。当阈值变为 0 时算法终止。算法的时间复杂度为 $O(m^2 \log c)$，其中 $c$ 是初始阈值。

在实践中，容量缩放算法更容易实现，因为可以使用深度优先搜索来寻找路径。这两种算法对于算法竞赛中出现的典型问题来说都足够高效。

## 2. 最小割

事实证明，一旦 Ford-Fulkerson 算法找到最大流，它也同时确定了一个最小割。考虑算法产生的图，令 $A$ 为从源点出发通过正权边可以到达的节点集合，那么最小割就包含原图中的边，这些边从 $A$ 中的某个节点出发，到达 $A$ 外的某个节点，并且在最大流中被完全使用。例如，在图 12.22 中，$A$ 包含节点 1、2 和 4，最小割边为 $2 \rightarrow 3$ 和 $4 \rightarrow 5$，其边权为 6+1 = 7。

为什么算法产生的流是最大流？为什么这个割是最小割？原因是图中不可能存在大于任何割中边权和的流。因此，当一个流和一个割相等时，它们必然是最大流和最小割。

要理解上述结论，考虑图中的任意割，使得源点属于 $A$，汇点属于 $B$，且两个集合之间有一些边（图 12.23）。割的大小是从 $A$ 到 $B$ 的边权之和。这是图中流的上界，因为流必须从 $A$ 传递到 $B$。因此，最大流的大小小于或等于图中任意割的大小。另一方面，Ford-Fulkerson 算法产生的流大小恰好等于图中某个割的大小。因此，这个流必然是最大流，这个割必然是最小割。

---

1) 这一精妙的算法并不广为人知，详细的描述可以在 Ahuja、Magnanti 和 Orlin 编写的教科书中找到[1]。

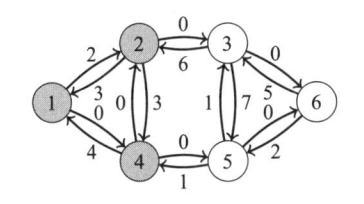

图 12.22  节点 1、2 和 4 属于集合 A

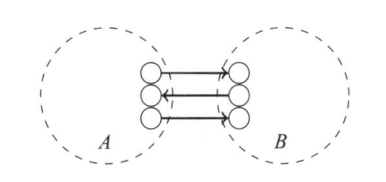

图 12.23  从 $A$ 到 $B$ 路由的流量

### 12.3.2 不相交路径

我们的第一个例子是这样一个问题：给定一个有源点和汇点的有向图，我们的任务是找到从源点到汇点的最大不相交路径数量。

#### 1. 边不相交路径

首先寻找从源点到汇点的最大边不相交路径数，这意味着每条边最多可以出现在一条路径中。例如，在图 12.24 中，最大边不相交路径数为 2（$1 \to 2 \to 4 \to 3 \to 6$ 和 $1 \to 4 \to 5 \to 6$）。

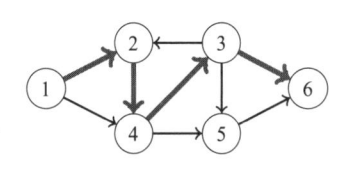

图 12.24  从节点 1 到节点 6 的两条边不相交路径

事实证明，边不相交路径的最大数量总是等于图中每条边容量为 1 的最大流。在构建最大流之后，可以通过贪心地沿着从源点到汇点的路径来找到边不相交路径。

#### 2. 点不相交路径

考虑找到从源点到汇点的最大点不相交路径数的问题。在这种情况下，除了源点和汇点外，每个点最多只能出现在一条路径中，这可能会减少最大不相交路径的数量。实际上，在我们的示例图中，点不相交路径的最大数量是 1（图 12.25）。

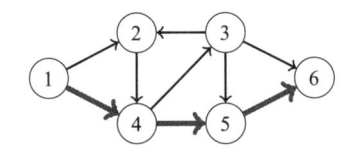

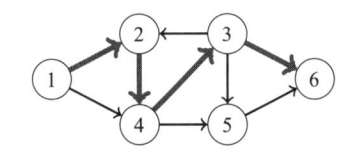

图 12.25  从节点 1 到节点 6 的一条点不相交路径

我们也可以将这个问题简化为最大流问题。由于每个点最多只能出现在一条路径中，因此我们必须限制通过这些点的流量。对此的一个标准构造方法是将每个点分成两个点，使得第一个点具有原始点的入边，第二个点具有原始点的出边，并且在第一个点和第二个点之间有一条新边。图 12.26 显示了我们示例中得到的图及其最大流。

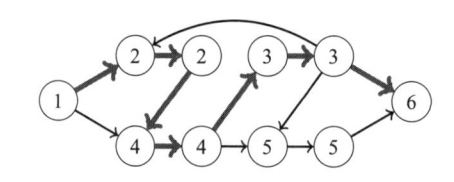

图 12.26 用于限制通过节点的流量的构造图

### 12.3.3 最大匹配

图的最大匹配是一个最大规模的节点对集合,其中每对节点通过一条边连接,且每个节点最多属于一对。虽然在一般图中求解最大匹配问题需要复杂的算法,但如果图是二分图,问题就容易得多。在这种情况下,我们可以将问题简化为最大流问题。

二分图的节点始终可以分成两组,使得图中的所有边都从左组指向右组。例如,图 12.27 展示了一个二分图的最大匹配,其左组是 {1, 2, 3, 4},右组是 {5, 6, 7, 8}。

要将二分最大匹配问题简化为最大流问题,需要向图中添加两个新节点:源点和汇点。我们还要从源点向每个左侧节点添加边,从每个右侧节点向汇点添加边。这样,所得图中的最大流大小就等于原图中的最大匹配大小。图 12.28 展示了示例图缩减结果及其最大流。

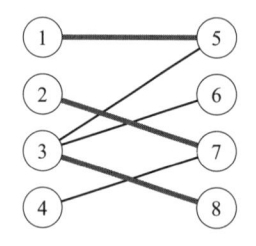

图 12.27 最大匹配

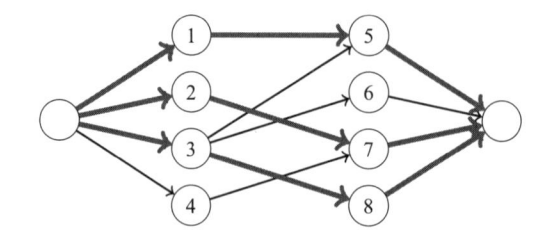

图 12.28 将最大匹配表示为最大流

#### 1. Hall 定理

Hall 定理可用于判断二分图是否存在包含所有左侧或右侧节点的匹配。如果左右节点数相等,则 Hall 定理可以告诉我们是否可能构造一个完美匹配,即包含图中所有节点的匹配。

假设我们要寻找包含所有左侧节点的匹配。设 $X$ 是任意左侧节点集合,$f(X)$ 是它们的邻居集合。根据 Hall 定理,包含所有左侧节点的匹配存在的充要条件是:对任意可能的集合 $X$,都满足 $|X| \leq |f(X)|$。

让我们研究示例图中的 Hall 定理。首先，设 $X = \{1, 3\}$，得到 $f(X) = \{5, 6, 8\}$（图 12.29），因为 $|X| = 2$ 且 $|f(X)| = 3$，所以 Hall 定理的条件成立。然后，设 $X = \{2, 4\}$，得到 $f(X) = \{7\}$（图 12.30），这种情况下，$|X| = 2$ 且 $|f(X)| = 1$，所以 Hall 定理的条件不成立。这意味着无法为该图形成完美匹配。这个结果并不令人意外，因为我们已经知道该图的最大匹配为 3 而不是 4。

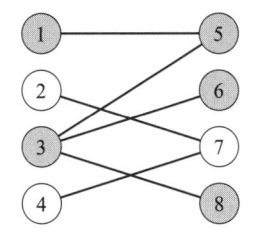

图 12.29　$X = \{1, 3\}$ 且 $f(X) = \{5, 6, 8\}$ 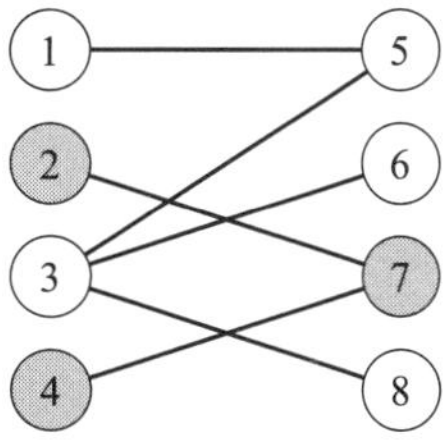　　图 12.30　$X = \{2, 4\}$ 且 $f(X) = \{7\}$

如果 Hall 定理的条件不成立，集合 $X$ 可以解释为什么我们无法形成这样的匹配：因为 $X$ 包含比 $f(X)$ 更多的节点，所以 $X$ 中的所有节点都无法配对。例如，在图 12.30 中，节点 2 和 4 都应该与节点 7 连接，这是不可能的。

### 2. König 定理

图的最小点覆盖是一个最小的节点集合，使得图中的每条边至少有一个端点在该集合中。在一般图中，寻找最小点覆盖是 NP 困难问题。但是，如果图是二分图，则由 König 定理可知，最小点覆盖的大小始终等于最大匹配的大小。因此，我们可以使用最大流算法计算最小点覆盖的大小。

例如，由于我们示例图的最大匹配为 3，König 定理告诉我们最小点覆盖的大小也是 3。图 12.31 展示了如何构造这样的覆盖。

不属于最小点覆盖的节点构成最大独立集。这是最大可能的节点集合，其中任意两个节点之间都没有边连接。同样，在一般图中寻找最大独立集是 NP 困难问题，但在二分图中我们可以使用 König 定理高效地解决这个问题。图 12.32 展示了我们示例图的最大独立集。

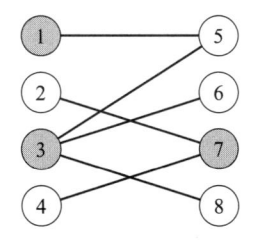

图 12.31　最小点覆盖 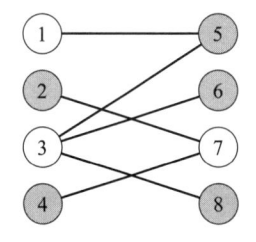　　图 12.32　最大独立集

## 12.3.4 路径覆盖

路径覆盖是图中的一组路径集合，使得图中的每个节点至少属于一条路径。在有向无环图中，我们可以将寻找最小路径覆盖的问题简化为在另一个图中寻找最大流的问题。

### 1. 节点不相交路径覆盖

在节点不相交路径覆盖中，每个节点恰好属于一条路径。例如，图 12.33 中的最小节点不相交路径覆盖由三条路径组成（图 12.34）。

图 12.33　用于构造路径覆盖的示例图　　图 12.34　最小节点不相交路径覆盖

我们可以通过构建匹配图来找到最小节点不相交路径覆盖，在匹配图中原图的每个节点由两个节点表示：一个左节点和一个右节点。如果原图中存在这样的边，那么从左节点到右节点就有一条边。此外，匹配图包含一个源点和一个汇点，所有左节点都有来自源点的边，所有右节点都有指向汇点的边。匹配图中最大匹配的每条边对应原图中最小节点不相交路径覆盖的一条边。因此，最小节点不相交路径覆盖的大小是 $n-c$，其中 $n$ 是原图中的节点数，$c$ 是最大匹配的大小。

图 12.35 是图 12.33 的匹配图。最大匹配是 4，所以最小节点不相交路径覆盖包含 7-4 = 3 条路径。

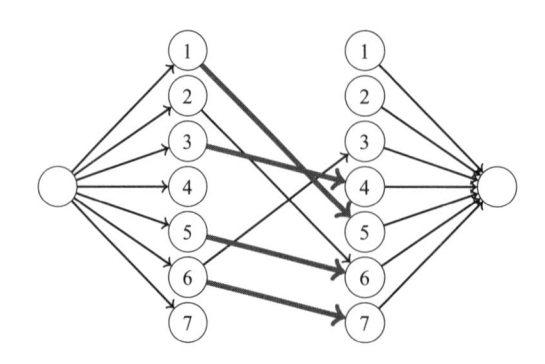

图 12.35　用于寻找最小节点不相交路径覆盖的匹配图

## 2. 一般路径覆盖

一般路径覆盖是一个节点可以属于多条路径的路径覆盖。由于一个节点可以在路径中多次使用，因此最小一般路径覆盖可能比最小节点不相交路径覆盖更小。再次考虑图 12.33 中的图，该图的最小一般路径覆盖由两条路径组成（图 12.36）。

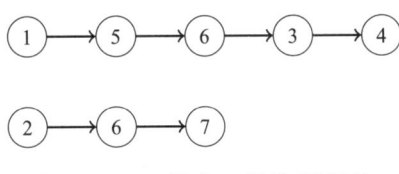

图 12.36 最小一般路径覆盖

寻找最小一般路径覆盖的方法几乎与寻找最小节点不相交路径覆盖相同。只需在匹配图中添加一些新边，使得当原图中从 $a$ 到 $b$ 有一条路径时（可能经过多个节点），就有一条从 $a$ 到 $b$ 的边。图 12.37 显示了我们示例图的生成匹配图。

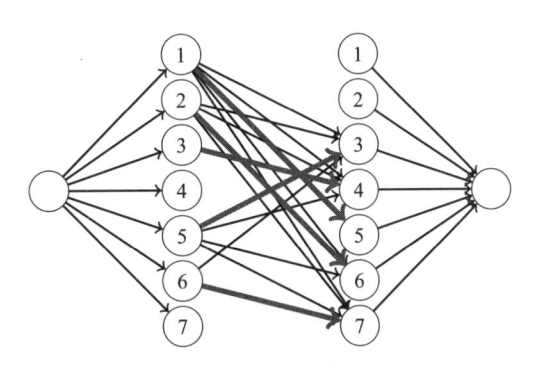

图 12.37 用于寻找最小一般路径覆盖的匹配图

## 3. Dilworth 定理

反链是图中的一组节点，使得使用图的边时，从任意节点到另一个节点都没有路径。Dilworth 定理指出，在有向无环图中，最小一般路径覆盖的大小等于最大反链的大小。例如，在图 12.38 中，节点 3 和 7 形成一个两个节点的反链。这是一个最大反链，因为该图的最小一般路径覆盖有两条路径（图 12.36）。

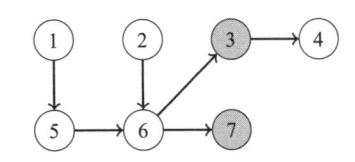

图 12.38 节点 3 和 7 形成最大反链

## 12.4 深度优先搜索树

当深度优先搜索处理一个连通图时，它同时会创建一个有根的有向生成树，这可以称为深度优先搜索树。然后，图的边可以根据它们在搜索过程中的作用进行分类。在无向图中，将有两种类型的边：属于深度优先搜索树的树边和指向已访问节点的反向边。注意反向边总是指向节点的某个祖先。

图 12.39 是一个图及其深度优先搜索树。实线边是树边，虚线边是反向边。

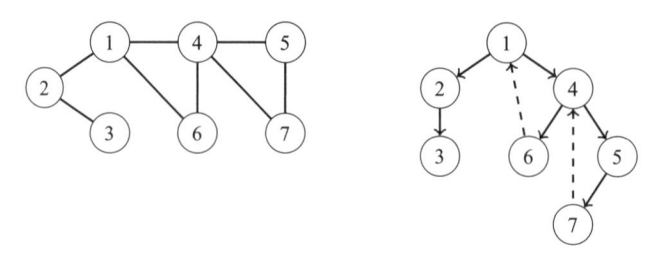

图 12.39　一个图及其深度优先搜索树

本节我们将讨论深度优先搜索树在图处理中的一些应用。

### 12.4.1 双连通性

如果在移除任意单个节点（及其边）后图仍保持连通，则称一个连通图是双连通的。例如，在图 12.40 中，左图是双连通的，右图不是双连通的，这是因为移除节点 3 会将图分割成两个连通分量 {1, 4} 和 {2, 5}。

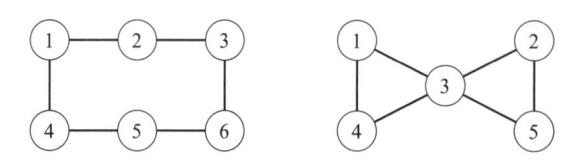

图 12.40　左图是双连通的，右图不是

如果移除某个节点会导致图不连通，则该节点称为割点。因此，双连通图不存在割点。类似地，如果移除某条边会导致图不连通，则该边称为桥。在图 12.41 中，节点 4、5 和 7 是割点，边 4 → 5 和 7 → 8 是桥。

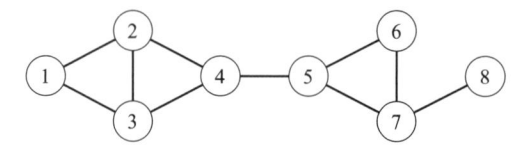

图 12.41　一个有三个割点和两座桥的图

我们可以使用深度优先搜索来高效地找出图中所有的割点和桥。首先，为了找出桥，我们从任意节点开始进行深度优先搜索，这将构建出一棵深度优先搜索树。图 12.42 展示了示例图的深度优先搜索树。

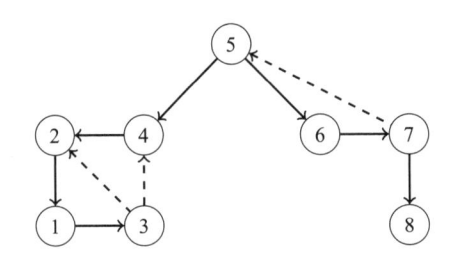

图 12.42　使用深度优先搜索找出桥和割点

当且仅当边 $a \to b$ 是树边，且从 $b$ 的子树到 $a$ 或 $a$ 的任何祖先都不存在反向边时，该边对应一座桥。例如，在图 12.42 中，边 $5 \to 4$ 是桥，因为从节点 {1, 2, 3, 4} 到节点 5 没有反向边。然而，边 $6 \to 7$ 不是桥，因为存在反向边 $7 \to 15$ 且节点 5 是节点 6 的祖先。

要找割点会稍微复杂一些，但我们仍然可以使用深度优先搜索树。首先，如果节点 $x$ 是树的根，当且仅当它有两个或更多子节点时，它是割点。然后，如果 $x$ 不是根，当且仅当它有一个子节点，其子树不包含到 $x$ 的祖先的反向边时，它是割点。

例如，在图 12.42 中，节点 5 是割点，因为它是根且有两个子节点，节点 7 是割点，因为其子节点 8 的子树不包含到 7 的祖先的反向边。然而，节点 2 不是割点，因为存在反向边 $3 \to 4$，节点 8 不是割点，因为它没有子节点。

## 12.4.2　欧拉子图

欧拉子图包含图的所有节点和一个边的子集，使得每个节点的度数都是偶数。图 12.43 是一个图及其欧拉子图。

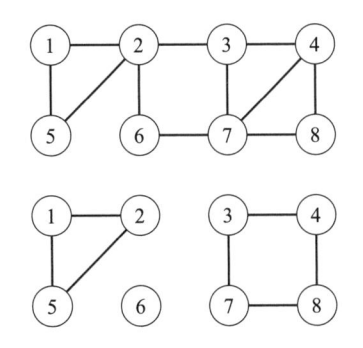

图 12.43　一个图及其欧拉子图

考虑计算一个连通图的欧拉子图总数的问题。事实证明，这里有一个简单的公式：总是有 $2^k$ 个欧拉子图，其中 $k$ 是深度优先搜索树中反向边的数量。注意，$k = m-(n-1)$，其中 $n$ 是节点数，$m$ 是边数。

考虑深度优先搜索树中任意固定的反向边子集，要创建包含这些边的欧拉子图，我们需要选择树边的一个子集，使每个节点的度数为偶数。要做到这一点，我们从下到上处理这棵树，当一条树边指向的节点在加入这条边后度数为偶数时，就将这条边包含在子图中。然后，由于度数之和是偶数，根节点的度数也将是偶数。

## 12.5 最小费用流

在最小费用流问题中，给出一个带有源点和汇点的有向图。每条边有两个值：容量（可以通过该边发送的最大流量）和费用（通过该边的流量的单位价格）。我们的任务是从源点向汇点发送 $k$ 个单位的流量，使得流的总费用尽可能小。

最小费用流问题类似于最大流问题（12.3 节），但有两个不同之处：

（1）即使可以发送更多流量，我们也只想发送恰好 $k$ 个单位的流量。

（2）边有费用，我们希望找到一个使流的总费用最小的解。

图 12.44 是一个最小费用流图，其中节点 1 是源点，节点 4 是汇点。"$a;b$" 表示边的容量是 $a$，费用是 $b$。例如，我们最多可以从节点 2 向节点 3 发送 5 个单位的流量，流量的单位费用将是 3。图 12.45 是从源点向汇点发送 $k = 4$ 个单位流量的最优方案。该方案的费用是 29，可以按如下计算：

（1）从节点 1 向节点 2 发送 2 个单位的流量（费用 $2 \cdot 1 = 2$）。

（2）从节点 2 向节点 3 发送 1 个单位的流量（费用 $1 \cdot 3 = 23$）。

（3）从节点 2 向节点 4 发送 1 个单位的流量（费用 $1 \cdot 8 = 8$）。

（4）从节点 1 向节点 3 发送 2 个单位的流量（费用 $2 \cdot 5 = 10$）。

（5）从节点 3 向节点 4 发送 3 个单位的流量（费用 $3 \cdot 2 = 6$）。

注意，最小费用流问题是一个相当通用的问题，一些其他问题是它的特例。如果我们忽略费用并想确定 $k$ 的最大可能值，则该问题就对应于最大流问题。

如果每条边的容量是无限的（或至少是 $k$），则该问题就简化为寻找从源点到汇点的最小费用路径。

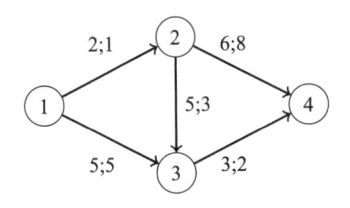

图 12.44　最小费用流问题

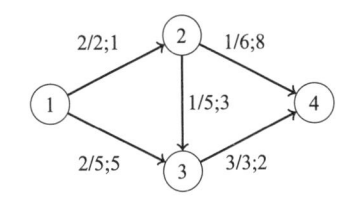

图 12.45　发送 4 个单位流量的最优方案

## 12.5.1　最小费用路径算法

假设输入图不包含负费用环，我们可以使用 Ford-Fulkerson 算法（见 12.3 节）的修改版本来解决最小费用流问题。与最大流问题一样，我们构造从源点到汇点产生流量的路径。事实证明，如果我们总是选择总费用最小的路径，得到的流就会是最小费用流问题的最优解[1]。

要使用 Ford-Fulkerson 算法，我们首先为每条边添加一条容量为 0、费用为 $-c$ 的反向边，其中 $c$ 是原始费用。边的费用在算法执行过程中从不改变。然后，我们运行 Ford-Fulkerson 算法，并始终选择从源点到汇点的最小费用路径。我们像最大流问题那样增加流量并更新容量，但有以下例外：如果当前流量为 $f$，一条路径将使其增加 $x$，其中 $f+x>k$，我们只增加 $k-f$ 并立即终止。

虽然图没有负费用环，但它可以有费用为负的边。因此，我们使用支持负边费用的 Bellman-Ford 算法来构造最小费用路径。生成的算法时间复杂度为 $O(nmk)$，因为每条路径至少增加一个单位的流量，所以使用 Bellman-Ford 算法寻找一条路径需要 $O(nm)$ 时间。

图 12.46 展示了该算法在我们的示例图中是如何工作的。假设目标流量为 $k=4$。首先构造路径 $1 \to 2 \to 3 \to 4$，其费用为 $1+3+2=6$。此路径将流量增加 2，费用增加 $2 \cdot 6 = 12$。然后算法构造路径 $1 \to 3 \to 4$，将流量增加 1，费用增加 7。最后，算法构造路径 $1 \to 3 \to 2 \to 4$，将流量增加 1，费用增加 10。注意，最后一条路径可以将流量增加 2，但由于目标流量是 4，它只增加了 1。因此，总费用为 $12+7+10=29$，正如预期的那样。

为什么这个算法有效？该算法基于以下事实（我们在此不进行证明）：如

---

[1] 如果从 $a$ 到 $b$ 存在一条边，同时从 $b$ 到 $a$ 也存在一条边，我们必须为这两条边都添加反向边。因此，我们不能像最大流问题那样合并边，因为这些边具有费用，必须予以考虑。

果图（包含反向边）有一个大小为 $f$ 的流量，并且不存在每条边都具有容量为正的负费用环，那么该流就是大小为 $f$ 的最小费用流。

我们知道初始图没有负费用环，并且由于我们总是从源点到汇点构造最小费用路径，这确保永远不会出现负费用环。因此，我们能够在不创建负费用环的情况下建立大小为 $k$ 的流量，所得到的流必须是大小为 $k$ 的最小费用流。

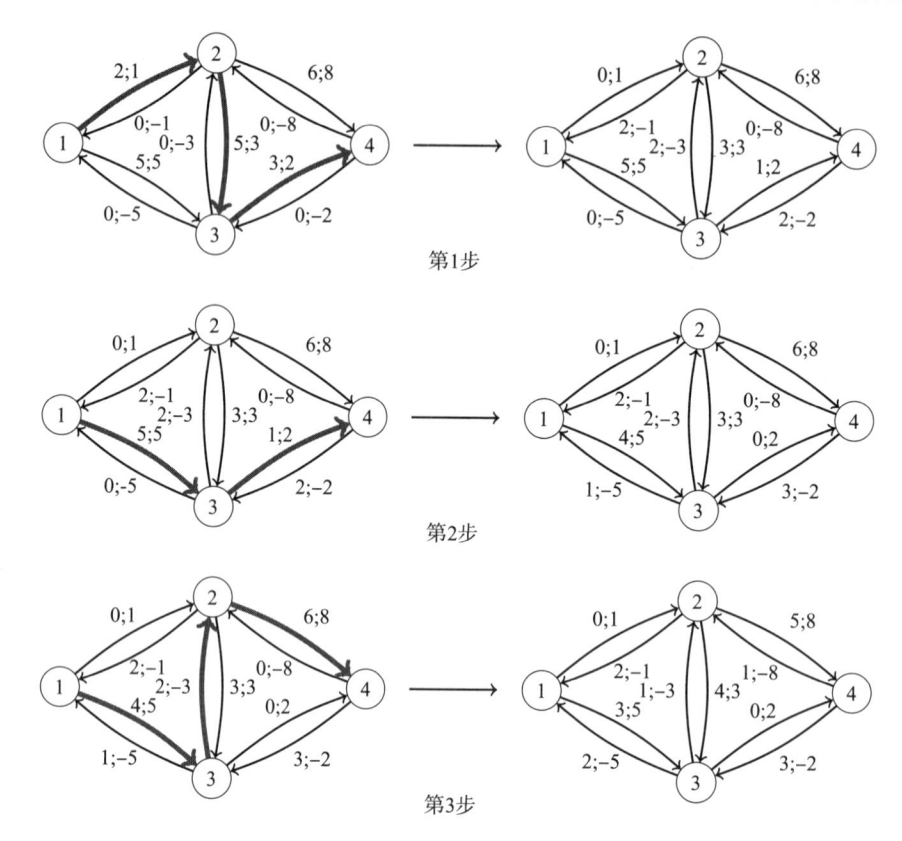

图 12.46　使用最小费用路径算法确定最小费用流（$k = 4$）

## 12.5.2　最小权匹配

最小费用流的一个应用是可以解决最小权二分图匹配问题：给定一个带权二分图，找到一个大小为 $k$ 的匹配，使其总权和最小。这个问题是最大二分图匹配问题的推广，可以用类似的方法使用最小费用流算法来解决。

例如，假设一个公司有 $n$ 个员工和 $n$ 个任务，每个员工将被分配恰好一个任务，我们知道每个员工执行每项任务的费用。如果我们要寻找最优方案，最小总费用是多少？举个例子，对于表 12.1 的输入，最优解是将任务 1 分配给 Anna，任务 2 分配给 Maria，任务 3 分配给 John。该方案的总费用是 $150+100+200 = 450$。

表 12.1

| 员　工 | 任务 1 | 任务 2 | 任务 3 |
|---|---|---|---|
| Anna | 150 | 400 | 200 |
| John | 400 | 350 | 200 |
| Maria | 500 | 100 | 250 |

图 12.47 显示了如何将这个场景表示为最小费用流问题。我们创建一个有 $2n+2$ 个节点的图：一个源点、一个汇点，以及每个员工和任务对应的节点。每条边的容量是 1，从源点出发或到达汇点的边的费用是 0，从员工到任务的边的费用是将该任务分配给该员工的费用。这样，图中大小为 $n$ 的最小费用流对应着最优解。

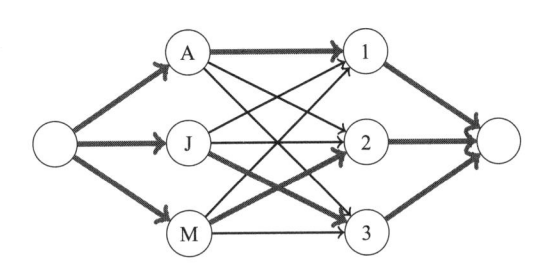

图 12.47　通过将最小权匹配表示为最小费用流来寻找最优分配

### 12.5.3　改进算法

如果我们知道在最小费用路径算法中使用的图没有正容量的负费用边，则可以使用 Dijkstra 算法代替 Bellman-Ford 算法来改进算法。事实证明，我们可以通过修改图使其不含正容量的负费用边来实现这一点，同时保证新图中的每条最小费用路径对应于原图中的最小费用路径。

我们利用 Johnson 算法[3]中使用的以下技巧：假设每个节点 $x$ 被赋予一个值 $p[x]$，这个值可以是任意数字。然后我们可以修改图，使得从节点 $a$ 到节点 $b$ 的边的费用变为 $c(a, b)+p[a]-p[b]$，其中 $c(a, b)$ 是原始费用。这种修改不会改变图中的任何最小费用路径：如果原图中从节点 $x$ 到节点 $y$ 的路径费用为 $k$，那么新图中相同路径的费用为 $k+p[x]-p[y]$，其中 $p[x]-p[y]$ 对于从 $x$ 到 $y$ 的任何路径都是常数，这是因为中间路径节点的 $p$ 值会相互抵消。

核心思想是选择 $p$ 值，使得修改后不会有负费用边。我们可以通过将 $p[x]$ 设置为从源点到节点 $x$ 的最小费用路径来实现这一点。这样，对于从节点 $a$ 到节点 $b$ 的任何边，都有：

$$p[b] \leq p[a]+c(a, b)$$

这意味着：

$$c(a, b)+p[a]-p[b] \geq 0$$

即新的边费用不会是负数。

我们现在可以按如下方式实现最小费用路径算法：首先从源点运行一次 Bellman-Ford 算法，构造到所有可以通过正容量边到达的节点的最小费用路径。然后使用 $p$ 值修改边费用，确保每条正容量边都具有非负费用。之后，我们启动实际的算法生成流量，并使用 Dijkstra 算法查找最小费用路径。我们总是构造到所有可以通过正容量边到达的节点的最小费用路径，然后根据 $p$ 值更新边费用。最后，在计算新路径的费用时使用原始边费用。该算法的时间复杂度为 $O(nm+k(m \log n))$，因为我们运行一次 Bellman-Ford 算法和最多 $k$ 次 Dijkstra 算法。

图 12.48 显示了改进后的算法如何在我们的示例图中确定最小费用流。我们已经使用 Bellman-Ford 算法修改了初始边费用，现在运行 Dijkstra 算法三次来构造最小费用路径。每条正容量边都有非负费用，因此 Dijkstra 算法可以正确工作。注意，每条路径都对应于图 12.46 中的路径，只有边费用不同，我们必须使用原始边费用来计算结果流的费用。

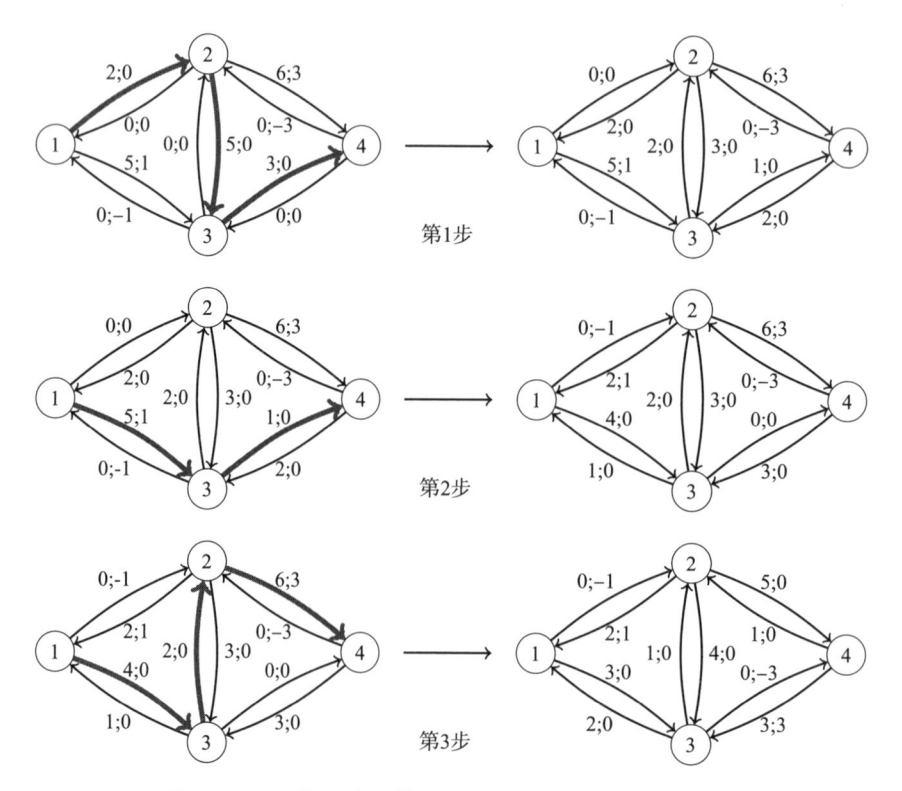

图 12.48　使用改进算法确定最小费用流（$k=4$）

我们首先使用 Bellman-Ford 算法，因为初始图可能具有正容量的负费用边。但是之后，我们可以确定不存在这样的边，因此可以使用 Dijkstra 算法。注意，当流量增加后构造路径时，一些边的容量会改变，但这永远不会产生负费用边，因为所有这些边都属于从源点到汇点的最小费用路径：当路径从节点 $a$ 到节点 $b$ 时，我们知道 $p[b] = p[a]+c(a, b)$，这意味着从 $a$ 到 $b$ 和从 $b$ 到 $a$ 的新费用都将是 0。

在实践中，在实现改进的最小费用路径算法时，不需要修改边费用。相反，我们可以在构造路径时只添加和减去 $p$ 值，然后在每轮之后更新 $p$ 值。

## 参考文献

[ 1 ] R K Ahuja, T L Magnanti, J B Orlin. Network Flows: Theory, Algorithms, and Applications. Pearson, 1993.

[ 2 ] J Edmonds, R Karp. Theoretical improvements in algorithmic efficiency for network flow problems. J ACM, 1972, 19(2): 248-264.

[ 3 ] D Johnson.Efficient algorithms for shortest paths in sparse networks. J ACM, 1977, 24(1): 1-13.

# 第13章 计算几何

本章讨论与几何相关的算法，总体目标是找到一种方便的方法来解决几何问题，避免特殊情况和复杂的实现。

13.1 节介绍 C++ 复数类，该类在解决几何问题时非常有用。之后，我们将学习使用叉积来解决各种问题，例如测试两条线段是否相交以及计算点到直线的距离。最后，讨论计算多边形面积的方法，并探索曼哈顿距离的特殊性质。

13.2 节重点介绍扫描线算法，该算法在计算几何中起着重要作用。我们将看到如何使用这些算法来计算交点数量、寻找最近点以及构建凸包。

# 13.1 几何技术

解决几何问题的一个挑战是如何设计更通用的解决方案，尽量避免特殊情况的讨论，并找到一种方便的实现方法。本节我们将介绍一组工具，使解决几何问题变得更加容易。

## 13.1.1 复 数

复数是形如 $x+yi$ 的数，其中 $i=\sqrt{-1}$，是虚数单位。复数的几何解释是它表示一个二维点 $(x, y)$ 或从原点到点 $(x, y)$ 的向量。例如，图 13.1 展示了复数 $4+2i$。

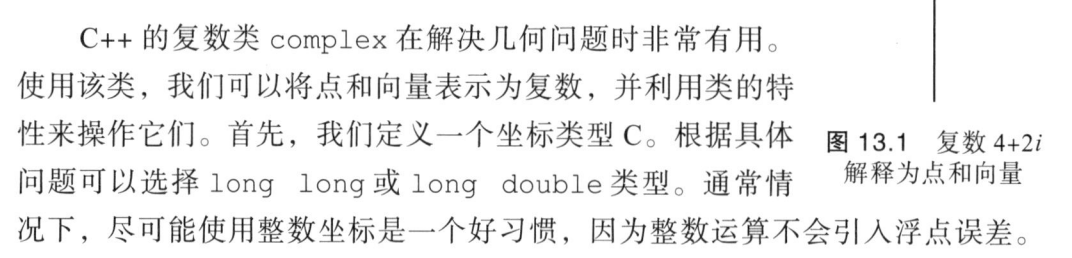

C++ 的复数类 complex 在解决几何问题时非常有用。使用该类，我们可以将点和向量表示为复数，并利用类的特性来操作它们。首先，我们定义一个坐标类型 C。根据具体问题可以选择 long long 或 long double 类型。通常情况下，尽可能使用整数坐标是一个好习惯，因为整数运算不会引入浮点误差。以下是可能的坐标类型定义：

**图 13.1** 复数 $4+2i$ 解释为点和向量

```
typedef long long C;
typedef long double C;
```

然后，我们可以定义一个复数类型 P，表示点或向量：

```
typedef complex<C> P;
```

最后，以下宏引用 $x$ 和 $y$ 坐标：

```
#define X real()
#define Y imag()
```

例如，以下代码创建一个点 $p = (4, 2)$ 并输出其 $x$ 和 $y$ 坐标：

```
P p = {4,2};
cout << p.X << " "<< p.Y << "\n"; // 4 2
```

接着，以下代码创建向量 $v = (3, 1)$ 和 $u = (2, 2)$，然后计算它们的和 $s = v+u$：

```
P v = {3,1};
P u = {2,2};
P s = v+u;
cout << s.X << " "<< s.Y << "\n"; // 5 3
```

相关函数 complex 类还提供了一些在几何问题中很有用的函数。以下函数仅在坐标类型为 `long double`（或其他浮点类型）时使用：

• 函数 abs(v) 使用公式 $\sqrt{x^2+y^2}$ 计算向量 $v = (x, y)$ 的长度 $|v|$。该函数还可以用于计算点 $(x_1, y_1)$ 和 $(x_2, y_2)$ 之间的距离，因为该距离等于向量 $(x_2-x_1, y_2-y_1)$ 的长度。例如，以下代码计算点 $(4, 2)$ 和 $(3, -1)$ 之间的距离：

```
P a = {4,2};
P b = {3,-1};
cout << abs(b-a) << "\n"; // 3.16228
```

• 函数 arg(v) 计算向量 $v = (x, y)$ 相对于 $x$ 轴的角度。该函数以弧度为单位给出角度，其中 $r$ 弧度等于 $180r/\pi$ 度。指向正右方的向量的角度为 0，角度顺时针旋转时减小，逆时针旋转时增大。

• 函数 polar(s, a) 构造一个长度为 $s$ 且指向角度 $a$（以弧度为单位）的向量。可以通过将向量乘以长度为 1 且角度为 $a$ 的向量来旋转向量。

以下代码计算向量（4,2）的角度，将其逆时针旋转 0.5 弧度，然后再次计算角度：

```
P v = {4,2};
cout << arg(v) << "\n"; // 0.463648
v *= polar(1.0,0.5);
cout << arg(v) << "\n"; // 0.963648
```

### 13.1.2 点和直线

向量 $a = (x_1, y_1)$ 和 $b = (x_2, y_2)$ 的叉积 $a \times b$ 定义为 $x_1y_2-x_2y_1$，这意味着当 $b$ 直接放在 $a$ 后面时，$b$ 相对于 $a$ 转向的方向。如图 13.2 所示，有以下三种情况：

• $a \times b > 0$：$b$ 相对于 $a$ 向左转。

- $a \times b = 0$：$b$ 相对于 $a$ 不转向（或转 180°）。
- $a \times b < 0$：$b$ 相对于 $a$ 向右转。

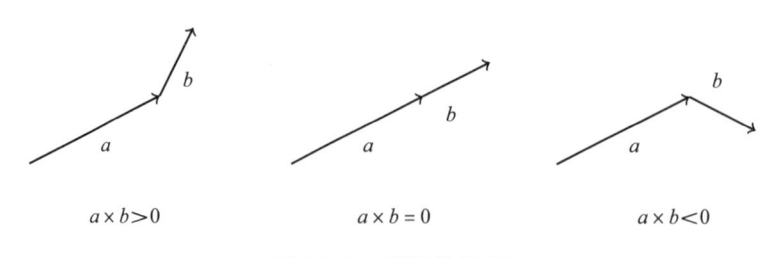

图 13.2　叉积的解释

例如，向量 $a = (4, 2)$ 和 $b = (1, 2)$ 的叉积是 $4 \cdot 2 - 2 \cdot 1 = 6$，这对应于图 13.2 的第一种情况。可以使用以下代码计算叉积：

```
P a = {4,2};
P b = {1,2};
C p = (conj(a)*b).X; // 6
```

上述代码之所以有效，是因为函数 conj 对向量的 $y$ 坐标进行取反，当向量 $(x_1-y_1)$ 和 $(x_2-y_2)$ 相乘时，结果的 $y$ 坐标为 $x_1y_2-x_2y_1$。

接下来，我们将介绍一些叉积的应用。

### 1. 测试点相对于直线的位置

叉积可以用来测试一个点是在一条直线的左侧还是右侧。假设这条直线经过点 $s_1$ 和 $s_2$，我们从 $s_1$ 看向 $s_2$，点是 $p$。例如，在图 13.3 中，$p$ 位于直线的左侧。

叉积 $(p-s_1) \times (p-s_2)$ 告诉我们点 $p$ 的位置。如果叉积为正，$p$ 位于左侧；如果叉积为负，$p$ 位于右侧。最后，如果叉积为零，点 $s_1$、$s_2$ 和 $p$ 在同一条直线上。

图 13.3　测试点的位置

### 2. 线段相交判断

接下来，考虑测试两条线段 $ab$ 和 $cd$ 是否相交的问题。如果线段相交，有如下三种可能的情况：

（1）情况 1：线段在同一条线上并且相互重叠。在这种情况下，有无限多个交点。例如，在图 13.4 中，$c$ 和 $b$ 之间的所有点都是交点。要检测这种情况，我们可以使用叉积来测试所有点是否在同一条线上。如果是，我们可以对它们进行排序并检查线段是否重叠。

（2）情况 2：有一个单一的交点，该点也是端点。例如，在图 13.5 中，交点是 $c$。这种情况很容易检查，因为有四个可能的交点。例如，当且仅当 $c$ 在 $a$ 和 $b$ 之间时，$c$ 才是交点。

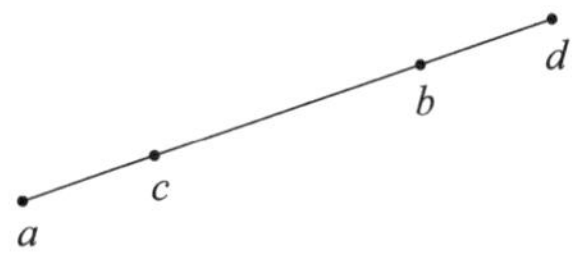

图 13.4　情况 1：线段在同一直线上并重叠 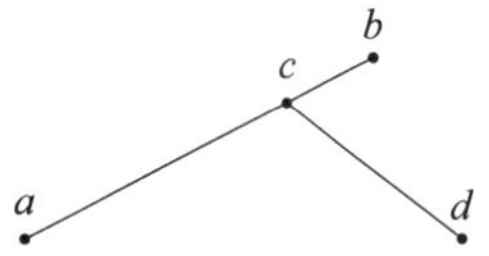　　图 13.5　情况 2：交点是一个顶点

（3）情况 3：有且仅有一个交点，该点不是任何线段的端点。在图 13.6 中，点 $p$ 是交点。在这种情况下，当且仅当点 $c$ 和 $d$ 在通过 $a$ 和 $b$ 的线的不同侧时线段相交，且点 $a$ 和 $b$ 在通过 $c$ 和 $d$ 的线的不同侧。我们可以使用叉积来检查这一点。

### 3. 点到直线的距离

叉积的另一个性质是，可以使用如下的公式计算三角形的面积：

$$\frac{|(a-c) \times (b-c)|}{2}$$

其中，$a$、$b$ 和 $c$ 是三角形的顶点。利用这一事实，我们可以推导出一个公式来计算点到直线的最短距离。例如，在图 13.7 中，$d$ 是点 $p$ 到由点 $s_1$ 和 $s_2$ 定义的直线的最短距离。

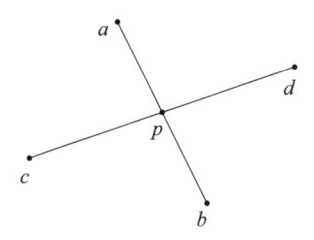

图 13.6　情况 3：线段有一个非顶点的交点 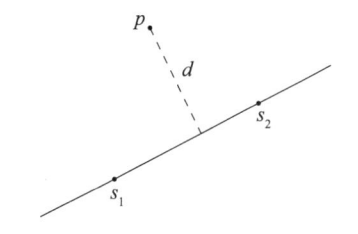　　图 13.7　计算点 $p$ 到直线的距离

三角形的面积可以通过两种方式计算：$\frac{1}{2}|s_2 - s_1|d$ 或者 $\frac{1}{2}((s_1 - p) \times (s_2 - p))$（叉积公式）。因此，所求最短距离为：

$$d = \frac{(s_1 - p) \times (s_2 - p)}{|s_2 - s_1|}$$

### 4. 多边形内的点

最后，考虑如何判断一个点是位于多边形内部还是外部的问题。例如，在图 13.8 中，点 $a$ 在多边形内部，点 $b$ 在多边形外部。

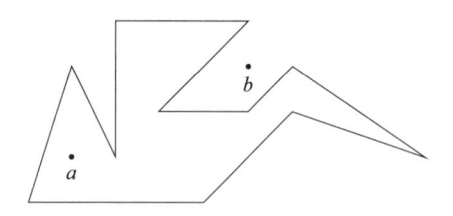

图 13.8 点 $a$ 在多边形内部，点 $b$ 在多边形外部

解决这个问题的一个简洁的方法是从该点向任意方向发射一条射线，并计算它与多边形边界相交的次数。如果次数为奇数，则该点在多边形内部；如果次数为偶数，则该点在多边形外部。

例如，在图 13.9 中，从 $a$ 发出的射线与多边形边界相交 1 次和 3 次，所以 $a$ 在多边形内部。类似地，从 $b$ 发出的射线与多边形边界相交 0 次和 2 次，所以 $b$ 在多边形外部。

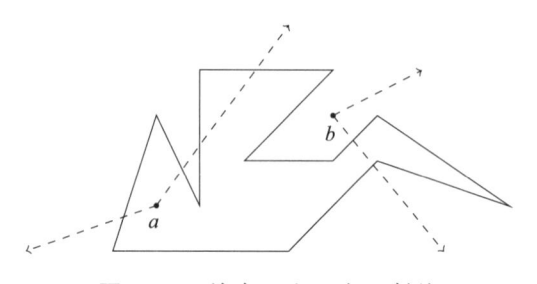

图 13.9 从点 $a$ 和 $b$ 发送射线

## 13.1.3 多边形面积

计算多边形面积的一个通用公式称为鞋带公式（shoelace formula），如下所示：

$$\frac{1}{2}\left|\sum_{i=1}^{n-1}(p_i \times p_{i+1})\right| = \frac{1}{2}\left|\sum_{i=1}^{n-1}(x_i y_{i+1} - x_{i+1} y_i)\right|$$

其中，顶点为 $p_1 = (x_1, y_1), p_2 = (x_2, y_2), \cdots, p_n = (x_n, y_n)$，且 $p_i$ 和 $p_{i+1}$ 是多边形边界上的相邻顶点，第一个和最后一个顶点相同，即 $p_1 = p_2$。

例如，图 13.10 中多边形的面积为：

$$\frac{|(2 \cdot 5 - 5 \cdot 4) + (5 \cdot 3 - 7 \cdot 5) + (7 \cdot 1 - 4 \cdot 3) + (4 \cdot 3 - 4 \cdot 1) + (4 \cdot 4 - 2 \cdot 3)|}{2} = \frac{17}{2}$$

该公式的背后思想是遍历以多边形的一条边为一条边，另一边位于水平线 $y = 0$ 上的梯形。例如，图 13.11 展示了一个这样的梯形。每个梯形的面积为：

$$(x_{i+1} - x_i)\frac{y_i + y_{i+1}}{2}$$

其中，多边形的顶点为 $p_i$ 和 $p_{i+1}$。如果 $x_{i+1} > x_i$，则面积为正；如果 $x_{i+1} < x_i$，则面积为负。多边形的面积是所有这些梯形面积的总和，从而得到公式：

$$\left|\sum_{i=1}^{n-1}(x_{i+1} - x_i)\frac{y_i + y_{i+1}}{2}\right| = \frac{1}{2}\left|\sum_{i=1}^{n-1}(x_i y_{i+1} - x_{i+1} y_i)\right|$$

注意，对和式取绝对值是因为其值可能为正也可能为负，取决于我们是沿着多边形边界的顺时针还是逆时针方向行走。

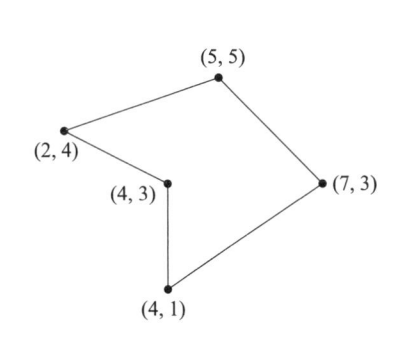

图 13.10 面积为 17/2 的多边形

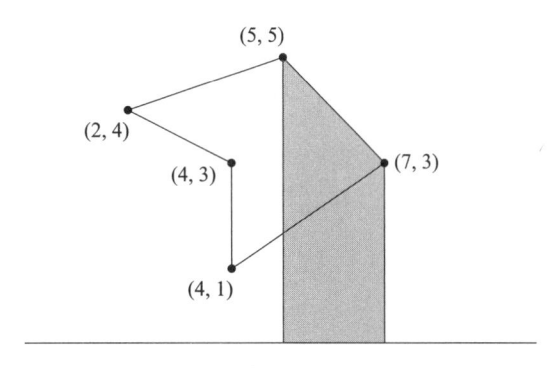

图 13.11 使用梯形计算多边形面积

### Pick 定理

Pick 定理提供了另一种计算多边形面积的方法，假设多边形的所有顶点都有整数坐标。Pick 定理告诉我们，多边形的面积为：

$$a + \frac{b}{2} - 1$$

其中，$a$ 是多边形内部整数点的数量，$b$ 是多边形边界上整数点的数量。例如，图 13.12 中多边形的面积为 $6 + \frac{7}{2} - 1 = \frac{17}{2}$。

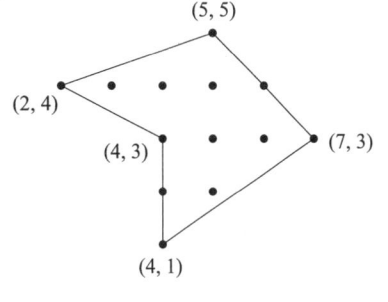

图 13.12 使用 Pick 定理计算多边形面积

### 13.1.4 距离函数

距离函数定义了两点之间的距离。通常的距离函数是欧氏距离（Euclidean distance），其中点 $(x_1, y_1)$ 和 $(x_2, y_2)$ 之间的距离是：

$$\sqrt{(x_2-x_1)^2+(y_2-y_1)^2}$$

另一种距离函数是曼哈顿距离（Manhattan distance），其中点 $(x_1, y_1)$ 和 $(x_2, y_2)$ 之间的距离是：

$$|x_1-x_2|+|y_1-y_2|$$

例如，在图 13.13 中，两点之间的欧氏距离是：

$$\sqrt{(5-2)^2+(2-1)^2}=\sqrt{10}$$

曼哈顿距离是：

$$|5-2|+|2-1|=4$$

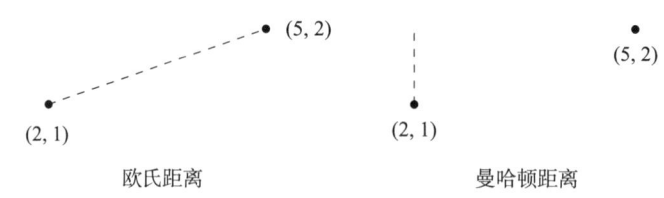

图 13.13　两种距离函数

图 13.14 显示了使用欧氏距离和曼哈顿距离时，距离中心点 1 单位距离以内的区域。

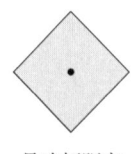

图 13.14　距离为 1 的区域

某些问题使用曼哈顿距离而不是欧氏距离会更容易解决。例如，给定二维平面上的一组点，考虑找出曼哈顿距离最大的两个点的问题。在图 13.15 中，我们应该选择点 $B$ 和点 $C$ 以获得最大曼哈顿距离 5。

与曼哈顿距离相关的一个有用技巧是坐标转换：将点 $(x, y)$ 变为 $(x+y, y-x)$。这会将点集旋转 45° 并进行缩放。图 13.16 显示了我们样例中转换的结果。

然后，考虑两点 $p_1=(x_1, y_1)$ 和 $p_2=(x_2, y_2)$，其转换后的坐标为 $p'_1=(x'_1, y'_1)$ 和 $p'_2=(x'_2, y'_2)$。现在有两种方式表示 $p_1$ 和 $p_2$ 之间的曼哈顿距离：

$$|x_1-x_2|+|y_1-y_2|=\max(|x'_1-x'_2|, |y'_1-y'_2|)$$

例如，如果 $p_1=(1, 0)$ 和 $p_2=(3, 3)$，转换后的坐标是 $p'_1=(1, -1)$ 和 $p'_2=(6, 0)$，曼哈顿距离是：

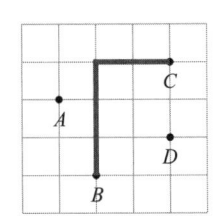

图 13.15 点 B 和点 C 具有
最大的曼哈顿距离

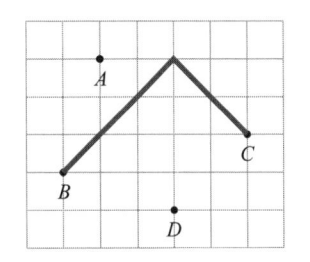

图 13.16 转换坐标后的
最大曼哈顿距离

$$|1-3|+|0-3| = \max(|1-6|, |-1-0|) = 5$$

转换后的坐标提供了一种简单的方法来处理曼哈顿距离，因为我们可以分别考虑 $x$ 和 $y$ 坐标。特别是，要最大化曼哈顿距离，我们应该找到两个点，使其转换后的坐标最大化以下值：

$$\max(|x_1' - x_2'|, |y_1' - y_2'|)$$

这个问题就比较容易了，因为转换后的坐标的水平或垂直的坐标差必须最大。

## 13.2 扫描线算法

许多几何问题都可以使用扫描线算法来解决。这类算法的思想是将问题的实例表示为一组对应于平面上点的事件。然后，根据事件的 $x$ 或 $y$ 坐标按递增顺序处理这些事件。

### 13.2.1 交点问题

给定 $n$ 条线段，每条线段要么是水平的要么是垂直的，考虑计算所有交点的总数的问题。例如，在图 13.17 中，有五条线段和三个交点。

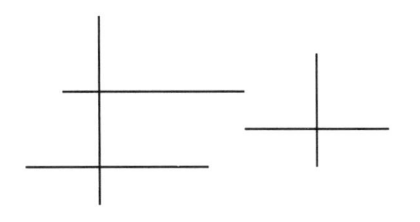

图 13.17 具有三个交点的五条线段

通过遍历所有可能的线段对并检查它们是否相交，可以很容易地在 $O(n^2)$ 时间内解决这个问题。然而，我们可以使用扫描线算法和范围查询数据结构在 $O(n \log n)$ 时间内更有效地解决这个问题。其思想是从左到右处理线段的端点，并关注三种类型的事件：

（1）水平线段开始。

（2）水平线段结束。

（3）垂直线段。

图 13.18 显示了我们示例场景中的事件。

在创建事件后，我们从左到右遍历这些事件，并使用一个数据结构来维护活动水平线段的 $y$ 坐标。在事件 1 时，我们将线段的 $y$ 坐标添加到结构中；在事件 2 时，我们从结构中移除 $y$ 坐标；在事件 3 时，处理位于点 $y_1$ 和 $y_2$ 之间的垂直线段时，我们计算 $y$ 坐标在 $y_1$ 和 $y_2$ 之间的活动水平线段的数量，并将此数量添加到交点总数中。

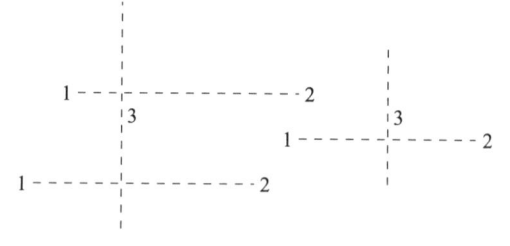

图 13.18　每个线段对应的事件

为了存储水平线段的 $y$ 坐标，我们可以使用树状数组或线段树，如果坐标值范围太大，需要首先离散化处理坐标值。处理每个事件需要 $O(\log n)$ 时间，所以算法的时间复杂度为 $O(n \log n)$。

## 13.2.2　最近点对问题

我们的下一个问题是，给定 $n$ 个点的集合，找到欧氏距离最小的两个点。图 13.19 显示了一组点，其中最近的点对被标记为黑色。

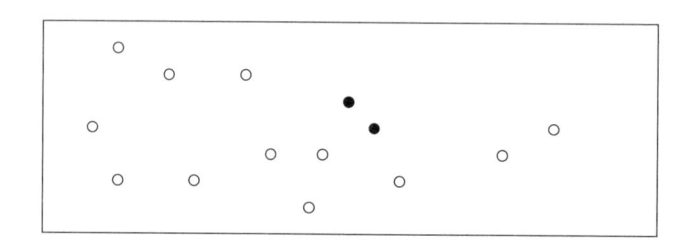

图 13.19　最近点对问题的一个实例

这是另一个可以使用扫描线算法[1]在 $O(n \log n)$ 时间内解决的问题。我们从左到右遍历点，并维护一个值 $d$：到目前为止看到的两点之间的最小距离。对于每个点，我们找到它左侧最近的点。如果距离小于 $d$，它就是新的最小距离，我们更新 $d$ 的值。

如果当前点是 $(x, y)$ 且左侧存在距离小于 $d$ 的点，则这样的点的 $x$ 坐标必

---

1）如何高效求解最近点对问题曾经是计算几何中的一个重要未解决问题。最终，Shamos 和 Hoey[1]发现了一种分治算法。

须在 [x-d, x] 范围内，y 坐标必须在 [y-d, y+d] 范围内。因此，只需考虑位于这些范围内的点就足够了，这使得算法变得高效。例如，在图 13.20 中，虚线标记的区域包含可能在距离当前点距离不超过 d 的点。

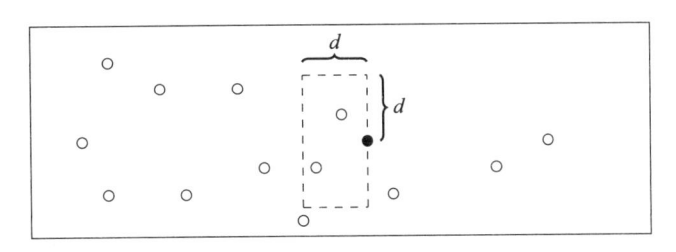

图 13.20 最近点必然属于的区域

算法的效率基于这样一个事实：该区域始终只包含 $O(1)$ 个点。要理解这一点，请看图 13.21。由于当前两点之间的最小距离是 d，每个 $d/2 \times d/2$ 的正方形最多只能包含一个点，因此该区域内最多有八个点。

通过维护 x 坐标在 [x-d, x] 范围内的点集，并按 y 坐标递增顺序排序，我们可以在 $O(\log n)$ 时间内遍历区域中的点。算法的时间复杂度为 $O(n \log n)$，因为我们遍历 n 个点，并为每个点在 $O(\log n)$ 时间内确定其左侧最近的点。

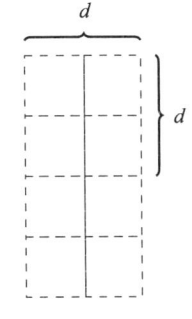

图 13.21 最近点区域包含 $O(1)$ 个点

### 13.2.3 凸包问题

凸包是包围给定点集中所有点的最小凸多边形。这里的凸包性质意味着多边形任意两个顶点之间的线段完全位于多边形内部。图 13.22 显示了一个点集的凸包。

构造凸包有许多高效的算法。其中可能最简单的是 Andrew 算法[2]。该算法首先确定集合中最左边和最右边的点，然后分两部分构造凸包：首先是上凸包，然后是下凸包。两部分都类似，所以我们可以集中讨论上凸包的构造。

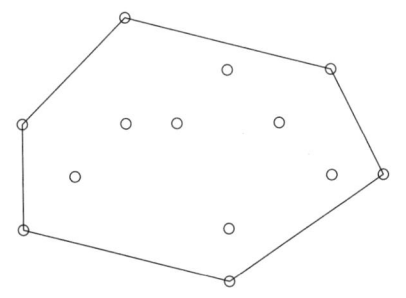

图 13.22 点集的凸包

首先，我们按照 x 坐标为主，y 坐标为次对点进行排序。之后，遍历这些点并将每个点添加到凸包中。每次将点添加到凸包后，我们都要确保凸包中的最后一条线段不会向左转。只要它向左转，我们就反复移除凸包中倒数第二个点。图 13.23 显示了 Andrew 算法如何为我们的示例点集创建上凸包。

第1步　　　　　　第2步　　　　　　第3步　　　　　　第4步

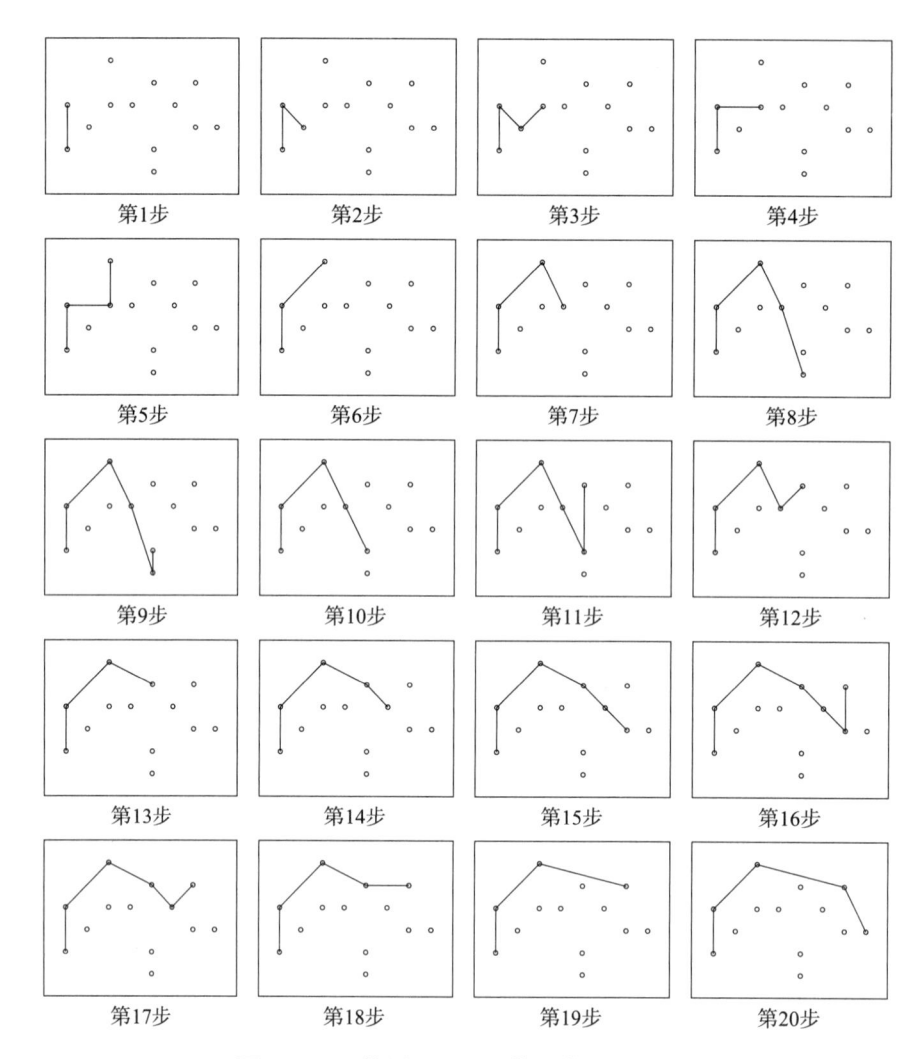

第5步　　　　　　第6步　　　　　　第7步　　　　　　第8步

第9步　　　　　　第10步　　　　　第11步　　　　　第12步

第13步　　　　　第14步　　　　　第15步　　　　　第16步

第17步　　　　　第18步　　　　　第19步　　　　　第20步

图 13.23　使用 Andrew 算法构造上凸包

## 参考文献

[1] M I Shamos, D Hoey. Closest-point problems. 16th Annual Symposium on Foundations of Computer Science, 1975: 151-162.

[2] A M Andrew. Another efficient algorithm for convex hulls in two dimensions. Inf. Proc. Lett, 1979, 9(5): 216-219.

# 第14章 字符串算法

本章将讨论与字符串处理相关的话题。

14.1 节介绍维护字符串集合的 trie 结构。随后，讨论用于确定最长公共子序列和编辑距离的动态规划算法。

14.2 节讨论字符串哈希技术，这是一种创建高效字符串算法的一般工具。其思想是比较字符串的哈希值而不是字符，从而使我们能够在常数时间内比较字符串。

14.3 节介绍 Z 算法，该算法确定每个字符串位置的最长子串，该子串也是字符串的前缀。Z 算法是许多字符串问题的替代方案，这些问题也可以使用哈希来解决。

14.4 节讨论后缀数组结构，该结构可用于解决一些更高级的字符串问题。

14.5 节介绍自动机理论的入门知识，并展示如何使用模式匹配自动机和后缀自动机作为解决许多字符串问题的替代方法。

## 14.1 基本约定

本章我们假设所有字符串都是下标从 0 开始的。例如，长度为 $n$ 的字符串 $s$ 由字符 $s[0], s[1], \cdots, s[n-1]$ 组成。

字母表定义了字符串中可以使用的字符。例如，字母表 $\{a, b, \cdots, z\}$ 由小写拉丁字母组成。

子串是字符串中连续字符的序列。我们使用符号 $s[a \cdots b]$ 来表示从位置 $a$ 开始到位置 $b$ 结束的 $s$ 的子串。

子序列是字符串中按原顺序排列的任意字符序列。所有子串都是子序列，但反之不成立（图 14.1）。如果它不是整个字符串，则子串或子序列称为真子串或者真子序列。

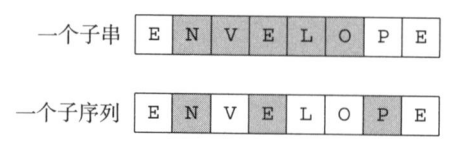

图 14.1 NVELO 是一个子串，NEP 是一个子序列

前缀是包含字符串第一个字符的子串，后缀是包含字符串最后一个字符的子串。例如，字符串 BYTE 的前缀是 {B, BY, BYT, BYTE}，后缀是 {E, TE,

YTE, BYTE}。边界是既是前缀又是后缀的子串。例如，AB 是 ABCAAB 的边界。

字符串的旋转可以通过反复将字符串的第一个字符移动到字符串的末尾来创建。例如，ATLAS 的旋转是 ATLAS、TLASA、LASAT、ASATL 和 SATLA。

### 14.1.1 字典树结构

字典树是一种维护字符串集合的有根树。集合中的每个字符串都存储为从根节点开始的字符链。如果两个字符串有共同的前缀，它们在树中也有共同的链。例如，图 14.2 中的字典树对应于集合 {CANAL, CANDY, THE, THERE}。节点中的圆圈表示集合中的字符串在该节点结束。

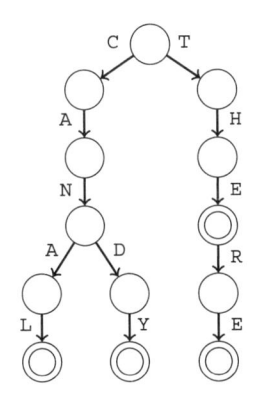

**图 14.2** 包含字符串 CANAL、CANDY、THE 和 THERE 的字典树

构建字典树后，我们可以通过从根节点开始的链检查它是否包含给定的字符串。我们还可以通过首先跟随链，然后在必要时添加新节点来向字典树中添加新字符串。这两种操作都在 $O(n)$ 时间内完成，其中 $n$ 是字符串的长度。

字典树可以存储在数组中：

```
int trie[N][A];
```

其中 $N$ 是节点的最大数量（集合中字符串的最大总长度），$A$ 是字母表的大小。字典树节点按 0, 1, 2, ⋯ 编号，使得根节点的编号为 0，并且 `trie[s][c]` 指定我们使用字符 $c$ 从节点 $s$ 移动时的下一个节点。

有几种方法可以扩展字典树结构。例如，假设我们有一个查询，要求我们计算集合中具有特定前缀的字符串数量。我们可以通过为每个字典树节点存储经过该节点的字符串数量来高效地完成此操作。

## 14.1.2 动态规划

动态规划可以用于解决许多字符串问题，接下来我们将讨论解决这类问题的两个例子。

### 1. 最长公共子序列

两个字符串的最长公共子序列是同时出现在两个字符串中的最长字符串。例如，TOUR 和 OPERA 的最长公共子序列是 OR。

使用动态规划，我们可以在 $O(nm)$ 时间内确定两个字符 $x$ 和 $y$ 的最长公共子序列，其中 $n$ 和 $m$ 分别表示字符串的长度。为此，我们定义一个函数 lcs($i$, $j$)，给出前缀 $x[0 \cdots i]$ 和 $y[0 \cdots j]$ 的最长公共子序列的长度。然后，使用递归

$$\text{lcs}(i,j) = \begin{cases} \text{lcs}(i-1, j-1) + 1 & x[i] = y[i] \\ \max\left[\text{lcs}(i, j-1), \text{lcs}(i-1, j)\right] & x[i] \neq y[i] \end{cases}$$

其思想是，如果字符 $x[i]$ 和 $y[j]$ 相等，我们将它们匹配，并将最长公共子序列的长度增加一。否则，我们删除 $x$ 或 $y$ 的最后一个字符，具体取决于哪个选择最优。

图 14.3 显示了示例场景中 lcs 函数的值。

|   | O | P | E | R | A |
|---|---|---|---|---|---|
| T | 0 | 0 | 0 | 0 | 0 |
| O | 1 | 1 | 1 | 1 | 1 |
| U | 1 | 1 | 1 | 1 | 1 |
| R | 1 | 1 | 1 | 2 | 2 |

图 14.3　用于确定 TOUR 和 OPERA 的最长公共子序列的 lcs 函数的值

### 2. 编辑距离（editing distance）

两个字符串之间的编辑距离（或 levenshtein 距离）表示将第一个字符串转换为第二个字符串所需的最小编辑操作次数。允许的编辑操作如下：

- 插入一个字符（例如 ABC → ABCA）。
- 删除一个字符（例如 ABC → AC）。
- 修改一个字符（例如 ABC → ADC）。

例如，LOVE 和 MOVIE 之间的编辑距离是 2，我们可以首先执行操作 LOVE → MOVE（修改），然后执行操作 MOVE → MOVIE（插入）。我们可

以在 $O(nm)$ 时间内计算两个字符串 $x$ 和 $y$ 之间的编辑距离，其中 $n$ 和 $m$ 是字符串的长度。设 edit(i, j) 表示前缀 $x[0 \cdots i]$ 和 $y[0 \cdots j]$ 之间的编辑距离，使用递归计算函数的值：

$$\begin{aligned}\text{edit}(a, b) = \min(&\text{edit}(a, b-1)+1, \\ &\text{edit}(a-1, b)+1, \\ &\text{edit}(a-1, b-1)+\text{cost}(a, b))\end{aligned}$$

如果 $x[a] = y[b]$，则 $\text{cost}(a, b) = 0$；否则，$\text{cost}(a, b) = 1$。该公式考虑了编辑字符串 $x$ 的三种方式：在 $x$ 的末尾插入一个字符，删除 $x$ 的最后一个字符，或匹配 / 修改 $x$ 的最后一个字符。在最后一种情况下，如果 $x[a] = y[b]$，我们可以不编辑就匹配最后一个字符。图 14.4 显示了示例场景中 edit 函数的值。

|   | M | O | V | I | E |
|---|---|---|---|---|---|
| L | 1 | 2 | 3 | 4 | 5 |
| O | 2 | 1 | 2 | 3 | 4 |
| V | 3 | 2 | 1 | 2 | 3 |
| E | 4 | 3 | 2 | 2 | 2 |

图 14.4 计算 LOVE 和 MOVIE 之间编辑距离的 edit 函数的值

## 14.2 字符串哈希

使用字符串哈希，我们可以通过比较它们的哈希值来高效地检查两个字符串是否相等。哈希值是从字符串的字符计算出的整数。如果两个字符串相等，它们的哈希值也相等，这使得我们可以基于哈希值来比较字符串。

### 14.2.1 多项式哈希

实现字符串哈希的一种常见方法是多项式哈希，这意味着长度为 $n$ 的字符串 $s$ 的哈希值为：

$$(s[0]A^{n-1}+s[1]A^{n-2}+\cdots+s[n-1]A^0) \bmod B$$

其中，$s[0], s[1], \cdots, s[n-1]$ 被解释为字符代码，$A$ 和 $B$ 是预先选择的常数。

例如，计算字符串 ABACB 的哈希值。字符 A、B 和 C 的 ASCII 码分别是 65、66 和 67，我们需要固定常数，假设 $A = 3$，$B = 97$，因此，哈希值为：

$$(65 \cdot 3^4+66 \cdot 3^3+65 \cdot 3^2+66 \cdot 3^1+67 \cdot 3^0) \bmod 97 = 40$$

当使用多项式哈希时，我们可以在 $O(n)$ 时间预处理后，在 $O(1)$ 时间内计算字符 $s$ 的任何子字符串的哈希值。方法是构建一个数组 $h$，使得 $h[k]$ 包含前缀 $s[0\cdots k]$ 的哈希值。数组值可以递归计算如下：

$$h[0] = s[0]$$

$$h[k] = (h[k-1]A + s[k]) \bmod B$$

此外，我们构建一个数组 $p$，其中 $p[k] = A^k \bmod B$：

$$p[0] = 1$$

$$p[k] = (p[k-1]A) \bmod B$$

构建上述数组需要 $O(n)$ 时间。之后，可以使用公式在 $O(1)$ 时间内计算任何子字符串 $s[a\cdots b]$ 的哈希值：

$$(h[b] - h[a-1]\,p[b-a+1]) \bmod B$$

其中，$a > 0$。如果 $a = 0$，哈希值就是 $h[b]$。

### 14.2.2 应 用

我们可以使用哈希高效地解决许多字符串问题，因为它允许我们在 $O(1)$ 时间内比较字符串的任意子字符串。事实上，我们通常可以使用哈希来使暴力算法变得高效。

#### 1. 模式匹配

一个基本的字符串问题是模式匹配问题：给定一个字符串 $s$ 和一个模式串 $p$，找到 $p$ 在 $s$ 中出现的位置。例如，模式串 ABC 在字符串 ABCABABCA 中的位置是 0 和 5（图 14.5）。

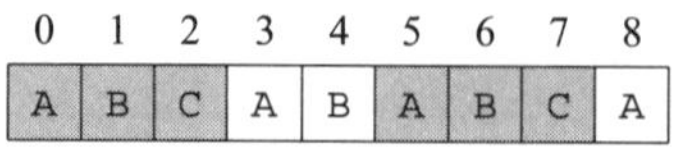

图 14.5　字符串 ABCABABCA 中模式串 ABC 出现两次

我们可以使用哈希在 $O(n)$ 时间内解决模式匹配问题，因为每次字符串比较只需要 $O(1)$ 时间，这使得暴力算法变得高效。

#### 2. 不同子字符串

考虑计算字符串中长度为 $k$ 的不同子字符串数量的问题。例如，字符串 ABABAB 有两个长度为 3 的不同子字符串：ABA 和 BAB。使用哈希，我们可以计算每个子字符串的哈希值，并将问题简化为计算列表中不同整数的数量，这可以在 $O(n \log n)$ 时间内完成。

### 3. 最小旋转

考虑找到字符串的字典序最小旋转的问题。例如，ATLAS 的最小旋转是 ASATL。

我们可以通过结合字符串哈希和二分查找高效地解决这个问题。关键思想是我们可以在线性时间内找到两个字符串的字典序。首先，我们使用二分搜索计算字符串的公共前缀长度。这里哈希允许我们在 $O(1)$ 时间内检查某个长度的前缀是否匹配。之后，我们检查公共前缀后的下一个字符，这决定了字符串的顺序。

然后，为了解决问题，我们构造一个包含原始字符串两份拷贝的字符串（例如 ATLASATLAS），并遍历长度为 $n$ 的子字符串，保持最小子字符串。由于每次比较可以在 $O(\log n)$ 时间内完成，所以该算法在 $O(n \log n)$ 时间内运行。

## 14.2.3 冲突和参数

在比较哈希值时，一个明显的风险是冲突，这意味着两个字符串的内容不同但哈希值相等。在这种情况下，依赖哈希值的算法会得出字符串相等的结论，但实际上它们并不相等，算法可能会给出错误的结果。

冲突总是可能的，因为不同字符串的数量大于不同哈希值的数量。然而，如果仔细选择 $A$ 和 $B$，冲突的概率很小。通常的方法是选择接近 $10^9$ 的随机常数，例如：$A = 911382323$，$B = 972663749$。使用这样的常数，计算哈希值时可以使用 `long long` 类型，因为乘积 $AB$ 和 $BB$ 将适合 `long long`。但是，大约 $10^9$ 个不同的哈希值足够吗？

让我们考虑三种使用哈希的场景：

场景 1：字符串 $x$ 和 $y$ 相互比较。假设所有哈希值的概率相等，冲突的概率是 $1/B$。

场景 2：字符串 $x$ 与字符串 $y_1, y_2, \cdots, y_n$ 比较。一个或多个冲突的概率是 $1-(1-1/B)^n$。

场景 3：所有字符串 $x_1, x_2, \cdots, x_n$ 相互比较。一个或多个冲突的概率是
$$1 - \frac{B \cdot (B-1) \cdot (B-2) \cdots (B-n+1)}{B^n}。$$

表 14.1 显示了 $n = 10^6$ 时不同 $B$ 值的冲突概率。由表 14.1 可知，在场景 1 和场景 2 中，当 $B \approx 10^9$ 时，冲突概率可以忽略不计。然而，在场景 3 中，当 $B \approx 10^9$ 时，几乎总是会发生冲突。

表 14.1 $n=10^6$ 时不同 $B$ 值的冲突概率

| 常 数 | 场景 1 | 场景 2 | 场景 3 |
| --- | --- | --- | --- |
| $10^3$ | 0.00 | 1.00 | 1.00 |
| $10^6$ | 0.00 | 0.63 | 1.00 |
| $10^9$ | 0.00 | 0.00 | 1.00 |
| $10^{12}$ | 0.00 | 0.00 | 0.39 |
| $10^{15}$ | 0.00 | 0.00 | 0.00 |
| $10^{18}$ | 0.00 | 0.00 | 0.00 |

场景 3 中的现象被称为生日悖论：如果房间里有 $n$ 个人，即使 $n$ 相当小，也有很大概率至少两个人的生日相同。在哈希中，相应地，当所有哈希值相互比较时，某些哈希值相等的概率很大。

我们可以通过计算多个使用不同参数的哈希值来减小冲突的概率。同时发生所有哈希值冲突的可能性很小。例如，两个参数 $B \approx 10^9$ 的哈希值相当于一个参数 $B \approx 10^{18}$ 的哈希值，这使得冲突的概率非常小。

有些人使用常数 $B = 2^{32}$ 和 $B = 2^{64}$，这很方便，因为 32 位和 64 位整数的运算是以 $2^{32}$ 和 $2^{64}$ 为模进行计算的。然而，这不是一个好的选择，因为可以构造输入，使得在使用 $2^x$ 形式的常数时总是导致冲突[1]。

## 14.3 Z算法

对于每个 $k = 0, 1, \cdots, n-1$，长度为 $n$ 的字符串 $s$ 的数组 $z[k]$ 表示从位置 $k$ 开始的子串与字符串 $s$ 的前缀匹配的最长长度。也就是说，$z[k] = p$ 表示 $s[0\cdots p-1]$ 等于 $s[k\cdots k+p-1]$，但 $s[p]$ 和 $s[k+p]$ 是不同的字符。

图 14.6 显示了字符串 ABCABCABAB 的 Z 数组（Z-array）。在数组中，$z[3] = 5$，因为长度为 5 的子串 ABCAB 是 $s$ 的前缀，长度为 6 的子串 ABCABA 不是 $s$ 的前缀。

| 0 | 1 | 2 | 3 | 4 | 5 | 6 | 7 | 8 | 9 |
| --- | --- | --- | --- | --- | --- | --- | --- | --- | --- |
| A | B | C | A | B | C | A | B | A | B |
| - | 0 | 0 | 5 | 0 | 0 | 2 | 0 | 2 | 0 |

图 14.6 字符串 ABCABCABAB 的 Z 数组

## 14.3.1 构建Z数组

接下来我们描述一个称为Z算法（Z-algorithm）的算法，它可以在$O(n)$时间内高效地构建Z数组。该算法[1]通过使用数组中已存储的信息和逐字符比较子串来从左到右计算Z数组值。

为了高效地计算Z数组的值，算法维护一个区间$[x, y]$，使得$s[x \cdots y]$是$s$的前缀，$z[x]$的值已被确定，并且$y$尽可能大。由于我们知道$s[0 \cdots y-x]$和$s[x \cdots y]$相等，因此在计算后续数组值时可以使用此信息。假设我们已经计算出$z[0], z[1], \cdots, z[k-1]$的值，现在要计算$z[k]$的值，有三种可能的情况：

（1）场景1：$y < k$。在这种情况下，我们没有关于位置$k$的信息，因此我们通过逐字符比较子串来计算$z[k]$的值。例如，在图14.7中，目前还没有$[x, y]$区间，因此我们逐字符比较从位置0和3开始的子串。已知$z[3] = 5$，新的$[x, y]$区间变为$[3, 7]$。

（2）场景2：$y \geq k$且$k+z[k-x] \leq y$。在这种情况下，我们知道$z[k] = z[k-x]$，因为$s[0 \cdots y-x]$和$s[x \cdots y]$是相等的，并且我们保持在$[x, y]$区间内。在图14.8中，可得$z[4] = z[1] = 0$。

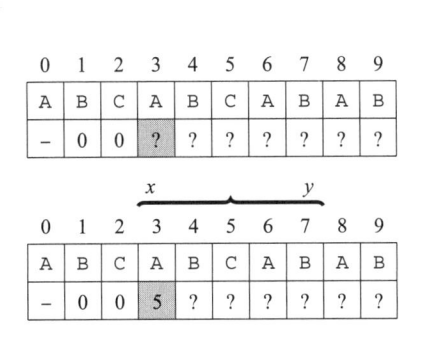

图 14.7 场景1：计算$z[3]$的值 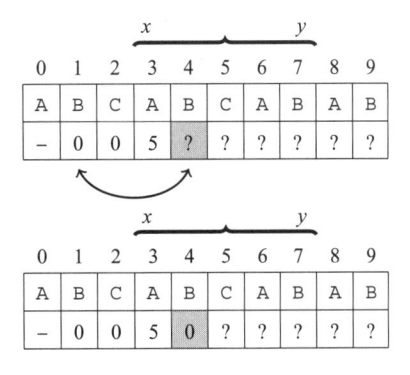　　图 14.8 场景2：计算$z[4]$的值

（3）场景3：$y \geq k$且$k+z[k-x] > y$。在这种情况下，我们知道$z[k] \geq y-k+1$。然而，由于位置$y$之后是未知的，我们必须从位置$y-k+1$和$y+1$开始逐字符比较子串。例如，在图14.9中，我们知道$z[6] \geq 2$，由于$s[2] \neq s[8]$，因此可以得出$z[6] = 2$。

最终的算法时间复杂度为$O(n)$，因为在逐字符比较子串时，每次字符匹配时$y$的值都会增加，因此，逐字符比较子串所需的总工作量仅为$O(n)$。

---

[1] Gusfield[2]将Z算法作为已知的最简单的线性时间模式匹配方法，并将原始想法归功于Main和Lorentz[3]。

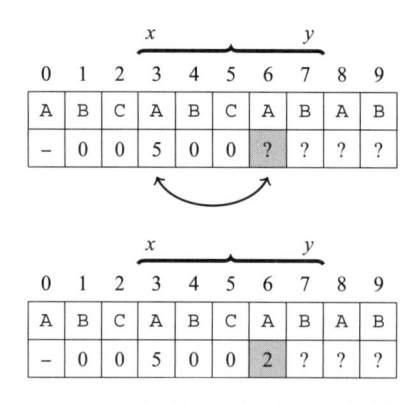

```
         x       y
       ┌─┴─┐ ┌───┴───┐
  0 1 2 3 4 5 6 7 8 9
 ┌─┬─┬─┬─┬─┬─┬─┬─┬─┬─┐
 │A│B│C│A│B│C│A│B│A│B│
 ├─┼─┼─┼─┼─┼─┼─┼─┼─┼─┤
 │-│0│0│5│0│0│?│?│?│?│
 └─┴─┴─┴─┴─┴─┴─┴─┴─┴─┘
         ↑       ↑
         └───────┘

         x       y
       ┌─┴─┐ ┌───┴───┐
  0 1 2 3 4 5 6 7 8 9
 ┌─┬─┬─┬─┬─┬─┬─┬─┬─┬─┐
 │A│B│C│A│B│C│A│B│A│B│
 ├─┼─┼─┼─┼─┼─┼─┼─┼─┼─┤
 │-│0│0│5│0│0│2│?│?│?│
 └─┴─┴─┴─┴─┴─┴─┴─┴─┴─┘
```

**图 14.9** 情况 3：计算 $z[6]$ 的值

在实践中，我们可以按如下方式实现 Z 算法：

```
int x = 0, y = 0;
for (int i = 1; i < n; i++) {
    z[i] = (y < i) ? 0 : min(y - i + 1, z[i - x]);
    while (i + z[i] < n && s[z[i]] == s[i + z[i]]) {
        z[i]++;
    }
    if (i + z[i] - 1 > y) {
        x = i; y = i + z[i] - 1;
    }
}
```

### 14.3.2 应　用

Z 算法为解决许多可以用哈希解决的字符串问题提供了一种替代方法。然而，与哈希不同，Z 算法总是有效，并且没有冲突风险。在实践中，使用哈希还是 Z 算法通常取决于个人喜好。

#### 1. 模式匹配

再次考虑模式匹配问题，我们的任务是在字符串 s 中找到模式 p 的所有出现位置。我们已经使用哈希解决了这个问题，但现在我们来看看 Z 算法如何处理这个问题。

字符串处理中的一个常见想法是构造一个由多个部分组成的字符串，这些部分由特殊字符分隔。在这个问题中，我们可以构造一个字符串 p#s，其中 p 和 s 由一个不在字符串中的特殊字符 # 分隔。然后，p#s 的 Z 数组告诉我们 p 在 s 中的出现位置，因为这些位置包含 p 的长度。

图 14.10 显示了 s = ABCABABCA 和 p = ABC 的 Z 数组。位置 4 和位置 9 包含值 3，这意味着 p 在 s 的位置 0 和位置 5 出现。

| 0 | 1 | 2 | 3 | 4 | 5 | 6 | 7 | 8 | 9 | 10 | 11 | 12 |
|---|---|---|---|---|---|---|---|---|---|----|----|----|
| A | B | C | # | A | B | C | A | B | A | B  | C  | A  |
| - | 0 | 0 | 0 | 3 | 0 | 0 | 2 | 0 | 3 | 0  | 0  | 1  |

图 14.10 使用 Z 算法进行模式匹配

### 2. 查找边界

可以使用 Z 算法高效地查找字符串的所有边界，因为当且仅当 $k+z[k] = n$ 时，位置 $k$ 的后缀是边界，其中 $n$ 是字符串的长度。例如，在图 14.11 中，A、ABA 和 ABACABA 是边界，因为 $10+z[10] = 11$，$8+z[8] = 11$，$4+z[4] = 11$。

| 0 | 1 | 2 | 3 | 4 | 5 | 6 | 7 | 8 | 9 | 10 |
|---|---|---|---|---|---|---|---|---|---|----|
| A | B | A | C | A | B | A | C | A | B | A  |
| - | 0 | 1 | 0 | 7 | 0 | 1 | 0 | 3 | 0 | 1  |

图 14.11 使用 Z 算法查找边界

## 14.4 后缀数组

一个字符串的后缀数组描述了其后缀的字典序顺序。后缀数组中的每个值是一个后缀的起始位置。图 14.12 显示了字符串 ABAACBAB 的后缀数组。

通常将后缀数组垂直表示，并显示相应的后缀，如图 14.13 所示。然而，请注意，后缀数组本身仅包含后缀的起始位置，而不包含它们的字符。

| 0 | 1 | 2 | 3 | 4 | 5 | 6 | 7 |
|---|---|---|---|---|---|---|---|
| 2 | 6 | 0 | 3 | 7 | 1 | 5 | 4 |

图 14.12 字符串 ABAACBAB 的后缀数组

| 0 | 2 | AACBAB |
| 1 | 6 | AB |
| 2 | 0 | ABAACBAB |
| 3 | 3 | ACBAB |
| 4 | 7 | B |
| 5 | 1 | BAACBAB |
| 6 | 5 | BAB |
| 7 | 4 | CBAB |

图 14.13 另一种表示后缀数组的方式

## 14.4.1 前缀倍增方法

创建字符串后缀数组的一个简单而有效的方法是使用前缀倍增[4]构造，时间复杂度为 $O(n \log^2 n)$ 或 $O(n \log n)$，具体取决于实现。该算法由编号为 0, 1, ⋯, $[\log_2 n]$ 的多轮组成，第 $i$ 轮处理长度为 $2^i$ 的子串。在每一轮中，每个长度为 $2^i$ 的子串 $x$ 被赋予一个整数标记 $l(x)$，使得当且仅当 $a = b$ 时 $l(a) = l(b)$，当且仅当 $a < b$ 时 $l(a) < l(b)$。

在第 0 轮，每个子串仅由一个字符组成，我们可以使用标记 $A = 1$，$B = 2$，等等。然后，在第 $i$ 轮（$i > 0$），我们使用长度为 $2^{i-1}$ 的子串的标记来构造长度为 $2^i$ 的子串的标记。为了给长度为 $2^i$ 的子串 $x$ 赋予标记 $l(x)$，我们将其分成两个长度为 $2^{i-1}$ 的半部分 $a$ 和 $b$，其标记分别为 $l(a)$ 和 $l(b)$。如果第二半部分开始于字符串之外，我们假设其标签为 0。首先，我们给 $x$ 一个初始标记，即一对 ($l(a)$, $l(b)$)。然后，在所有长度为 $2^i$ 的子串都被赋予初始标记后，我们对其进行排序，并赋予最终标记，这些标签是连续的整数 1，2，3 等。赋予标记的目的是在最后一轮后，每个子串都有一个唯一的标记，这些标记给出了子串的字典序顺序。然后，我们可以根据这些标记轻松构造后缀数组[5]。

图 14.14 显示了为 ABAACBAB 构造标记的过程。例如，在第 1 轮后，我们知道 $l(AB) = 2$ 和 $l(AA) = 1$。然后，在第 2 轮，ABAA 的初始标记是 (2, 1)。由于有两个较小的初始标记（(1, 6) 和 (2, 0)），最终标记是 $l(ABAA) = 3$。请注意，在这个例子中，每个标签在第 2 轮后已经是唯一的，因为子串的前四个字符完全决定了它们的字典序顺序。

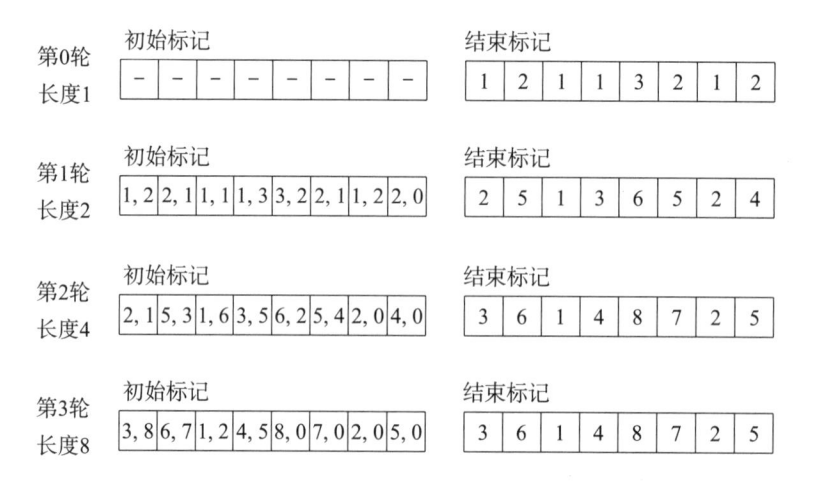

图 14.14 为字符串 ABAACBAB 构造标记

该算法的时间复杂度为 $O(n \log^2 n)$，因为有 $O(\log n)$ 轮，并且在每轮

中我们对 $n$ 个数对进行排序。实际上，使用线性时间排序算法[1]也可以实现 $O(n \log n)$ 的时间复杂度。尽管如此，直接使用 C++ 的 `sort` 函数的 $O(n \log^2 n)$ 时间实现通常已经足够高效。

### 14.4.2 模式查找

在构造后缀数组后，我们可以高效地查找字符串中任何给定模式的出现位置。这可以在 $O(k \log n)$ 时间内完成，其中 $n$ 是字符串的长度，$k$ 是模式的长度。其思想是逐字符处理模式，并维护一个与当前处理的模式前缀相对应的后缀数组范围。使用二分搜索，我们可以高效地在每个新字符后更新范围。

例如，考虑在字符串 ABAACBAB 中查找模式 BA 的出现位置（图 14.15）。首先，我们的搜索范围是 [0, 7]，涵盖整个后缀数组。然后，在处理字符 B 后，范围变为 [4, 6]。最后，在处理字符 A 后，范围变为 [5, 6]。因此，我们得出结论，BA 在 ABAACBAB 中的位置 1 和位置 5 出现两次。

| 0 | 2 | AACBAB  |
| 1 | 6 | AB      |
| 2 | 0 | ABAACBAB|
| 3 | 3 | ACBAB   |
| 4 | 7 | B       |
| 5 | 1 | BAACBAB |
| 6 | 5 | BAB     |
| 7 | 4 | CBAB    |

图 14.15　使用后缀数组在 ABAACBAB 中查找 BA 的出现位置

与之前讨论的字符串哈希和 Z 算法相比，后缀数组的优点是可以高效地处理与不同模式相关的多个查询，并且在构造后缀数组时不需要预先知道这些模式。

### 14.4.3 LCP 数组

一个字符串的 LCP 数组为其每个后缀提供一个 LCP 值：该后缀与后缀数组中下一个后缀的最长公共前缀的长度。图 14.16 显示了字符串 ABAACBAB 的 LCP 数组。例如，后缀 BAACBAB 的 LCP 值为 2，因为 BAACBAB 和 BAB 的最长公共前缀是 BA。请注意，后缀数组中的最后一个后缀没有 LCP 值。

---

[1] 译者注：这里的线性排序算法一般用 RadixSort（基数排序）实现。

| | | |
|---|---|---|
| 0 | 1 | AACBAB |
| 1 | 2 | AB |
| 2 | 1 | ABAACBAB |
| 3 | 0 | ACBAB |
| 4 | 1 | B |
| 5 | 2 | BAACBAB |
| 6 | 0 | BAB |
| 7 | – | CBAB |

图 14.16 字符串 ABAACBAB 的 LCP 数组

接下来，我们介绍 Kasai 等人提出的高效算法[6]，用于构造字符串的 LCP 数组，前提是我们已经构造了其后缀数组。该算法基于以下观察：考虑一个 LCP 值为 $x$ 的后缀。如果我们从该后缀中删除第一个字符并得到另一个后缀，则可以立即知道其 LCP 值至少为 $x-1$。例如，在图 14.16 中，后缀 BAACBAB 的 LCP 值为 2，所以我们知道后缀 AACBAB 的 LCP 值至少为 1。事实上，它恰好是 1。

我们可以使用上述观察按后缀长度的递减顺序计算 LCP 值来高效地构造 LCP 数组。在每个后缀处，我们通过逐字符比较后缀和后缀数组中的下一个后缀来计算其 LCP 值。现在我们可以利用我们知道具有一个更多字符的后缀的 LCP 值的事实。因此，当前的 LCP 值必须至少为 $x-1$，其中 $x$ 是前一个 LCP 值，我们不需要比较后缀的前 $x-1$ 个字符。该算法的时间复杂度为 $O(n)$，因为仅进行 $O(n)$ 次比较。

使用 LCP 数组，我们可以高效地解决一些高级字符串问题。例如，要计算字符串中不同子串的数量，我们可以简单地从子串总数中减去 LCP 数组中所有值的和，答案是 $\frac{n(n+1)}{2}-c$，其中 $n$ 是字符串的长度，$c$ 是 LCP 数组中所有值的和。例如，字符串 ABAACBAB 有 $\frac{8 \cdot 9}{2}-7=29$ 个不同的子串。

## 14.5 字符串自动机

自动机[1]是一个有向图，其节点称为状态，边称为转移。其中一个状态是起始状态，用一条入边标记，并且可以有任意数量的接受状态，用双圆圈标记。每个转移都被分配一个字符。

---

[1] 更确切地说，我们专注于确定性有穷自动机，也称为 DFA。

我们可以使用自动机来检查一个字符串是否具有所需的格式。为此，我们从起始状态开始，然后从左到右处理字符并沿着转移移动。如果在处理完整个字符串后的最终状态是接受状态，则该字符串被接受，否则被拒绝。

在自动机理论中，任何字符串的集合都可以称为语言。一个自动机的语言由它接受的所有字符串组成。如果一个自动机能接受语言中所有字符串并拒绝所有其他字符串，则称该自动机识别该语言。

例如，图 14.17 中的自动机接受所有由字符 A 和 B 组成且首尾字符不同的字符串。即该自动机的语言是 [AB, BA, AAB, ABB, BAA, BBA…]。

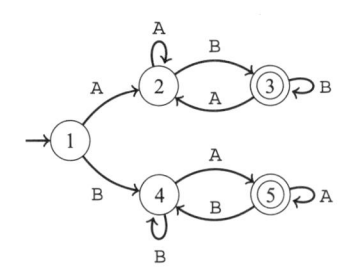

**图 14.17** 接受所有首尾字符不同的 AB 字符串的自动机

在这个自动机中，状态 1 是起始状态，状态 3 和 5 是接受状态。当自动机接收到字符串 ABB 时，它经过状态 1 → 2 → 3 → 3 并接受该字符串，而当自动机接收到字符串 ABA 时，它经过状态 1 → 2 → 3 → 2 并拒绝该字符串。

我们假设所使用的自动机是确定性的，即从一个状态出发没有两条转移边具有相同的字符，这使得我们能够使用自动机高效且无歧义地处理任何字符串。

### 14.5.1 正则表达式

如果存在一个自动机识别该语言，则称该语言为正则语言。例如，由首尾字符不同的 AB 字符串组成的集合是正则语言，因为图 14.17 中的自动机识别它。

事实证明，当且仅当存在一个能够描述该语言中字符串所需格式的正则表达式时，这个语言才是正则的。正则表达式有以下基本构建块：

·竖线（|）：表示我们可以选择其中一个选项。例如，正则表达式 AB | BA | C 接受字符串 AB、BA 和 C。

·括号（()）：用于分组。例如，正则表达式 A(A|B)C 接受字符串 AAC 和 ABC。

- 星号（*）：表示前面的部分可以重复任意次数（包括零次）。例如，正则表达式 A(BC)* 接受字符串 A、ABC、ABCD 等。

A(A|B)*B|B(A|B)*A 是图 14.17 中自动机的正则表达式，在这种情况下，我们有两个选项：要么字符串以 A 开头并以 B 结尾，要么以 B 开头并以 A 结尾。(A|B)* 对应于由字符 A 和 B 组成的任何字符串。

直观地说，如果我们可以创建一个算法，该算法从左到右遍历输入字符串一次，使用恒定的内存量，并检测字符串是否属于该语言，则该语言是正则的。例如，语言 {AB, AABB, AAABBB, AAAABBBB, …} 不是正则的，因为我们需要记住 A 的数量，然后检查 B 的数量是否相同，但对于任意长的字符串，使用恒定的内存量是不可能实现这一点的。

请注意，编程语言中的正则表达式实现通常有扩展，允许它们识别实际上不是正则的语言，并且不可能为这些语言创建自动机。

### 14.5.2　模式匹配自动机

模式匹配自动机可以用于高效地检测字符串中所有模式的出现。其思想是创建一个自动机，当且仅当模式是字符串的后缀时接受该字符串。然后，当自动机处理一个字符串时，每当它找到一个模式的出现时，它总是移动到一个接受状态。

给定一个长度为 $n$ 的字符模式 $p$，模式匹配自动机由 $n+1$ 个状态组成。这些状态编号为 $0, 1, \cdots, n$，其中状态是起始状态，状态 $n$ 是唯一的接受状态。在状态 $i$ 时，我们已经能够匹配模式的前缀 $p[0\cdots i-1]$，即前 $i$ 个字符。然后，如果下一个输入字符是 $p[i]$，我们移动到状态 $i+1$，否则移动到某个状态 $x \leq i$。

图 14.18 展示了一个检测模式 ABA 的模式匹配自动机。当自动机处理字符串 ABABA 时，它通过状态 $0 \to 1 \to 2 \to 3 \to 2 \to 3$ 两次到达接受状态 3，这对应于模式的两次出现。

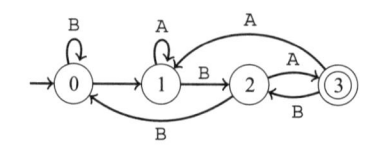

图 14.18　模式 ABA 的模式匹配自动机

为了构建自动机，我们应该确定所有状态之间的转移。令 `nextState[s][c]` 表示从状态 $s$ 读取字符 $c$ 后移动到的状态。例如，在图 14.18 中，

nextState[1][B]=2，因为我们在读取 B 后从状态 1 移动到状态 2。事实证明，我们可以首先为模式创建一个边界数组来高效地计算 nextState 值，其中 border[i] 表示 p[0⋯i] 的最长（适当）边界的长度。图 14.19 展示了 ABAABABAAA 的边界数组。例如，border[4]=2，因为 AB 是 ABAAB 的最大长度边界。

| 0 | 1 | 2 | 3 | 4 | 5 | 6 | 7 | 8 | 9 |
|---|---|---|---|---|---|---|---|---|---|
| A | B | A | A | B | A | B | A | A | A |
| 0 | 0 | 1 | 1 | 2 | 3 | 2 | 3 | 4 | 1 |

图 14.19

我们可以如下构造边界数组，时间复杂度为 $O(n)$：

```
border[0] = 0;
for (int i = 1; i < n; i++) {
    int k = border[i-1];
    while (k != 0 && p[k] != p[i]) {
        k = border[k-1];
    }
    border[i] = (p[k] == p[i]) ? k+1 : 0;
}
```

该算法使用数组中先前计算的值来计算 border[i] 的值，其思想是遍历 $p[0\cdots i–1]$ 的所有边界，并选择可以通过添加字符 $p[i]$ 来扩展的最长边界。该算法的时间复杂度为 $O(n)$，因为 border[i+1]≤border[i]+1，所以 while 循环的总迭代次数为 $O(n)$。

在构建边界数组后，我们可以使用以下公式计算状态间的转移：

$$\text{nextState}[s][c] = \begin{cases} s+1 & s<n \text{ 且 } p[s]=c \\ 0 & s=0 \\ \text{nextState}\big[\text{border}[s-1]\big][c] & \text{其他} \end{cases}$$

如果能够扩展当前匹配的前缀，则移动到下一个状态。如果不能扩展并且处于状态 0，则停留在该状态。否则，我们确定当前前缀的最长边界并跟随先前计算的转移。使用此公式，假设字母表为常数大小，可以在 $O(n)$ 时间内构建模式匹配自动机。

**Knuth-Morris-Pratt 算法**[7]是一个著名的基于模拟模式匹配自动机的模式匹配算法，可以被视为 Z 算法（14.3 节）的替代方案。

### 14.5.3 后缀自动机

后缀自动机[8]是一种接受字符串所有后缀并具有最少状态数量的自动机。图 14.20 显示了字符串 BACA 的后缀自动机。该自动机接受后缀 A、CA、ACA 和 BACA。

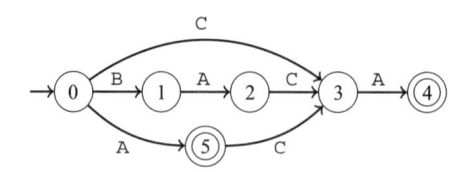

**图 14.20** 字符串 BACA 的后缀自动机

后缀自动机的每个状态对应于一组字符串，这意味着如果处于该状态，则说明已经匹配了其中一个字符串。例如，在图 14.20 中，状态 3 对应于 {C, AC, BAC}，状态 5 对应于 {A}。令 `length[x]` 表示状态 $x$ 中字符串的最大长度。使用这个符号，`length[3] = 3`，`length[5] = 1`。事实证明，状态中的所有字符串都是最长字符串的后缀，并且它们的长度覆盖了一个连续区间。例如，在状态 3 中，所有字符串都是 BAC 的后缀，它们的长度是 1…3。

给定长度为 $n$ 的字符串 $s$，我们可以通过从只有一个状态 0 的空自动机开始，并逐个添加所有字符来在 $O(n)$ 时间内创建其后缀自动机。为此，我们还为每个状态 $x > 0$ 存储一个后缀链接 `link[x]`，该链接指向自动机中的前一个状态。我们将新字符 $c$ 添加到自动机中，如下所示：

（1）令 $x$ 表示自动机的当前最后一个状态，即没有出边的状态。创建一个新状态 $y$，并添加一个从 $x$ 到 $y$ 使用 $c$ 的转移。然后，设置 `length[y] = length[x]+1` 和 `link[y] = 0`。

（2）从 $x$ 开始沿后缀链接前进，并为每个访问到的状态添加一个使用 $c$ 到 $y$ 的新转移，直到找到一个已经有一个使用 $c$ 的转移的状态 $s$。如果没有这样的状态 $s$，则在到达状态 0 时终止；否则，进入下一步。

（3）令 $u$ 表示存在从 $s$ 到 $u$ 使用 $c$ 的转移的状态。如果 `length[s]+1 = length[u]`，则设置 `link[y] = u` 并终止；否则，我们进入下一步。

（4）通过克隆状态 $u$ 来创建一个新状态 $z$（我们将 $u$ 的所有出边复制到 $z$，并设置 `link[z] = link[u]`），添加一个从 $s$ 到 $z$ 使用 $c$ 的转移，并设置 `length[z] = length[s]+1`。然后，设置 `link[u] = link[y] = z`。

（5）最后，从 $s$ 开始沿后缀链接前进。只要当前状态有一个使用 $c$ 到状态

$u$ 的转移，我们就将该转移中的 $u$ 替换为 $z$。如果找到一个没有使用 $c$ 到状态 $u$ 的转移的状态，或者当到达状态 0 时就终止。

图 14.21 显示了创建字符串 BACA 的后缀自动机的过程。在添加最后一个字符后，我们必须通过克隆状态 2 来创建一个额外的状态 5。在这个例子中，所有后缀链接都指向状态 0，除了在最终自动机中，状态 2 和 4 的后缀链接指向状态 5，这些后缀链接被标记为虚线边。在创建自动机后，我们可以通过从最后一个状态（状态 4）开始并沿后缀链接前进直到到达状态 0 来确定接受状态。该路径上的所有状态（状态 4 和 5）都是接受状态。

注意，后缀链接告诉我们如果要找到当前状态中字符串的更短后缀，我们应该移动到哪个状态。在上面的例子中，状态 4 对应于 {CA, ACA, BACA}，状态 5 对应于 {A}。因此，从状态 4 到状态 5 的后缀链接可以用来找到更短的后缀 A。事实上，如果我们从状态 $x$ 沿后缀链接前进到状态 0，我们将找到状态 $x$ 中最长字符串的所有后缀，并且每个后缀都属于一个状态。

在创建后缀自动机后，我们可以在 $O(m)$ 间内检查任何给定长度为 $m$ 的模式是否出现在字符串中。通过使用动态规划，我们还可以找到模式出现的次数，计算不同子串的数量等。一般来说，后缀自动机是后缀数组的一种替代方案，我们可以使用它们从新的视角解决许多字符串问题。

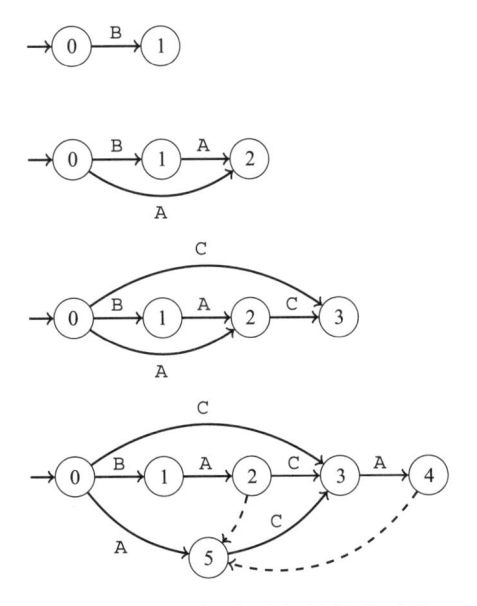

**图 14.21** 后缀自动机的构造过程

## 参考文献

[1] J Pachocki, J Radoszewski. Where to use and how not to use polynomial string hashing. Olymp.Inf, 2013, 7(1): 90-100.

[2] D Gusfield. Algorithms on Strings, Computer Science and Computational Biology, Trees and Sequences. Cambridge University Press, 1997.

[3] M G Main, R J Lorentz.An O(n log n) algorithm for finding all repetitions in a string. J. Algo, 1984, 5(3): 422-432.

[4] R M Karp, R E Miller, A L Rosenberg. Rapid identification of repeated patterns in strings, trees and arrays. 4th Annual ACM Symposium on Theory of Computing, 1972: 125-135.

[5] J Kärkkäinen, P Sanders. Simple linear work suffix array construction. International Collo-quium on Automata, Languages, and Programming, 2003: 943-955.

[6] T Kasai, G Lee, H Arimura, S Arikawa, K Park. Linear-time longest-common-prefix compu-tation in suffix arrays and its applications. 12th Annual Symposium on Combinatorial Pattern Matching, 2001: 181-192.

[7] D E Knuth, J H Morris Jr, V R Pratt.Fast pattern matching in strings. SIAM J. Comput, 1977, 6(2): 323-350.

[8] A Blumer et al. The smallest automation recognizing the subwords of a text. Theor. Comput. Sci, 1985: 40, 31-55.

# 第15章 附加主题

本章介绍一些高级算法和数据结构。掌握本章中的技术可以帮助你在算法竞赛中解决最难的问题。

15.1 节讨论用于创建数据结构和算法的根号分治技术。这种解决方案通常基于将一个包含 $n$ 个元素的序列分成 $O(\sqrt{n})$ 个块，每个块包含 $O(\sqrt{n})$ 个元素。

15.2 节进一步探讨线段树的更多能力。例如，我们将看到如何创建一个同时支持区间查询和区间更新的线段树。

15.3 节介绍 treap 数据结构，它允许我们高效地将数组分成两部分并将两个数组合并成一个数组。

15.4 节重点优化动态规划解决方案。我们将学习凸包技巧，该技巧用于线性函数，之后我们将讨论分治优化和 Knuth 优化。

15.5 节展示一些优化回溯算法的思路。我们通过剪枝搜索树改进一个计算网格中路径的算法，然后使用 IDA* 算法解决 15 谜题问题。

15.6 节讨论各种算法设计技术，例如中途相遇和并行二分搜索。

## 15.1 根号分治技术

根号分治可以看作"穷人的对数"：复杂度 $O(\sqrt{n})$ 比 $O(n)$ 好，但比 $O(\log n)$ 差。无论如何，许多涉及根号分治的数据结构和算法在实践中都是快速且可用的。本节展示一些在算法设计中使用根号分治的示例。

### 15.1.1 数据结构

有时我们可以将数组分成大小为 $\sqrt{n}$ 的块来创建一个高效的数据结构，并为每个块内的数组值维护信息。例如，假设我们需要处理两种类型的查询：修改数组值和查找范围中的最小值。我们之前已经看到，线段树可以在 $O(\log n)$ 时间内支持这两种操作，但接下来我们将通过另一种更简单的方式来解决这个问题，其中操作需要 $O(\sqrt{n})$ 时间。

我们将数组分成大小为 $\sqrt{n}$ 的块，并为每个块维护其中的最小值。例如，图 15.1 显示了一个包含 16 个元素的数组，它被分成 4 个元素的块。

当数组值发生变化时；相应的块需要更新，这可以通过遍历块内的值来完成，如图 15.2 所示。

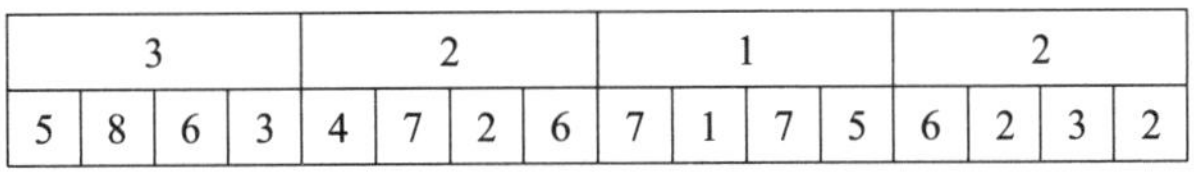

**图 15.1**　一个用于查找范围中最小值的根号分治结构

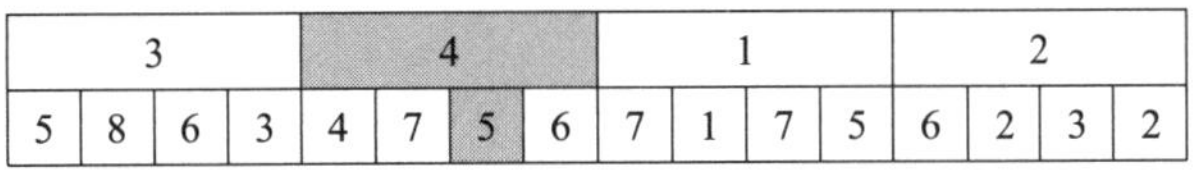

**图 15.2**　当数组值更新时，相应块中的值也必须更新

然后，为了计算范围中的最小值，我们将范围分成三部分，使得范围由单个值和它们之间的块组成。图 15.3 显示了这种划分的一个示例。

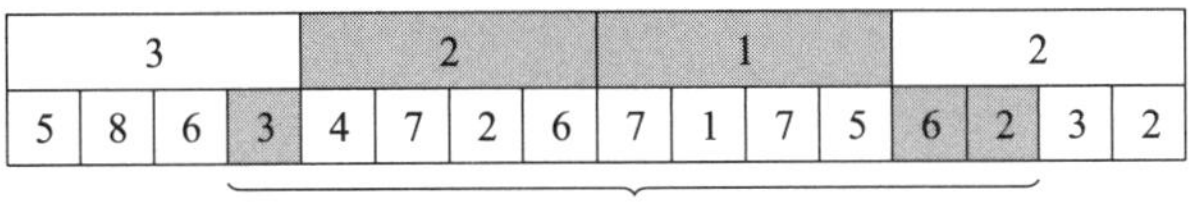

**图 15.3**　为了确定区间元素最小值，区间被分成单个值和块

查询的答案要么是单个值，要么是块内的最小值。由于单个元素的数量是 $O(\sqrt{n})$，块的数量也是 $O(\sqrt{n})$，因此查询需要 $O(\sqrt{n})$ 时间。

这种结构在实践中有多高效？为了找出答案，我们进行了一个实验，创建了一个包含 $n$ 个随机整数值的数组，然后处理了 $n$ 个随机最小值查询。我们实现了三种数据结构：一个查询时间为 $O(\log n)$ 的线段树、一个查询时间为 $O(\sqrt{n})$ 的根号分治结构，以及一个查询时间为 $O(n)$ 的普通数组。表 15.1 显示了实验的结果。事实证明，在这个问题中，根号分治结构在 $n = 2^{18}$ 之前相当高效；然而，在此之后，它显然需要比线段树更多的时间。

**表 15.1**　三种数据结构在范围最小值查询中的运行时间：
线段树（$O(\log n)$）、根号分治（$O(\sqrt{n})$）、普通数组（$O(n)$）

| 输入大小 $n$ | $O(\log n)$ 查询 | 查询 $O(\sqrt{n})$ | $O(n)$ 查询 |
|---|---|---|---|
| $2^{16}$ | 0.02s | 0.05s | 1.50s |
| $2^{17}$ | 0.03s | 0.16s | 6.02s |
| $2^{18}$ | 0.07s | 0.28s | 24.82s |
| $2^{19}$ | 0.14s | 1.14s | > 60s |
| $2^{20}$ | 0.31s | 2.11s | > 60s |
| $2^{21}$ | 0.66s | 9.27s | > 60s |

## 15.1.2　子算法（TODO算法实现细节）

接下来，我们将讨论两个问题，这些问题可以通过创建两个子算法来高效解决，这两个子算法专门用于算法执行过程中不同的情况。虽然每个子算法都可以在没有另一个的情况下解决问题，但通过将它们结合起来，我们可以得到一个高效的算法。

### 1. 方格距离

第一个问题是：给定一个 $n \times n$ 的网格，每个方格都被分配了一种颜色。两个颜色相同的方格之间的最小曼哈顿距离是多少？例如，图 15.4 中，每个数字代表一种颜色。最小距离是 2，位于颜色为 4 的两个方格之间。

为了解决这个问题，我们可以遍历网格中出现的所有颜色，并为每种颜色 $c$ 确定两个颜色为 $c$ 的方格之间的最小距离。考虑两个用于处理固定颜色 $c$ 的算法：

算法 1：遍历所有包含颜色 $c$ 的方格对，并确定它们之间的最小距离对。该算法的工作时间为 $O(k^2)$，其中 $k$ 是颜色为 $c$ 的方格数量。

图 15.4 平方距离问题的一个实例

算法 2：从所有颜色为 $c$ 的方格出发开始并行执行 BFS。该搜索的时间复杂度为 $O(n^2)$。

这两种算法都有特定的最坏情况：算法 1 的最坏情况是网格中每个方格都有相同的颜色，此时 $k = n^2$，算法的时间复杂度为 $O(n^4)$；算法 2 的最坏情况是网格中每个格子都有不同的颜色，在这种情况下，算法被调用 $O(n^2)$ 次，时间复杂度也为 $O(n^4)$。

然而，我们可以将这两种算法结合起来，使它们作为单个算法的子算法。其思想是为每种颜色 $c$ 单独决定使用哪种算法。显然，如果 $k$ 很小，算法 1 效果很好，而算法 2 最适合 $k$ 较大的情况。因此，我们可以固定一个常数 $x$，如果 $k \leq x$，则使用算法 1；否则，使用算法 2。

特别地，通过选择 $x = \sqrt{n^2} = n$，我们可以得到一个时间复杂度为 $O(n^3)$ 的算法。首先，每个使用算法 1 处理的方格与不超过 $k \leq x = n$ 个同色方格进行比较，因此处理这些方格的时间复杂度为 $O(n^3)$。然后，由于出现在超过 $n$ 个方格中的颜色最多有 $n$ 个，因此算法 2 最多被调用 $n$ 次，其总时间复杂度也为 $O(n^3)$。

### 2. 黑色方格

作为另一个例子，考虑以下游戏：给定一个 $n \times n$ 的网格，其中恰好有一个方格是黑色的，所有其他方格都是白色的。每一轮选择一个白色方格，并计算该方格与黑色方格之间的最小曼哈顿距离。之后，该白色方格被涂成黑色。这个过程持续 $n^2-1$ 轮，直到所有方格都被涂成黑色。

例如，图 15.5 展示了一轮的游戏。从选定的方格 $X$ 到黑色方格的最小距离是 3（向下两步后再向右一步）。之后，该方格被涂成黑色。

我们可以按照每一批 $k$ 轮的分批处理来解决这个问题。在每批之前，我们为网格的每个方格计算到黑色方格的最小距离。可以使用 BFS 在 $O(n^2)$ 时间内完成。然后，在处理每一批时，我们保留当前批次中所有被涂成黑色的方格的列表。因此，到黑色方格的最小距离要么是预先计算的距离，要么是到列表中某个方格的距离。由于列表最多包含 $k$ 个值，因此遍历列表需要 $O(k)$ 时间。

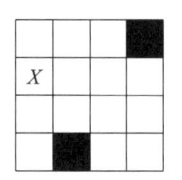

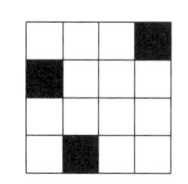

**图 15.5** 黑色方格游戏中的一回合（从 $X$ 到黑色方格的最小距离是 3）

通过选择 $k=\sqrt{n^2}=n$，我们可以得到一个时间复杂度为 $O(n^3)$ 的算法。首先，有 $O(n)$ 批，因此 BFS 的总时间为 $O(n^3)$。然后，一批中的方格列表包含 $O(n)$ 个值，因此计算 $O(n^2)$ 个方格的最小距离也需要 $O(n^3)$ 时间。

### 3. 调整参数

在实践中，没有必要使用确切的平方根值作为参数，而是可以通过试验不同的参数并选择效果最好的参数来微调算法性能。当然，最佳参数取决于算法和测试数据的属性。

表 15.2 展示了 $n = 500$ 时，黑色方格游戏的 $O(n^3)$ 时间算法在不同 $k$ 值下的运行时间。方格被涂成黑色的顺序是随机选择的。在这种情况下，最佳参数似乎是 $k = 2000$。

**表 15.2 黑色方格算法中参数 $k$ 的优化值**

| 参　　数 | 运行时间 |
|---|---|
| 200 | 5.74s |
| 500 | 2.41s |
| 1000 | 1.32s |
| 2000 | 1.02s |
| 5000 | 1.28s |
| 10000 | 2.13s |
| 20000 | 3.97s |

### 15.1.3 整数划分

假设有一根长度为 $n$ 的棍子，它被分成若干部分，每部分的长度为整数。例如，图 15.6 展示了一些长度为 7 的棍子的可能划分，一个划分中不同长度的最大数量是多少？

图 15.6 一些长度为 7 的棍子的整数划分

事实证明，最多有 $O(\sqrt{n})$ 种不同的长度。因为产生尽可能多不同长度的最佳方法是包含长度 1, 2, ···, $k$。然后，由

$$1+2+\cdots+k = \frac{k(k+1)}{2}$$

可得 $k \leq O(\sqrt{n})$。接下来我们将看到如何利用这一观察结果来设计算法。

#### 1. 背包问题

考虑一个背包问题，我们给定一个整数重量 $[w_1, w_2, \cdots, w_k]$ 并满足 $w_1+w_2+\cdots+w_k = n$，我们的任务是确定可以创建的所有可能的重量和。图 15.7 展示了使用重量 [3, 3, 4] 的可能和。

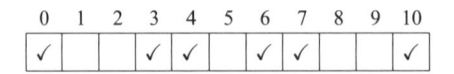

图 15.7 使用重量 [3, 3, 4] 的可能和

使用标准的背包算法（6.2.3 节），可以在 $O(nk)$ 时间内解决问题，因此如果 $k=O(n)$，则时间复杂度变为 $O(n^2)$。然而，由于最多有 $O(\sqrt{n})$ 种不同的重量，我们可以通过并行处理所有相同值的重量来更高效地解决问题。例如，如果重量是 [3, 3, 4]，我们首先处理值为 3 的两个重量，然后处理值为 4 的重量。修改标准背包算法以便每个等值重量组的处理仅花费 $O(n)$ 时间并不困难，这产生了一个 $O(n\sqrt{n})$ 时间复杂度的算法。

#### 2. 字符串构造

再举一个例子，给定一个长度为 $n$ 的字符串和一个总长度为 $m$ 的单词字典，我们的任务是计算使用这些单词构造该字符串的方法数。例如，有四种方法使用单词 [A, B, AB] 构造字符串 ABAB：

- A+B+A+B
- AB+A+B

- A+B+AB

- AB+AB

使用动态规划，我们可以计算每个 $k = 0, 1, \cdots, n$ 的前缀长度为 $k$ 的构造方法数。一种方法是使用包含字典中所有单词的 trie，产生一个 $O(n^2+m)$ 时间复杂度的算法。另一种方法是使用字符串哈希以及最多有 $O(\sqrt{m})$ 种不同单词长度的事实。因此，我们可以将自己限制在实际存在的单词长度上。这可以通过创建包含所有单词哈希值的集合来实现，从而产生一个运行时间为 $O(n\sqrt{m}+m)$ 的算法（使用 unordered_set）。

### 15.1.4 莫队算法

莫队算法[1]可以处理一组对静态数组的区间查询（即数组值在查询之间不会改变）。每个查询要求我们根据范围 [a, b] 中的数组值计算某些内容。由于数组是静态的，查询可以按任何顺序处理，莫队算法的技巧是使用一种特殊顺序，保证算法高效运行。

该算法维护数组中的一个活动区间，并且在任何时刻，活动区间的查询结果是已知的。算法逐个处理查询，并通过插入和删除元素来移动活动范围的端点。数组被分成块，每块大小为 $k = O(\sqrt{n})$，如果满足 $[a_1/k] < [a_2/k]$ 或者 $[a_1/k] = [a_2/k]$ 且 $b_1 < b_2$，则查询 $[a_1, b_1]$ 总是在查询 $[a_2, b_2]$ 之前处理。

因此，所有左端点在某个块中的查询按其右端点排序后依次处理。使用这种顺序，算法只执行 $O(n\sqrt{n})$ 次操作，因为左端点移动 $O(n)$ 次 $O(\sqrt{n})$ 步，右端点移动 $O(\sqrt{n})$ 次 $O(n)$ 步。因此，两个端点在算法执行期间总共移动 $O(n\sqrt{n})$ 步。

**【示例】** 考虑一个需要计算数组区间内不同值数量的问题。在莫队算法中，查询总是按相同的方式排序，但查询结果的维护方式取决于问题本身。

为了解决这个问题，我们维护一个数组 count，其中 count[$x$] 表示元素 $x$ 在活动范围内的出现次数。当我们从一个查询移动到另一个查询时，活动区间会发生变化。例如，考虑图 15.8 中的两个区间。当我们从第一个区间移动到第二个区间时，会有三个步骤：左端点向右移动一步，右端点向右移动两步。

在每一步之后，数组 count 需要更新。在添加一个元素 $x$ 后，我们将

---

[1] 莫队算法以中国竞赛选手莫涛的名字命名。

count[x] 的值增加 1，如果 count[x]=1，我们将查询的答案增加 1。类似地，在删除一个元素 x 后，我们将 count[x] 的值减少 1，如果 count[x]=0，我们将查询的答案减少 1。由于每一步需要 $O(1)$ 时间，因此该算法在 $O(n\sqrt{n})$ 时间内运行。

图 15.8  莫队算法中两个区间之间的移动

## 15.2  线段树再探

线段树是一种多功能的数据结构，可以用来解决大量问题。然而，到目前为止，我们只看到了线段树的一小部分能力。现在是时候讨论一些更高级的线段树变体，这些变体允许我们解决更高级的问题。

到目前为止，我们通过从底部到顶部的遍历来实现线段树的操作。例如，我们使用以下函数（9.2.2 节）来计算区间 [a, b] 的值的和：

```
int sum(int a, int b) {
    a += n; b += n;
    int s = 0;
    while (a <= b) {
        if (a%2 == 1) s += tree[a++];
        if (b%2 == 0) s += tree[b--];
        a /= 2; b /= 2;
    }
    return s;
}
```

然而，在高级线段树中，通常需要自顶向下实现操作，如下所示：

```cpp
int sum(int a, int b, int k, int x, int y) {
    if (b < x || a > y) return 0;
    if (a <= x && y <= b) return tree[k];
    int d = (x+y)/2;
    return sum(a,b,2*k,x,d) + sum(a,b,2*k+1,d+1,y);
}
```

使用这个函数，我们可以计算区间 $[a, b]$ 的和，如下所示：

    int s = sum(a,b,1,0,n-1);

参数 $k$ 表示当前在树中的位置。初始时 $k=1$，因为我们从树的根节点开始。区间 $[x, y]$ 对应于 $k$，初始时为 $[0, n-1]$。在计算和时，如果 $[x, y]$ 完全在 $[a, b]$ 之外，则和为 0；如果 $[x, y]$ 完全在 $[a, b]$ 之内，则和可以在树中找到。如果 $[x, y]$ 部分在 $[a, b]$ 内，则搜索继续递归到 $[x, y]$ 的左半部分和右半部分。左半部分是 $[x, d]$，右半部分是 $[d+1, y]$，其中 $d = \left\lfloor \dfrac{x+y}{2} \right\rfloor$。

图 15.9 展示了计算 $\sum_m a_n(a, b)$ 时的搜索过程。灰色节点表示递归停止的节点，和可以在树中找到。在这种实现中，操作仍然需要 $O(\log n)$ 时间，因为访问的节点总数是 $O(\log n)$。

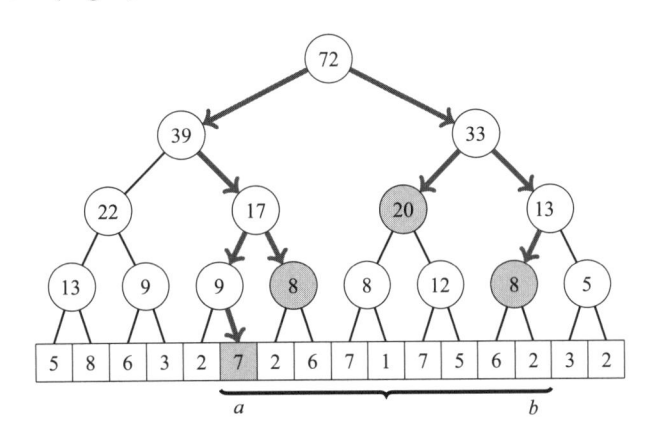

图 15.9 自顶向下遍历线段树

### 15.2.1 懒标记下推

使用懒标记下推，我们可以构建一个支持区间更新和区间查询的线段树，时间复杂度均为 $O(\log n)$。其思想是从顶部到底部进行更新和查询，并懒惰地执行更新，只有在必要时才将更新下推到子树。

懒标记线段树的节点包含两种信息。与普通线段树一样，每个节点包含与对应子数组相关的和、最小值或其他值。此外，节点可能包含尚未传播到其子节点的更新懒标记。线段树可以支持两种类型的区间更新：区间内的每个数组值要么增加某个值，要么被赋值为某个值。这两种操作都可以使用类似的思想实现，甚至可以构建一个同时支持这两种操作的树。

让我们考虑一个例子，现在要构建一个支持两种操作的线段树：将 $[a, b]$

内的每个值增加一个常数，并计算 [a, b] 内的值的和。为了实现这个目标，我们构建一个树，其中每个节点有 s 和 z 两个值，s 表示区间内值的和，z 表示更新的懒标记，这意味着区间内的所有值都应该增加 z。图 15.10 显示了这样一个树的例子，其中所有节点的 z = 0，表示没有待更新的懒标记。

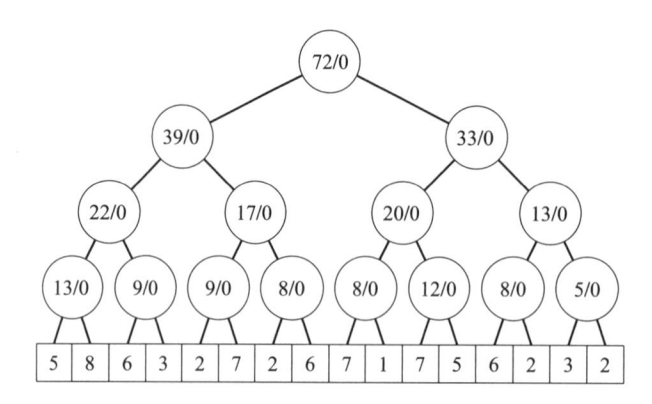

**图 15.10** 支持区间更新和查询的懒惰线段树

我们自顶向下实现树的操作。为了将区间 [a, b] 内的值增加 u，按如下方式修改节点：如果节点对应的区间 [x, y] 完全在 [a, b] 内，我们将节点的值增加并停止。然后，如果 [x, y] 部分属于 [a, b]，我们继续在树中递归遍历，并在之后计算节点的新 s 值。图 15.11 显示了在区间 [a, b] 增加 2 后的树。

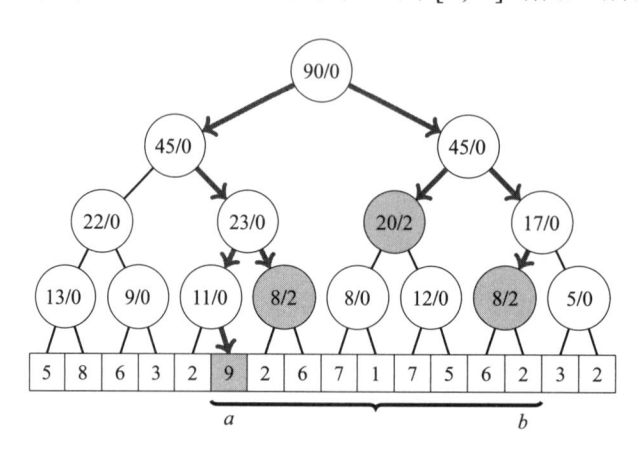

**图 15.11** 将区间 [a, b] 内的值增加 2

在更新和查询中，更新懒标记在向下遍历时下推。在访问节点之前，我们检查它是否有其他的更新懒标记。如果有，我们更新其 s 值，将更新传播到其子节点，然后清除其 z 值。图 15.12 显示了在计算区间 [a, b] 的和时，我们的树如何变化。矩形包含在懒标记下推时值发生变化的节点。

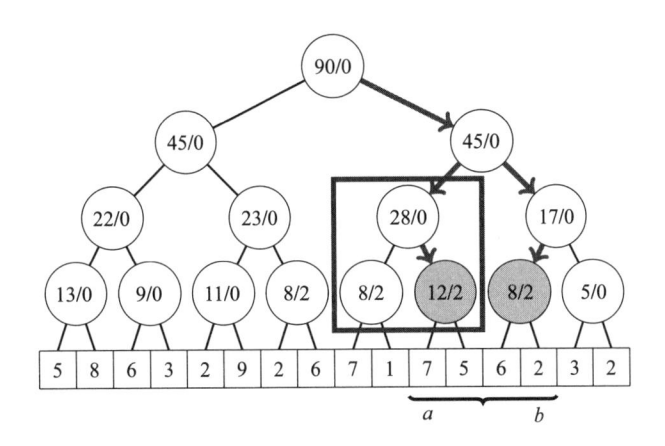

**图 15.12** 计算区间 $[a, b]$ 的和

我们可以将上述线段树推广，以便可以使用形为 $p(u) = t_k u^k + t_{k-1} u^{k-1} + \cdots + t_0$ 的多项式进行区间更新。在这种情况下，区间 $[a, b]$ 内位置 $i$ 的更新为 $p(i-a)$。例如，将多项式 $p(u) = u+1$ 添加到 $[a, b]$ 意味着位置 $a$ 的值增加 1，位置 $a+1$ 的值增加 2，依此类推。为了支持多项式更新，每个节点被分配 $k+2$ 个值，其中 $k$ 等于多项式的次数。值 $s$ 是区间内元素的和，值 $z_0, z_1, \cdots, z_k$ 是与更新懒标记对应的多项式的系数。现在，区间 $[x, y]$ 内的值的和为

$$s + \sum_{u=0}^{y-x} \left( z_k u^k + z_{k-1} u^{k-1} + \cdots + z_1 u + z_0 \right)$$

并且可以使用求和公式高效计算该值。例如，项 $z_0$ 对应于和 $z_0(y-x+1)$，项 $z_1 u$ 对应于和 $z_1(0+1+\cdots+y-x) = z_1 \dfrac{(y-x)(y-x+1)}{2}$。

下推懒标记时，$p(u)$ 的指数会改变，因为在每个区间 $[x, y]$ 中，值是针对 $u = 0$, $1, \cdots, y-x$ 计算的。然而，我们可以轻松处理这个问题，因为 $p'(u) = p(u+h)$ 是与 $p(u)$ 相同次数的多项式。如果 $p(u) = t_2 u^2 + t_1 u + t_0$，那么

$$p'(u) = t_2(u+h)^2 + t_1(u+h) + t_0 = t_2 u^2 + (2h t_2 + t_1) u + t_2 h^2 + t_1 h + t_0$$

### 15.2.2 动态树

普通线段树是静态的，这意味着每个节点在树数组中有一个固定位置，结构需要固定数量的内存。在动态线段树中，只有算法执行过程中实际访问的节点才会分配内存，这样可以节省大量内存。动态树的节点可以表示为结构体：

```
struct node {
    int value;
```

```
    int x, y;
    node *left, *right;
    node(int v, int x, int y) : value(v), x(x), y(y) {}
};
```

这里 value 是节点的值，[x, y] 是对应的区间，left 和 right 指向左子树和右子树。节点可以按如下方式创建：

```
// 创建一个值为 2，区间为 [0,7] 的节点
node *x = new node(2,0,7);
// 改变值
x->value = 5;
```

### 1. 稀疏线段树

当底层数组是稀疏的，即允许的索引范围 [0, $n$−1] 很大，但大多数数组值为零时，动态线段树是一种有用的结构。普通线段树将使用 $O(n)$ 内存，而动态线段树仅使用 $O(k \log n)$ 内存，其中 $k$ 是执行的操作数量。

稀疏线段树最初只有一个值为零的节点 [0, $n$−1]，这意味着每个数组值都是零。更新后，新节点会动态添加到树中。从根节点到叶节点的任何路径都包含 $O(\log n)$ 个节点，因此每个线段树操作最多向树中添加 $O(\log n)$ 个新节点。因此，在 $k$ 次操作后，树包含 $O(k \log n)$ 个节点。图 15.13 是一个稀疏线段树，其中 $n = 16$，位置 3 和 10 的元素已被修改。

注意，如果我们在算法执行之前知道所有将被更新的元素，则不需要动态线段树，因为我们可以使用索引压缩（9.2.3 节）的普通线段树。然而，当索引在算法执行过程中生成时，这是不可能的。

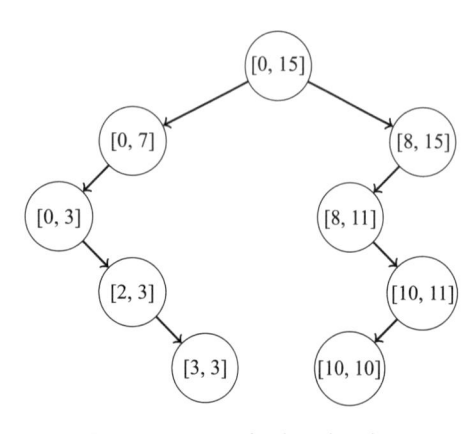

图 15.13　一个稀疏线段树

### 2. 可持久化线段树

使用动态实现，我们还可以创建一个持久化线段树，存储树的修改历史。在这种实现中，我们可以高效地访问算法执行过程中存在的所有版本的树。当修改历史可用时，我们可以像在普通线段树中一样在任何先前的树中执行查询，因为每个树的完整结构都被存储。我们还可以基于先前的树创建新树，并独立地修改它们。

考虑图 15.14 中的更新序列，其中标记的节点发生变化，其他节点保持不变。在每次更新后，大多数树节点保持不变，因此存储修改历史的一种紧凑方式是表示每个历史树为新节点和先前树的子树的组合。

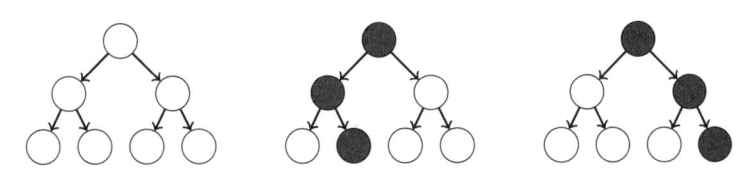

**图 15.14** 线段树的修改历史：初始树和两次更新

图 15.15 显示了如何存储修改历史。每个先前树的结构可以通过从相应根节点开始的指针重建。由于每个操作仅向树中添加 $O(\log n)$ 个新节点，因此可以存储树的完整修改历史。

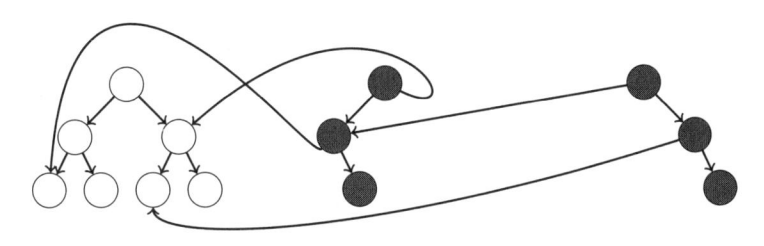

**图 15.15** 存储修改历史的紧凑方式

### 15.2.3　节点中的数据结构

线段树的节点不仅可以包含单个值，还可以包含维护与对应区间相关的信息的数据结构。例如，假设我们应该能够高效地计算区间 $[a, b]$ 内某个元素 $x$ 的出现次数。为此，我们可以创建一个线段树，其中每个节点被分配一个数据结构，可以询问任何元素 $x$ 在对应区间内出现多少次。之后，可以通过组合属于区间的节点的结果来计算查询的答案。

剩下的任务是为问题选择合适的数据结构。一个不错的选择是 map 结构，其键是数组元素，值表示每个元素在区间内出现多少次。图 15.16 显示了一个数组及其对应的线段树。例如，树的根节点告诉我们元素 1 在数组中出现了 4 次。

上述线段树中的每个查询在 $O(\log^2 n)$ 时间内工作，因为每个节点都有一个 map 结构，其操作需要 $O(\log n)$ 时间。树使用 $O(n \log n)$ 内存，因为它有 $O(\log n)$ 层，每层包含 $n$ 个元素，这些元素分布在 map 结构中。

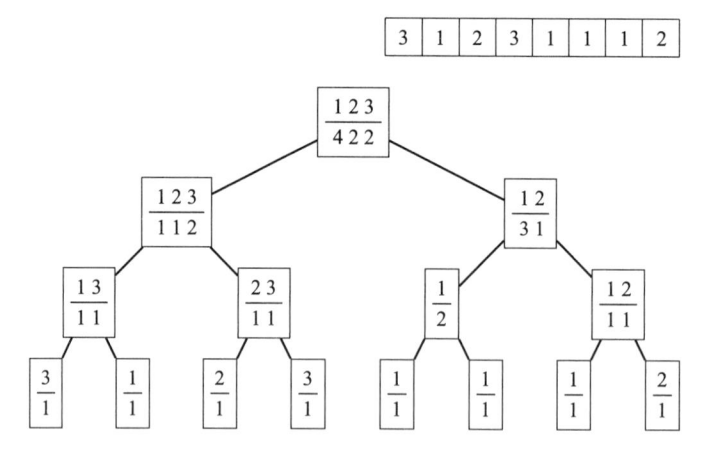

图 15.16　计算数组区间内元素出现次数的线段树

### 15.2.4　二维线段树

二维线段树允许我们处理与二维数组的矩形子数组相关的查询。其思想是创建一个对应于数组列的线段树，然后为该结构的每个节点分配一个对应于数组行的线段树。

图 15.17 显示了一个支持两种查询的二维线段树：计算子数组的和，以及更新单个数组值。两种查询都需要 $O(\log^2 n)$ 时间，因为访问主线段树中的 $O(\log n)$ 个节点，并且处理每个节点需要 $O(\log n)$ 时间。该结构总共使用 $O(n^2)$ 内存，因为主线段树有 $O(n)$ 个节点，每个节点有 $O(n)$ 个节点的线段树。

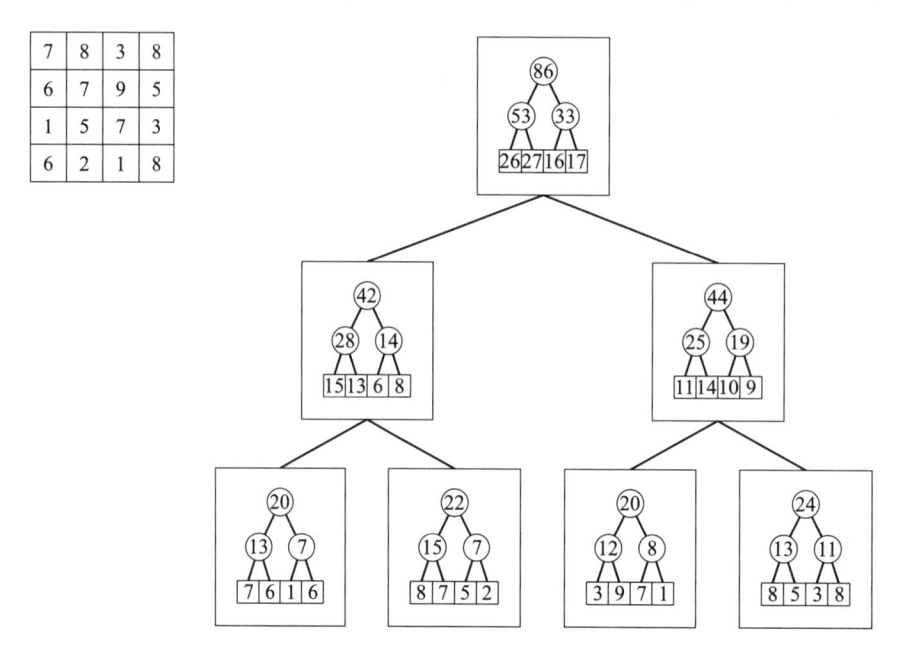

图 15.17　一个二维数组及其对应的线段树，用于计算矩形子数组的和

## 15.3 Treaps

Treap（树堆）是一种二叉树，可以存储数组的内容，以便我们能够高效地将数组分割成两个数组，并将两个数组合并成一个数组。Treap 中的每个节点有两个值：一个权值和一个值。每个节点的权值小于或等于其子节点的权值，并且该节点位于数组中其左子树中的所有节点之后，右子树中的所有节点之前。

图 15.18 展示了一个数组及其对应的 Treap。例如，根节点的权值为 1，值为 D。由于其左子树包含三个节点，这意味着数组中位置 3 的元素值为 D。

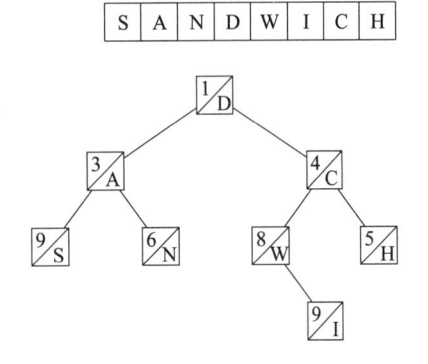

图 15.18　一个数组及其对应的 Treap

### 15.3.1　分割与合并

当一个新的节点被添加到 Treap 时，它会分配一个随机权值。这保证了树是平衡的（其高度为 $O(\log n)$），并且其操作可以高效地执行。

#### 1. 分　割

Treap 的分割操作创建两个 Treap，将数组分割成两个数组，使得第一个数组包含前 $k$ 个元素，其余元素属于第二个数组。为此，我们创建两个初始为空的 Treap，并从根节点开始遍历原始 Treap。在每一步中，如果当前节点属于左 Treap，则将该节点及其左子树添加到左 Treap，并递归处理其右子树。类似地，如果当前节点属于右 Treap，则将该节点及其右子树添加到右 Treap，并递归处理其左子树。由于 Treap 的高度为 $O(\log n)$，此操作在 $O(\log n)$ 时间内完成。

图 15.19 展示了如何将我们的示例数组分割成两个数组，使得第一个数组包含原始数组的前五个元素，第二个数组包含最后三个元素。首先，节点 D 属于左 Treap，因此我们将节点 D 及其左子树添加到左 Treap。然后，节点 C 属于右 Treap，我们将节点 C 及其右子树添加到右 Treap。最后，我们将节点 W 添加到左 Treap，节点 I 添加到右 Treap。

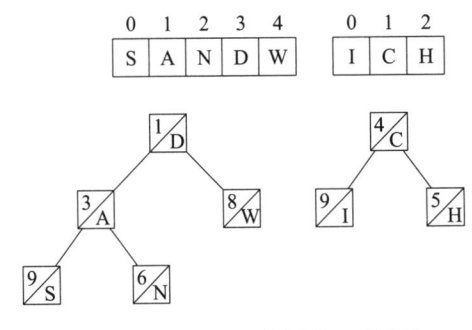

图 15.19　将数组分割成两个数组

## 2. 合　并

两个 Treap 的合并操作创建一个单一的 Treap，将数组连接起来。两个 Treap 同时处理，在每一步中，选择根权值最小的 Treap。如果左 Treap 的根具有最小的权值，则将根及其左子树移动到新 Treap，其右子树成为左 Treap 的新根。类似地，如果右 Treap 的根具有最小的权值，则将根及其右子树移动到新 Treap，其左子树成为右 Treap 的新根。由于 Treap 的高度为 $O(\log n)$，因此此操作在 $O(\log n)$ 时间内完成。

例如，我们可以交换示例场景中两个数组的顺序，然后将它们再次连接起来。图 15.20 展示了合并前的数组，图 15.21 展示了最终结果。首先，节点 D 及其右子树被添加到新 Treap。然后，节点 A 及其右子树成为节点 D 的左子树。之后，节点 C 及其左子树成为节点 A 的左子树。最后，节点 H 和节点 S 被添加到新 Treap。

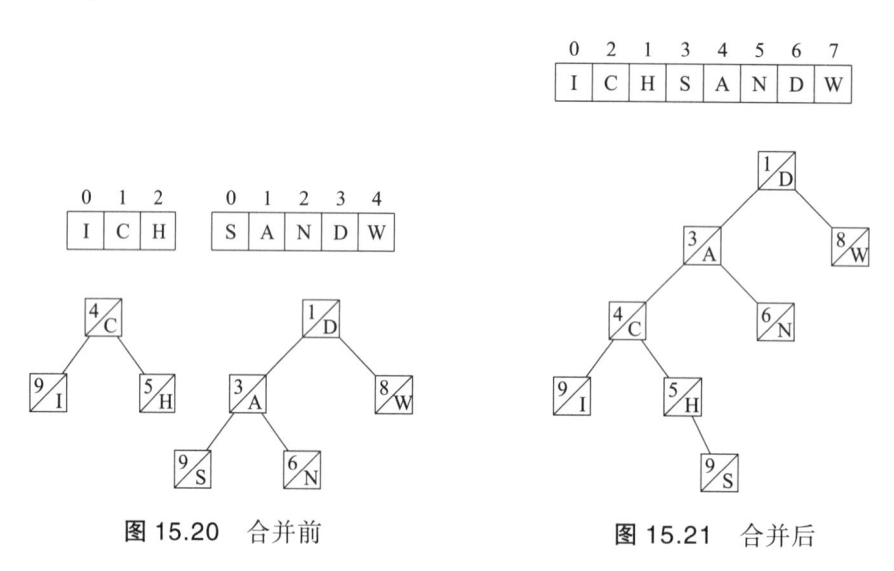

图 15.20　合并前

图 15.21　合并后

### 15.3.2　实　现

接下来，我们将学习一种方便的方式来实现 Treap。首先，这里是一个存储 Treap 节点的结构体：

```
struct node {
    node *left, *right;
    int weight, size, value;
    node(int v) {
        left = right = NULL;
        weight = rand();
        size = 1;
```

```
        value = v;
    }
};
```

字段 size 包含节点子树的大小。由于节点可以是 NULL，以下函数很有用：

```
int size(node *treap) {
    if (treap == NULL) return 0;
    return treap->size;
}
```

函数 split 实现了分割操作。该函数递归地将 Treap treap 分割成 Treap left 和 right，使得左 Treap 包含前 $k$ 个节点，右 Treap 包含剩余节点。

```
void split(node *treap, node *left, node *right, int k) {
    if (treap == NULL) {
        left = right = NULL;
    } else {
        if (size(treap->left) < k) {
            split(treap->right, treap->right, right,
k-size(treap->left)-1);
            left = treap;
        } else {
            split(treap->left, left, treap->left, k);
            right = treap;
        }
        treap->size = size(treap->left) + size(treap->right) + 1;
    }
}
```

函数 merge 实现了合并操作。该函数创建一个 Treap treap，其中首先包含 Treap left 的节点，然后是 Treap right 的节点。

```
void merge(node *treap, node *left, node *right) {
    if (left == NULL) treap = right;
    else if (right == NULL) treap = left;
    else {
        if (left->weight < right->weight) {
            merge(left->right, left->right, right);
            treap = left;
        } else {
            merge(right->left, left, right->left);
            treap = right;
        }
```

```
        treap->size = size(treap->left) + size(treap-
>right) + 1;
    }
}
```

例如，以下代码创建一个对应于数组 [1, 2, 3, 4] 的 Treap，然后将其分割成两个大小为 2 的 Treap，并交换它们的顺序以创建一个新 Treap，对应于数组 [3, 4, 1, 2]。

```
node *treap = NULL;
merge(treap, treap, new node(1));
merge(treap, treap, new node(2));
merge(treap, treap, new node(3));
merge(treap, treap, new node(4));
node *left, *right;
split(treap, left, right, 2);
merge(treap, right, left);
```

### 15.3.3 附加技巧

Treap 的分割和合并操作非常强大，因为我们可以使用它们在 $O(\log n)$ 时间内自由地"剪切"和"粘贴"数组。Treap 还可以扩展，使其几乎像线段树一样工作。例如，除了维护每个子树的大小外，我们还可以维护其值的总和、最小值等。

与 Treap 相关的一个特殊技巧是我们可以高效地反转数组。这可以通过交换 Treap 中每个节点的左子节点和右子节点来实现。例如，图 15.22 展示了反转图 15.18 中数组后的结果。为了高效地实现这一点，我们可以引入一个字段，指示是否应该反转节点的子树，并延迟处理交换操作。

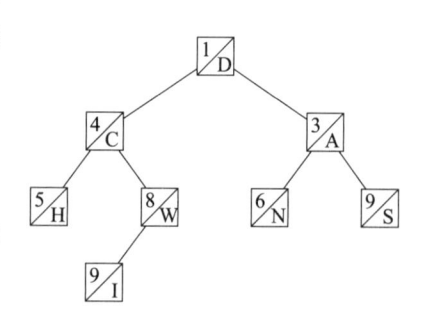

图 15.22 使用 Treap 反转数组

## 15.4 动态规划优化

本节讨论动态规划的一些优化技巧。首先，我们关注凸包优化技巧，该技巧可用于高效地找到一组线性函数的最小值。之后，我们将讨论另外两种基于费用函数性质的技术：分治优化和 Knuth 优化。

## 15.4.1 凸包优化

凸包优化技巧允许我们在一组 $n$ 个线性函数 $f(x) = ax+b$ 中，高效地找到给定点 $x$ 处的最小函数值。图 15.23 显示了函数 $f_1(x) = x+2$，$f_2(x) = x/3+4$，$f_3(x) = x/6+5$ 和 $f_4(x) = x/4+7$。点 $x = 4$ 处的最小值 $f_2(4) = 16/3$。

其思想是将 $x$ 轴划分为若干区间，使得每个区间内某个函数具有最小值。事实证明，每个函数最多有一个区间，我们可以将这些区间存储在一个最多包含 $n$ 个区间的有序列表中。图 15.24 显示了我们示例场景中的区间。首先，$f_1$ 具有最小值，然后 $f_2$ 具有最小值，最后 $f_4$ 具有最小值。注意，$f_3$ 从未具有最小值。

给定一个区间列表，我们可以使用二分搜索在 $O(\log n)$ 时间内找到点 $x$ 处的最小函数值。例如，由于点 $x = 4$ 属于图 15.24 中 $f_2$ 的区间，我们立即知道点 $x = 4$ 处的最小函数值是 $f_2(4) = 16/3$。因此，我们可以在 $O(k \log n)$ 时间内处理一组 $k$ 个查询。此外，如果查询按递增顺序给出，我们可以通过从左到右遍历区间在 $O(k)$ 时间内处理它们。

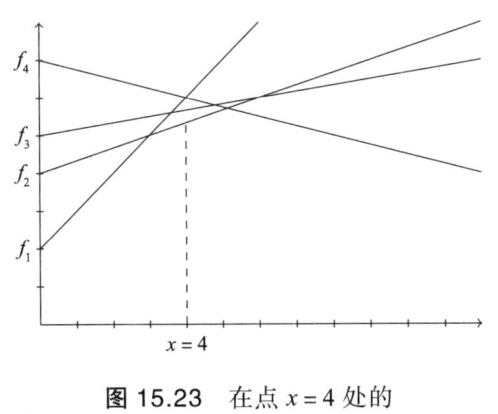

**图 15.23** 在点 $x = 4$ 处的最小函数值是 $f_2(4) = 16/3$

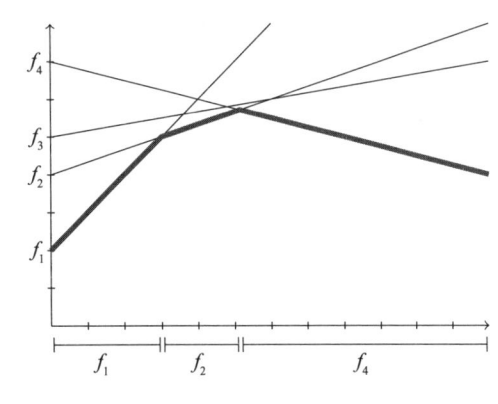

**图 15.24** $f_1$、$f_2$ 和 $f_4$ 具有最小值的区间

那么，如何确定这些区间呢？如果函数按斜率递减的顺序给出，我们可以轻松找到这些区间，因为我们可以维护一个包含这些区间的栈，并且处理每个函数的摊销成本为 $O(1)$。如果函数以任意顺序给出，我们需要使用更复杂的数据结构，并且处理每个函数需要 $O(\log n)$ 时间。

【示 例】 假设有 $n$ 个连续的音乐会。第 $i$ 场音乐会的票价为 $p_i$，如果我们参加这场音乐会，我们将获得一张价值 $d_i$（$0 < d_i < 1$）的折扣券。稍后我们可以使用这张券以 $d_i p$ 的价格购买原价为 $p$ 的票。已知对于所有连续的音乐会 $i$ 和 $i+1$ 有 $d_i \geq d_{i+1}$。我们肯定要参加最后一场音乐会，并且我们也可以参加其他音乐会。参加这些音乐会的最小总票价是多少？

我们可以通过动态规划轻松解决这个问题，对于每场音乐会 $i$ 计算 $u_i$：参加音乐会 $i$ 以及可能参加一些之前音乐会的最小票价。找到前一场音乐会的最佳选择的一个简单方法是遍历所有之前的音乐会，这需要 $O(n)$ 时间，从而得到一个 $O(n^2)$ 时间的算法。然而，我们可以使用凸包优化技巧在 $O(\log n)$ 时间内找到最佳选择，并得到一个 $O(n \log n)$ 时间的算法。

其思想是维护一组线性函数，最初只包含函数 $f(x) = x$，这意味着我们没有折扣券。为了计算 $u_i$，我们在集合中找到一个函数 $f$，使得 $f(p_i)$ 的值最小，这可以使用凸包优化技巧在 $O(\log n)$ 时间内完成。然后，我们将函数 $f(x) = d_i x + u_i$ 添加到集合中，稍后我们可以使用它参加另一场音乐会。由此得到的算法在 $O(n \log n)$ 时间内运行。

注意，如果已知对于所有连续的音乐会 $i$ 和 $i+1$ 都有 $p_i \leq p_{i+1}$，就可以更高效地在 $O(n)$ 时间内解决问题，因为我们可以从左到右处理区间，并在平均常数时间内找到每个最佳选择，而不是使用二分搜索。

### 15.4.2　分治优化

分治优化可以应用于某些动态规划问题，其中需要将序列 $s_1, s_2, \cdots, s_n$ 划分为 $k$ 个连续元素的子序列。给定一个费用函数 $\text{cost}(a, b)$，确定创建子序列 $s_a, s_{a+1}, \cdots, s_b$ 的费用。划分的总费用是各个子序列费用的总和，我们的任务是找到总费用最小的划分。

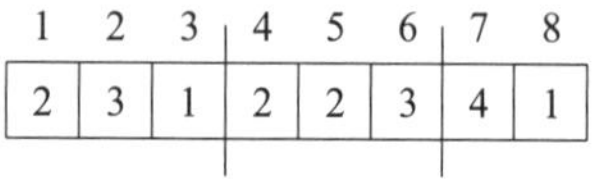

| 1 | 2 | 3 | 4 | 5 | 6 | 7 | 8 |
|---|---|---|---|---|---|---|---|
| 2 | 3 | 1 | 2 | 2 | 3 | 4 | 1 |

图 15.25　将序列划分为三个块的最佳方式

例如，假设我们有一个正整数序列，并且 $\text{cost}(a, b) = (s_a + s_{a+1} + \cdots + s_b)^2$。图 15.25 显示了一种将序列划分为三个子序列的最佳方式。划分的总费用是 $(2+3+1)^2 + (2+2+3)^2 + (4+1)^2 = 110$。

我们可以通过定义一个函数 solve(i, j) 来解决这个问题，该函数给出了将前 $i$ 个元素 $s_1, s_2, \cdots, s_i$ 划分为 $j$ 个子序列的最小总费用。显然，问题的答案等于 solve(n, k)。为了计算 solve(i, j) 的值，我们需要找到一个位置 $1 \leq p \leq i$，使得 solve(p-1, j-1)+cost(p, i) 的值最小。

例如，在图 15.25 中，solve(8, 3) 的最佳选择是 $p = 7$。找到最佳位置的一个简单方法是检查所有位置 $1, 2, \cdots, i$，这需要 $O(n)$ 时间。通过像这样计算所有 solve(i, j) 的值，我们得到一个动态规划算法，其时间复杂度为 $O(n^2 k)$。然而，使用分治优化，我们可以将时间复杂度提高到 $O(nk \log n)$。

如果对于所有 $a \le b \le c \le d$，费用函数满足四边形不等式 cost($a$, $c$)+cost($b$, $d$) $\le$ cost($a$, $d$)+cost($b$, $c$)，就可以使用分治优化。令 pos($i$, $j$) 表示让费用 solve($i$, $j$) 最小化的位置 $p$。如果上述不等式成立，可以保证对于所有 $i$ 和 $j$，pos($i$, $j$)$\le$pos($i+1$, $j$)，这使得我们可以更高效地计算 solve($i$, $j$) 的值。

其思想是创建一个函数 calc($j$, $a$, $b$, $x$, $y$)，该函数计算所有 $a \le i \le b$ 和固定 $j$ 的 solve($i$, $j$) 值，使用信息 $x$$\le$pos($i$, $j$)$\le$$y$。该函数首先计算 $z = \lfloor (a+b)/2 \rfloor$ 处的 solve($z$, $j$) 值，然后执行递归调用 calc($j$, $a$, $z-1$, $x$, $p$) 和 calc($j$, $z+1$, $b$, $p$, $y$)，其中 $p$ = pos($z$, $j$)。这里利用 pos($i$, $j$)$\le$pos($i+1$, $j$) 来限制搜索范围。为了计算所有 solve($i$, $j$) 的值，我们对每个 $j = 1, 2, \cdots, k$ 执行函数调用 calc($j$, 1, $n$, 1, $n$)。由于每个这样的函数调用需要 $O(n \log n)$ 时间，因此得到的算法在 $O(nk \log n)$ 时间内运行。

最后，我们来证明示例中平方和费用函数满足四边形不等式。设 sum($a$, $b$) 表示区间 [$a$, $b$] 中值的和，并设 $x$ = sum($b$, $c$)，$y$ = sum($a$, $c$)−sum($b$, $c$) 和 $z$ = sum($b$, $d$)−sum($b$, $c$)。使用这个符号，四边形不等式变为 $(x+y)^2+(x+z)^2 \le (x+y+z)^2+x^2$，这等价于 $0 \le 2yz$。由于 $y$ 和 $z$ 是非负值，所以证明完毕。

### 15.4.3 Knuth优化

Knuth 优化[1]可以用于某些动态规划问题，其中我们被要求使用分割操作将序列 $s_1, s_2, \cdots, s_n$ 划分为单个元素。费用函数 cost($a$, $b$) 给出了处理序列 $s_a, s_{a+1}, \cdots, s_b$ 的费用，我们的任务是找到最小化分割总费用的解决方案。

图 15.26 显示了 cost($a$, $b$) = $s_a+s_{a+1}+\cdots+s_b$ 这种情况下处理序列的最佳方式，该解决方案的总费用是 19+9+10+5 = 43。

**图 15.26** 将数组划分为单个元素的最佳方式

我们可以通过定义一个函数 solve($i$, $j$) 来解决这个问题，该函数给出了将序列 $s_i, s_{i+1}, \cdots, s_j$ 划分为单个元素的最小费用。然后，solve(1, $n$) 就是所求答案。为了确定 solve($i$, $j$) 的值，我们需要找到一个位置 $i \le p \le j$，使得 cost($i$, $j$)+ solve($i$, $p$)+solve($p+1$, $j$) 的值最小。

---

1）Knuth 优化构造了最优二叉搜索树[1]，后来，F.F. Yao 将该优化推广到其他类似问题[2]。

如果我们检查 $i$ 和 $j$ 之间的所有位置，将得到一个时间复杂度为 $O(n^3)$ 的动态规划算法。然而，使用 Knuth 优化，我们可以在 $O(n^2)$ 时间内更高效地计算 `solve(i, j)` 的值。

如果对于所有 $a \leq b \leq c \leq d$，有 $\text{cost}(b, c) \leq \text{cost}(a, d)$ 且 $\text{cost}(a, c) + \text{cost}(b, d) \leq \text{cost}(a, d) + \text{cost}(b, c)$，则可以适用 Knuth 优化。注意，后一个不等式是四边形不等式，也用于分治优化。设 `pos(i, j)` 表示最小化 `solve(i, j)` 代价的位置 $p$。如果上述不等式成立，则 `pos(i, j-1)` ≤ `pos(i, j)` ≤ `pos(i+1, j)`。现在我们可以执行 $n$ 轮（$1, 2, \cdots, n$），并在第 $k$ 轮计算 $j-i+1=k$ 的 `solve(i, j)` 值，即我们按长度递增的顺序处理子序列。由于 `pos(i, j)` 必须在 `pos(i, j-1)` 和 `pos(i+1, j)` 之间，所以可以在 $O(n)$ 时间内执行每一轮，并且算法的总时间复杂度变为 $O(n^2)$。

## 15.5 回溯技术

本节展示一些如何使回溯算法运行更快的想法。我们先考虑一个需要计算网格中路径数量的问题，并通过剪枝搜索树来改进算法，然后使用 IDA* 算法和启发式函数来解决 15 谜题问题。

### 15.5.1 对搜索树剪枝

我们可以通过对搜索树剪枝来改进许多回溯算法：如果一个部分解无法扩展为完整解，继续搜索就没有意义了。

让我们考虑一个计算从左上角到右下角的路径数量的问题，路径必须恰好访问每个方格一次。图 15.27 展示了一条这样的路径，总共有 111712 条路径。

我们从简单的回溯算法开始，然后通过观察如何剪枝搜索树来逐步优化它。在每次优化后，我们测量算法的运行时间和递归调用的次数，以查看每次优化对搜索效率的影响。

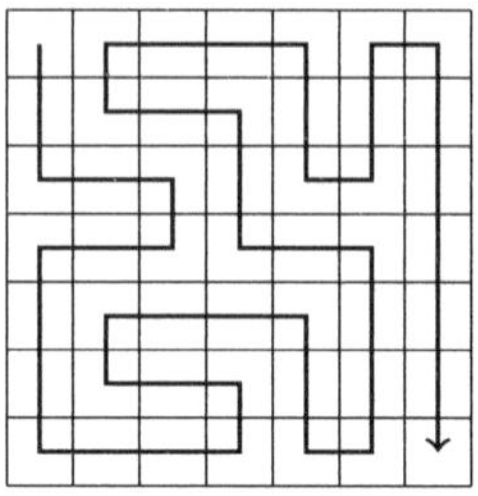

**1. 基本算法**

基本算法不包含任何优化。我们简单地使用回溯生成从左上角到右下角的所有可能路径，并计算这些路径的数量。

- 运行时间：483s。
- 递归调用次数：$7.6 \times 10^{10}$。

**图 15.27** 从左上角到右下角的路径

## 2. 优化 1

在任何解中，我们首先向下或向右移动一步，并且关于网格对角线对称的路径有两条。例如，图 15.28 中的路径是对称的。因此，我们可以决定总是首先向下移动一步（或向右），最后将解的数量乘以 2。

- 运行时间：244s。
- 递归调用次数：$3.8 \times 10^{10}$。

## 3. 优化 2

如果路径在访问网格中的所有其他方格之前到达右下角，显然不可能完成解。图 15.29 展示了一个例子。使用这个观察，如果我们过早到达右下角，则可以立即终止搜索。

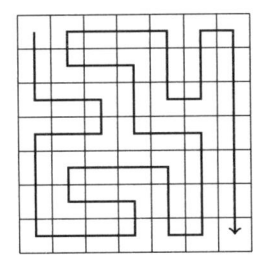

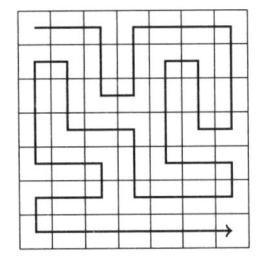

图 15.28 关于网格对角线的两条对称路径

- 运行时间：119s。
- 递归调用次数：$2 \times 10^{10}$。

## 4. 优化 3

如果路径碰到墙壁并且可以向左或向右转弯，则网格将被分成两个包含未访问方格的部分。例如，图 15.30 中的路径可以向左或向右转弯。在这种情况下，我们无法再访问所有方格，因此可以终止搜索。这个优化非常有用：

- 运行时间：1.8s。
- 递归调用次数：$2.21 \times 10^8$。

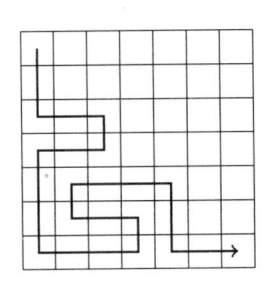

图 15.29 在访问所有其他方格之前到达右下角

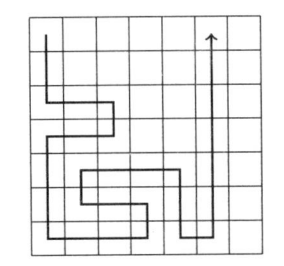

图 15.30 路径将网格分割成两个包含未访问方格的部分

## 5. 优化 4

前一个优化的想法可以进一步推广：如果路径无法继续前进但可以向左或向右转弯，则网格将被分成两个都包含未访问方格的部分。图 15.31 展示了一个例子。显然，我们无法再访问所有方格，因此可以终止搜索。经过这个优化后，搜索非常高效：

- 运行时间：0.6s。
- 递归调用次数：$6.9 \times 10^7$。

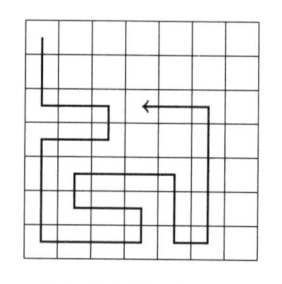

**图 15.31** 路径将网格分割成两个部分，两个部分都包含未访问方格的更一般情况

### 6. 结论

基本算法的运行时间是 483s，经过优化后，运行时间仅为 0.6s，几乎快了 1000 倍。

这是回溯中的常见现象，因为搜索树通常很大，即使是简单的观察也能有效地剪枝搜索。特别有用的优化是发生在算法最初步骤中的优化，即搜索树的顶部。

### 15.5.2　启发函数

在一些回溯问题中，我们希望找到一个最优解，例如包含最少移动次数的移动序列。在这种情况下，我们可以通过使用启发式函数来改进搜索，该函数估计从搜索状态到最终状态的距离。

在 15 谜题问题中，我们有一个 4×4 的网格，包含 15 个编号为 1, 2, …, 15 的方块和一个空方格。每次移动时，我们可以选择与空方格相邻的任何方块并将其移动到空方格中。我们希望找到生成最终网格（图 15.32）所需的最少移动次数。

为了解决问题，我们使用一种称为 IDA* 的算法，该算法由多次回溯搜索组成。每个搜索尝试找到移动次数不超过 $k$ 的解。$k$ 的初始值为 0，每次搜索后我们将 $k$ 增加 1，直到找到解。

该算法使用一个启发式函数，该函数估计到达最终网格所需的剩余移动次数。启发式函数必须是可接受的，这意味着它永远不会高估移动次数。因此，我们使用该函数得到移动次数的下限。

作为一个例子，我们考虑图 15.33 中的网格。事实证明，这个网格的最少移动次数是 61。每个搜索状态有 2 到 4 种可能的移动，具体取决于空网格的位置，一个简单的回溯算法会花费太多时间。幸运的是，A* 算法包含一个启发函数，可以使搜索更快。

| 1 | 2 | 3 | 4 |
|---|---|---|---|
| 5 | 6 | 7 | 8 |
| 9 | 10 | 11 | 12 |
| 13 | 14 | 15 | |

图 15.32  15 谜题问题的最终网格

| 11 | 3 | 12 | 9 |
|---|---|---|---|
| 8 | 15 | 6 | 5 |
| 14 | | 10 | 2 |
| 7 | 13 | 1 | 4 |

图 15.33  该网格的最小移动次数为 61

我们接下来考虑几个启发函数，并测量算法的运行时间和递归调用的次数。在所有启发函数中，我们实现回溯，使其永远不会取消之前的移动，因为这不会导致最优解。

### 1. 启发式 1

一个简单的启发式是计算每个方块从当前位置到最终位置的曼哈顿距离。曼哈顿距离使用公式 $|x_c-x_f|+|y_c-y_f|$ 计算，其中 $(x_c, y_c)$ 是方块的当前位置，$(x_f, y_f)$ 是其最终位置。我们将所有这些距离相加得到移动次数的下限，因为每次移动会将单个方块的水平或垂直位置改变一。

- 运行时间：126s。
- 递归调用次数：$1.5 \times 10^9$。

### 2. 启发式 2

我们可以通过关注位置已经正确到位的方块来创建更好的启发式。例如，考虑示例谜题中的方块 6 和 8。它们已经在正确的行中，但顺序是错误的。我们必须垂直移动其中一个来改变它们的顺序，这会产生两次额外的移动。因此，我们可以如下改进启发式：首先计算曼哈顿距离的总和，包含在正确行/列中但顺序错误的两个方块的所有行/列添加两次额外的移动。

- 运行时间：22s。
- 递归调用次数：$1.43 \times 10^8$。

### 3. 启发式 3

我们可以进一步改进之前的启发式：如果有多于两个方块在正确的行/列中，我们可以添加超过两次额外的移动。例如，考虑示例谜题中的方块 5、6 和 8。由于它们是反序的，我们至少需要垂直移动其中两个，这会产生四次额外的移动。更准确地说，如果 $c_1$ 个方块在正确的行/列中，并且有 $c_2$ 个方块在最大子集中，其中顺序是正确的，我们可以添加 $2(c_1-c_2)$ 次额外的移动。

- 运行时间：39s。
- 递归调用次数：$1.36 \times 10^8$。

#### 4. 结　论

发生了什么？我们创建了一个更好的启发式函数，但它增加了算法的运行时间，从 22s 增加到 39s。一个好的启发式函数有两个属性：它给出的下限接近真实距离，并且可以高效计算。我们的最后一个启发式比前一个更准确，但难以计算，因此在这种情况下，一个更简单的启发式似乎是更好的选择。

## 15.6　杂　项

本节介绍一些杂项算法设计技术，包括中途相遇、用于子集计数的动态规划算法、整体二分以及动态连通性问题的离线解决方案。

### 15.6.1　中途相遇

中途相遇（meet in the middle）技术将搜索空间分成两个大小大致相等的部分，分别对这两个部分进行搜索，最后将搜索结果结合起来。中途相遇允许我们将某些 $O(2^n)$ 时间复杂度的算法加速到 $O(2^{n/2})$ 时间。注意，$O(2^{n/2})$ 比 $O(2^n)$ 快得多，因为 $2^{n/2} = \sqrt{2^n}$。使用 $O(2^n)$ 算法，我们可以处理 $n \approx 20$ 的输入，但使用 $O(2^{n/2})$ 算法，上限是 $n \approx 40$。

假设我们有一个包含 $n$ 个整数的集合，我们的任务是确定该集合是否有一个子集的和为 $x$。例如，给定集合 $\{2, 4, 5, 9\}$ 和 $x = 15$，我们可以选择子集 $\{2, 4, 9\}$，因为 $2+4+9 = 15$。我们可以通过遍历所有可能的子集来轻松解决这个问题，时间复杂度为 $O(2^n)$，但接下来我们将使用中途相遇以 $O(2^{n/2})$ 时间复杂度更高效地解决这个问题。

思路是将集合分成两个集合 $A$ 和 $B$，使得两个集合都包含大约一半的数字。我们进行两次搜索：第一次搜索生成 $A$ 的所有子集并将它们的和存储到一个列表 $S_A$ 中，第二次搜索为 $B$ 创建一个类似的列表 $S_B$。之后，只需检查是否可以从 $S_A$ 中选择一个元素，从 $S_B$ 中选择另一个元素，使得它们的和为 $x$，这正好是我们是否可以创建一个和为 $x$ 的子集。

例如，让我们看看集合 $\{2, 4, 5, 9\}$ 是如何处理的。首先，我们将集合分成集合 $A = \{2, 4\}$ 和 $B = \{5, 9\}$。之后，我们创建列表 $S_A = \{0, 2, 4, 6\}$ 和 $S_B = \{0, 5,$

9, 14}。由于 $S_A$ 包含和 6，$S_B$ 包含和 9，所以我们得出结论，原始集合有一个和为 6+9 = 15 的子集。

通过良好的实现，我们可以在 $O(2^{n/2})$ 时间内创建列表 $S_A$ 和 $S_B$，使得列表是有序的。之后，我们可以使用双指针算法在 $O(2^{n/2})$ 时间内检查是否可以从 $S_A$ 和 $S_B$ 中创建和 $x$。因此，算法的总时间复杂度为 $O(2^{n/2})$。

### 15.6.2 子集计数

设 $X = \{0 \cdots n-1\}$，每个子集 $S \in X$ 被分配一个整数值 `value[S]`，我们的任务是对于每个 $S$，计算所有子集的值的和：

$$\text{sum}(s) = \sum_{A \subset S} \text{value}[A]$$

例如，假设 $n = 3$，值如下：

- value[$\phi$] = 3。
- value[{0}] = 1。
- value[{1}] = 4。
- value[{0, 1}] = 5。
- value[{2}] = 5。
- value[{0, 2}] = 1。
- value[{1, 2}] = 3。
- value[{0, 1, 2}] = 3。

在这种情况下，

$$\begin{aligned}\text{sum}(\{0, 2\}) &= \text{value}[\phi]+\text{value}[\{0\}]+\text{value}[\{2\}]+\text{value}[\{0, 2\}] \\ &= 3+1+5+1 = 10\end{aligned}$$

接下来我们将看到如何使用动态规划和位操作在 $O(2^n n)$ 时间内解决这个问题。思路是考虑子问题，其中限制了可以从 $S$ 中移除的元素。

令 `partial(S, k)` 表示在只能从 $S$ 中移除元素 $0 \cdots k$ 的情况下 $S$ 的子集的值的和。例如，`partial({0, 2}, 1) = value[{2}]+value[{0, 2}]`，因为我们只能移除元素 $0 \cdots 1$。注意，我们可以使用 `partial` 计算任何的值，因为 `sum(S) = partial(S, n-1)`。

为了使用动态规划，我们必须找到 partial 的递归关系。基本情况是 partial(S, -1) = value[S]，因为不能从 S 中移除任何元素。在一般情况下，我们可以按如下方式计算值：

$$\mathrm{partial}(S,k) = \begin{cases} \mathrm{partial}(S,k-1) & k \notin S \\ \mathrm{partial}(S,k-1) + \mathrm{partial}(S/\{k\},k-1) & k \in S \end{cases}$$

这里我们关注元素 $k$。如果 $k \in S$，有两种选择：保留 $k$ 在子集中，或者从子集中移除 $k$。

有一个特别巧妙的方法来实现动态规划解决方案，即声明一个数组

```
int sum[1<<N];
```

它将包含每个子集的和，数组初始化为：

```
for (int s = 0; s < (1<<n); s++) {
    sum[s] = value[s];
}
```

然后，我们可以按如下方式填充数组：

```
for (int k = 0; k < n; k++) {
    for (int s = 0; s < (1<<n); s++) {
        if (s&(1<<k)) sum[s] += sum[s^(1<<k)];
    }
}
```

这段代码计算了 partial(S, k) 的值（其中 $k = 0 \cdots n-1$），并将结果存储在数组 sum 中。由于 partial(S, k) 总是基于 partial(S, k-1)，我们可以复用数组 sum，因此产生了一个非常高效的实现。

### 15.6.3 整体二分

整体二分允许我们将一些基于二分搜索的算法更高效地执行。一般思路是同时进行多个二分搜索，而不是分别进行搜索。

作为一个例子，考虑以下问题：有 $n$ 个城市，编号为 $1, 2, \cdots, n$。最初，城市之间没有道路。然后，在 $m$ 天中，每天在两个城市之间修建一条新道路。最后，我们得到 $k$ 个查询，形式为 $(a, b)$，我们的任务是确定每个查询中城市 $a$ 和 $b$ 最早连接的时刻。我们可以假设在 $m$ 天后，所有请求的城市对都已连接。

图 15.34 显示了一个示例场景，其中有四个城市。假设查询是 $q_1 = (1, 4)$

和 $q_2 = (2, 3)$。$q_1$ 的答案是 2，因为城市 1 和 4 在第 2 天之后连接；$q_2$ 的答案是 4，因为城市 2 和 3 在第 4 天之后连接。

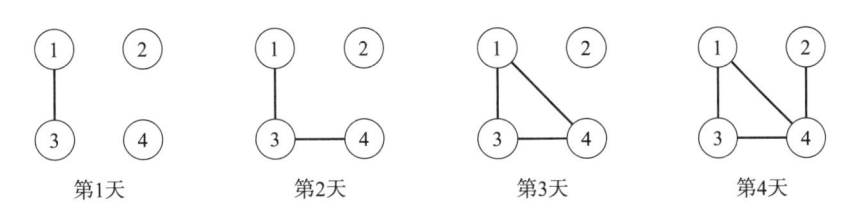

图 15.34 道路建设问题的实例

先考虑一个更简单的问题——只有一个查询 $(a, b)$。在这种情况下，我们可以使用并查集结构来模拟向网络添加道路的过程。每条新道路之后，我们检查城市 $a$ 和 $b$ 是否连接，如果连接则停止搜索。添加道路和检查城市是否连接都需要 $O(\log n)$ 时间，因此算法在 $O(m \log n)$ 时间内运行。

如何将这个解决方案推广到 $k$ 个查询？当然，我们可以分别处理每个查询，但这样的算法需要 $O(km \log n)$ 时间，如果 $k$ 和 $m$ 都很大，这会很慢。接下来我们将看到如何使用整体二分更高效地解决问题。

思路是为每个查询分配一个区间 $[x, y]$，这意味着城市首次连接的时间最早不早于 $x$ 天且不晚于 $y$ 天。最初，每个区间是 $[1, m]$。然后，我们使用并查集结构模拟将 $m$ 条道路添加到网络中的过程 $\log m$ 次。对于每个查询，我们在时刻 $u = \lfloor (x+y)/2 \rfloor$ 检查城市是否连接。如果已连接，则新的区间变为 $[x, u]$，否则区间变为 $[u+1, y]$。经过 $\log m$ 轮后，每个区间只包含一个时刻，即查询的答案。

在每一轮中，我们在 $O(m \log n)$ 时间内向网络添加 $m$ 条道路，并在 $O(k \log n)$ 时间内检查 $k$ 对城市是否连接。由于有 $\log m$ 轮，因此这样得出的算法在 $O((m+k) \log n \log m)$ 时间内运行。

### 15.6.4 动态连通性

假设有一个包含 $n$ 个节点和 $m$ 条边的图，给出 $q$ 个查询，每个查询要么是"在节点 $a$ 和 $b$ 之间添加一条边"，要么是"删除节点 $a$ 和 $b$ 之间的边"。我们的任务是高效地报告每次查询后图中的连通分量数量。

图 15.35 显示了该过程。最初，有三个连通分量；然后，添加边 2-4，连接了两个分量；之后，添加边 4-5，删除边 2-5，但连通分量数量保持不变；接着，添加边 1-3，连接了两个分量；最后，删除边 2-4，将一个分量分成两个分量。

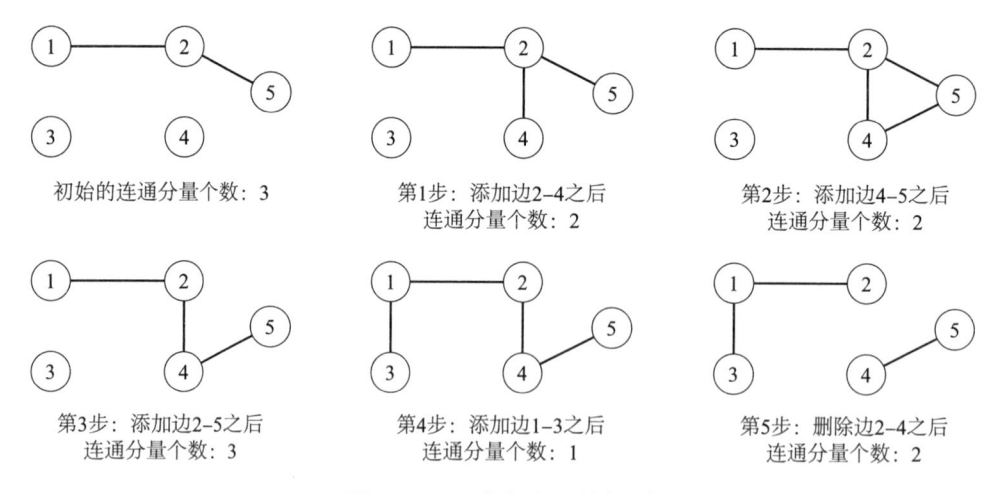

图 15.35 动态连通性问题

如果只向图中添加边,这个问题很容易使用并查集数据结构解决,但删除操作使问题变得更加困难。接下来我们将讨论一个分治算法,用于解决所有查询已知的离线版本问题,并且我们可以按任何顺序报告结果。这里介绍的算法基于 Kopeliovich 的工作[3]。

思路是创建一个时间线,其中每条边由一个区间表示,显示边的插入和删除时间。时间线跨越区间 $[0, q+1]$,在步骤 $a$ 添加并在步骤 $b$ 删除的边由区间 $[a, b]$ 表示。如果一条边属于初始图,则 $a = 0$;如果一条边从未被删除,则 $b = q+1$。图 15.36 显示了我们示例场景中的时间线。

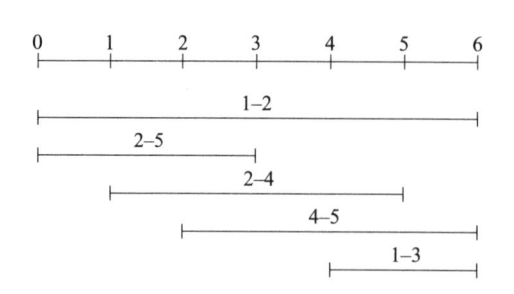

图 15.36 边插入和删除的时间线

为了处理区间,我们创建一个包含 $n$ 个节点且没有边的图,并使用一个递归函数,该函数在区间 $[0, q+1]$ 上调用。函数的工作方式如下:首先,如果 $[a, b]$ 完全在一条边的区间内,并且该边不属于图,则将其添加到图中;然后,如果 $[a, b]$ 的大小为 1,我们报告连通分量的数量,否则我们递归处理区间 $[a, k]$ 和 $[k, b]$,其中,$k = (a+b)/2$;最后,我们删除在处理区间 $[a, b]$ 开始时添加的所有边。

每次添加或删除边时,我们都会更新连通分量的数量。这可以使用并查集数据结构完成，因为我们总是删除最后添加的边。因此，只需为并查集结构实现一个撤销操作，这可以通过将操作信息存储在栈中来实现。由于每条边最多被添加和删除 $O(\log q)$ 次，并且每次操作在 $O(\log n)$ 时间内完成，因此算法的总运行时间为 $O((m+q)\log q \log n)$。

注意，除了计算连通分量的数量外，我们还可以维护任何可以与并查集数据结构结合的信息。例如，我们可以维护最大连通分量中的节点数量或每个连通分量的二分性。该技术还可以推广到支持插入和撤销操作的其他数据结构。

## 参考文献

［1］ D E Knuth. Optimum binary search trees. Acta Inform. 1971, 1(1): 14-25.

［2］ F F Yao. Efficient dynamic programming using quadrangle inequalities. in 12h Annual ACM Symposium on Theory of Computing, 1980: 429-435.

［3］ S Kopeliovich.Offline solution of connectivity and 2-edge-connectivity problems for fully dynamic graphs. M.Sc. thesis, Saint Petersburg State University, 2012. J Pachocki, J Radoszewski. Where to use and how not to use polynomial string hashing. Olymp. Inf, 2013, 7(1): 90-100.

# 第16章 Python在算法竞赛中的应用

虽然 C++ 是算法竞赛中的主要语言，但 Python 近年来也逐渐流行起来，本章我们将从算法竞赛的角度来看 Python 语言。

16.1 节展示如何使用 Python 解决一个示例算法竞赛问题。之后，我们将介绍一些 Python 特性：处理输入和输出、处理数字以及生成对象的组合。

16.2 节讨论算法竞赛中有用的 Python 数据结构：列表结构、哈希结构和优先队列，以及使用数据结构时 Python 和 C++ 之间的差异。

16.3 节介绍两种场景，其中 C++ 解决方案使用二叉搜索树数据结构。Python 标准库没有这样的数据结构，我们必须找到替代方法来解决问题。

16.4 节讨论 Python 中递归函数的使用。我们将看到如何增加默认的递归深度限制以及如何在 Python 中实现动态规划解决方案。

16.5 节通过实验研究了 Python 的效率。我们将比较两种 Python 实现（CPython 和 PyPy）的效率以及 Python 和 C++ 之间的效率。

16.6 节展示如何将 Python 用作生成测试、压力测试解决方案以及实现用于查找多项式的算法的工具。

## 16.1 引　言

在本书的开头，我们创建一个 C++ 程序来解决 CSES 问题集中的"奇怪的算法"问题。现在让我们用 Python 来解决这个问题。问题描述如下：

考虑一个算法，该算法以正整数 $n$ 作为输入。如果 $n$ 是偶数，算法将其除以二；如果 $n$ 是奇数，算法将其乘以三并加一。算法重复此过程，直到 $n$ 变为 1。例如，当 $n = 3$ 时，序列如下：

$$3 \to 10 \to 5 \to 16 \to 8 \to 4 \to 2 \to 1$$

你的任务是，输入一个整数 $n$，输出一行，包含算法执行过程中 $n$ 的所有值。

约束条件：$1 \leq n \leq 10^6$。

**样例输入**

```
3
```

**样例输出**

```
3 10 5 16 8 4 2 1
```

以下 Python 代码可以用来解决这个问题：

```
n = int(input())
while True:
    print(n, end=" ")
    if n == 1:
        break
    if n % 2 == 0:
        n = n // 2
    else:
        n = 3 * n + 1
print()
```

当我们用 C++ 解决这个问题时，必须仔细选择变量 $n$ 的类型，以确保它在计算过程中能够容纳所有中间值。在 Python 中，我们不需要考虑这一点，因为内置的 Python 整数可以包含任意大的值。除此之外，在 C++ 和 Python 中的代码实现没有太大区别。

### 16.1.1　输入和输出

Python 的 input 函数从标准输入读取一行并将其作为字符串返回。例如，以下代码从标准输入读取两行。第一行被转换为整数，第二行作为字符串存储。

```
n = int(input())
s = input()
```

如果一行包含由空格分隔的多个值，我们可以使用 split 函数将其转换为列表：

```
t = input().split()
```

使用上述代码，列表中的每个值都是一个字符串。要将每个值转换为整数，我们可以使用以下代码，该代码使用列表推导式语法来构造一个整数列表：

```
t = [int(x) for x in input().split()]
```

另一种方法是使用 map 函数进行整数转换，并使用 list 函数从 map 对象创建列表。

```
t = list(map(int, input().split()))
```

print 函数将一行写入标准输出。例如，以下代码写入三行：

```
print(a)
print(b)
print(c)
```

以下代码将每个值写入同一行，并用空格分隔：

```
print(a, b, c)
```

end 和 sep 参数可以用来在使用 print 函数时更改换行符和分隔符字符串。默认情况下，end 是 "\n"，sep 是 " "。以下代码将值写入同一行，并用空格分隔：

```
print(a, end="")
print(b, end="")
print(c)
```

以下代码将每个值写入单独的行：

```
print(a, b, c, sep="\n")
```

### 16.1.2 处理数字

在 Python 中，内置整数可以包含任意大的值。例如，以下代码打印整数 $1337^{13}$：

```
print(1337**13)
```

代码的输出如下：

```
4362227330611384737587866491265617721 4297
```

因此，当需要处理不适合 C++[1] 中 64 位或 128 位整数时，使用 Python 非常方便。运算符 / 总是生成一个浮点数，即使两个数都是整数。运算符 // 可以用于整数除法。

```
print(3 / 2)   # 1.5
print(3 // 2)  # 1
```

pow 函数可以用来高效计算表达式 $a^b$ mod $c$ 的值。例如，以下代码打印 $999^{10^6}$ mod 123 的值：

```
print(pow(999, 10**6, 123))   # 42
```

模块 math 包含一些用于整数计算的有用函数[2]。函数 gcd 和 lcm 用来计算一组数字的最大公约数和最小公倍数。函数 factorial 返回一个数的阶乘，函数 comb 可以用来计算二项式系数。

---

1）在某些最近的 Python 版本中，大整数与其字符串表示之间的转换受到限制。例如，默认情况下无法打印超过 4300 位的整数。这一更改的目的是防止 Python 应用程序中的拒绝服务攻击，因为此类转换速度较慢。可以使用 sys.set_int_max_str_digits 函数来增加限制。

2）这些函数在旧版本的 Python 中不可用。

```
import math

print(math.gcd(8, 12))      # 4
print(math.gcd(8, 12, 6))   # 2
print(math.lcm(8, 12))      # 24
print(math.factorial(5))    # 120
print(math.comb(5, 3))      # 10
```

模块 fractions 提供了一种使用分数进行精确计算的方法。例如，以下代码创建分数 $\frac{1}{2}$ 和 $\frac{5}{7}$：

```
from fractions import Fraction

a = Fraction(1, 2)
b = Fraction(5, 7)
print(a)        # 1/2
print(b)        # 5/7
print(float(a)) # 0.5
print(float(b)) # 0.7142857142857143
```

分数会自动显示为简化形式：

```
print(Fraction(1, 2))  # 1/2
print(Fraction(2, 4))  # 1/2
print(Fraction(3, 6))  # 1/2
```

可以使用数学运算符进行分数计算：

```
a = Fraction(1, 2)
b = Fraction(5, 7)
print(a + b)  # 17/14
print(a * b)  # 5/14
print(a < b)  # True
```

### 16.1.3　生成组合

模块 itertools 可以用来生成对象的组合，该模块包含以下函数：

（1）permutations 函数：生成输入序列的所有排列。例如，[1, 2, 3] 的排列是 (1, 2, 3)、(1, 3, 2)、(2, 1, 3)、(2, 3, 1)、(3, 1, 2) 和 (3, 2, 1)。

（2）combinations 函数：生成输入序列中所有具有 $k$ 个元素的子序列。例如，当输入序列为 [1, 2, 3] 且 $k = 2$ 时，组合是 (1, 2)、(1, 3) 和 (2, 3)。每个子序列对应于一个大小为 $k$ 的子集。

（3）product 函数：生成所有长度为 $k$ 的序列，其中每个元素来自输入序列。例如，当输入序列为 [1, 2, 3] 且 $k=2$ 时，序列是 (1, 1)、(1, 2)、(1, 3)、(2, 1)、(2, 2)、(2, 3)、(3, 1)、(3, 2) 和 (3, 3)。

（4）combinations_with_replacement 函数：生成所有长度为 $k$ 的序列，其中每个元素来自输入序列，并且元素的顺序与输入序列相同。例如，当输入序列为 [1, 2, 3] 且 $k=2$ 时，组合是 (1, 1)、(1, 2)、(1, 3)、(2, 2)、(2, 3) 和 (3, 3)。

以下代码演示了如何使用这些函数：

```
import itertools

s = [1, 2, 3]
k = 2
print(list(itertools.permutations(s)))
print(list(itertools.combinations(s, k)))
print(list(itertools.product(s, repeat=k)))
print(list(itertools.combinations_with_replacement(s, k)))
```

代码的输出如下：

```
[(1,2,3),(1,3,2),(2,1,3),(2,3,1),(3,1,2),(3,2,1)]
[(1,2),(1,3),(2,3)]
[(1,1),(1,2),(1,3),(2,1),(2,2),(2,3),(3,1),(3,2),(3,3)]
[(1,1),(1,2),(1,3),(2,2),(2,3),(3,3)]
```

## 16.2 数据结构

Python 标准库中有几种在算法竞赛中有用的数据结构。本节我们将讨论其中一些数据结构，并展示 Python 和 C++ 数据结构之间的一些差异。

Python 和 C++ 之间的一个区别是，在 Python 中，语法 $a=b$ 只复制数据结构的引用，而不像 C++ 那样复制数据结构的内容。以下代码演示了这一点：

```
a = [1, 2, 3]
b = a
a.append(4)
print(a)   # [1, 2, 3, 4]
print(b)   # [1, 2, 3, 4]
```

在这里，变量 a 和 b 指向同一个列表，当通过 a 添加元素时，它也会通过 b 可见。

这同样适用于函数调用：如果我们修改作为参数传递给函数的列表，更改将在函数外部可见。在以下代码中，函数向作为参数传递的列表添加一个新元素。

```
def test(x):
    x.append(4)

a = [1, 2, 3]
test(a)
print(a)   # [1, 2, 3, 4]
```

另一个区别是 Python 有两种类型的数据结构：可变数据结构和不可变数据结构。可变数据结构可以使用方法和运算符进行修改，但不可变数据结构不能被修改。例如，列表是可变数据结构，因为我们可以使用 [] 语法来修改列表：

```
x = [1, 2, 3]
x[1] = 5
print(x)   # [1, 5, 3]
```

然而，字符串和元组是不可变的，没有方法或运算符可以用来修改它们。例如，以下代码不起作用，因为不允许修改字符串：

```
x = "abc"
x[1] = "e"   # TypeError
print(x)
```

## 16.2.1 列表结构

在 Python 中，列表 (list) 是一个动态数组，可以在列表末尾高效地添加和删除元素。Python 列表结构对应于 C++ 的 vector 结构。可以使用 [] 语法创建列表。以下代码创建一个包含三个元素的列表：

```
t = [1, 2, 3]
```

另一种创建列表的方法是使用 append 方法在列表末尾添加新元素：

```
t = []
t.append(1)
t.append(2)
t.append(3)
print(t)   # [1, 2, 3]
```

pop 方法移除并返回列表的最后一个元素：

```
t = [1, 2, 3]
print(t.pop())  # 3
print(t)  # [1, 2]
```

可以使用 [] 语法访问列表的元素：

```
t = [1, 2, 3]
print(t[1])  # 2
t[1] = 5
print(t[1])  # 5
```

### 1. 列表排序

有两种方法可以对列表进行排序。第一种方法是使用 sort 方法，如下所示：

```
t = [3, 2, 1]
t.sort()
print(t)  # [1, 2, 3]
```

另一种方法是使用 sorted 函数，该函数创建一个新的已排序列表而不修改原始列表：

```
t = [3, 2, 1]
print(sorted(t))  # [1, 2, 3]
print(t)  # [3, 2, 1]
```

### 2. 双端队列

Python 还有一个 deque 数据结构，允许在列表的开头和末尾高效地插入和删除元素。它有两个特殊方法：appendleft 和 popleft，用于修改列表的开头。

以下代码展示了如何使用 deque：

```
from collections import deque

d = deque()
d.append(1)
d.append(2)
d.appendleft(3)
print(d)  # [3, 1, 2]
d.pop()
print(d)  # [3, 1]
d.popleft()
print(d)  # [1]
```

在 Python 中，deque 是作为链表实现的，无法使用 [] 语法高效地访问其元素。这与 C++ 不同，C++ 中的 deque 是作为动态数组实现的。

### 16.2.2 哈希（Hash）结构

Python 有两种基于哈希表的有用数据结构：集合（set）和字典（map）。它们对应于 C++ 的 unordered_set 和 unordered_map 数据结构。

#### 1. 集　合

集合用来维护一组元素，它提供了高效的 add 和 remove 方法用于元素插入和删除。此外，可以使用 in 运算符高效地检查集合是否包含某个元素。

以下代码展示了如何使用集合数据结构：

```python
s = set()
s.add(1)
s.add(2)
s.add(3)
print(s)   # {1, 2, 3}
print(2 in s)   # True
s.remove(2)
print(2 in s)   # False
```

集合中的每个元素最多出现一次：

```python
s = set()
s.add(5)
s.add(5)
print(s)   # {5}
```

#### 2. 字　典

字典由键值对组成，可以通过键高效地访问值。可以使用 {} 语法创建字典，并使用 [] 语法访问值。

以下代码展示了如何使用字典数据结构：

```python
d = {}
d["monkey"] = 1
d["banana"] = 2
d["harpsichord"] = 3

print("banana" in d)   # True
print(d["banana"])   # 2
```

与 C++ 不同，没有默认值。例如，以下代码不起作用，因为字典中没有键 "monkey"：

```
d = {}
print(d["monkey"])   # KeyError: 'monkey'
```

然而，还有另一种数据结构 defaultdict，它为缺失的键提供默认值。例如，我们可以定义一个类型为 int 的字典，如下所示：

```
from collections import defaultdict

d = defaultdict(int)
print(d["monkey"])   # 0
d["monkey"] += 1
print(d["monkey"])   # 1
```

只有不可变（immutable）值（如数字、字符串和元组）可以用作 Python 集合和字典中的键。例如，以下代码不起作用，因为列表不是不可变的：

```
s = set()
s.add([1, 2, 3])   # TypeError
```

### 16.2.3 优先队列

模块 heapq 提供了对列表执行二叉堆操作的函数。列表的第一个元素是最小元素。heappush 函数将元素添加到堆中，heappop 函数移除并返回最小元素。使用这些函数，我们可以将列表用作优先队列。

以下代码展示了如何使用这些函数：

```
from heapq import heappush, heappop

q = []
heappush(q, 2)
heappush(q, 1)
heappush(q, 4)
heappush(q, 3)

print(q[0])   # 1
heappop(q)
print(q[0])   # 2
```

heappush 函数和 heappop 函数都在 $O(\log n)$ 时间内工作。此外，heapify 函数可以用来在 $O(n)$ 时间内将列表转换为堆。该函数可以如下使用：

```
from heapq import heapify

q = [2, 1, 4, 3]
heapify(q)
print(q)  # [1, 2, 4, 3]
```

## 16.3　没有二叉搜索树的情况下的对策

Python 标准库没有二叉搜索树数据结构，因此 Python 中没有与 C++ 的 set 和 map 数据结构等效的结构。

使用二叉搜索树数据结构，我们可以维护一个集合，在其中可以高效地找到最小和最大元素，还可以处理诸如"比 $x$ 大的最小元素是什么"或"比 $x$ 小的最大元素是什么"之类的查询。在 Python 中，标准库中没有这些功能。

幸运的是，我们可以使用仅包含 Python 标准库工具（如排序、哈希结构和优先队列）的替代方法来解决问题。

### 16.3.1　最小值查询

下面，我们考虑使用一个具有以下操作的数据结构：

· 向集合中添加一个元素。

· 从集合中移除一个元素。

· 找到集合中的最小元素。

事实证明，我们可以使用两个 Python 数据结构来创建这样的数据结构：一个集合和一个优先队列。当添加一个元素时，我们将其添加到两个数据结构中；当移除一个元素时，我们只从集合中移除它，因为无法从优先队列中移除任意元素。

数据结构中最有趣的操作是找到最小元素。优先队列可以用来找到最小元素，但它可能包含已经移除的元素。因此，只要优先队列中的最小元素不再在集合中，我们就从优先队列中移除它。然后，当我们找到一个也在集合中的元素时，我们返回它。

我们可以如下实现这些操作：

```
def add(x):
```

```
            s.add(x)
            heappush(q, x)

    def remove(x):
        s.remove(x)

    def find_min():
        while q[0] not in s:
            heappop(q)
        return q[0]
```

使用此实现，`find_min` 函数可能需要从优先队列中移除大量元素，然后返回实际的最小元素。然而，添加到集合中的每个元素最多被移除一次。因此，每个函数在平均情况下都能高效工作。

请注意，我们之前在实现 Dijkstra 算法时使用了类似的技巧（7.3.2 节）。

### 16.3.2 示例问题

虽然我们可以使用集合和优先队列的组合来支持最小和最大查询，但处理诸如"比 $x$ 大的最小元素是什么"之类的查询并不容易。如果我们在问题中需要这样的查询，通常仍然有避免它们的方法。

考虑以下来自 CSES 问题集的问题：

有 $n$ 张音乐会门票，每张门票都有一个价格。然后，$m$ 个顾客依次到达。每个顾客宣布他们愿意为一张门票支付的最高价格，然后他们会得到一张价格最接近且不超过最高价格的门票。

第一行输入包含整数 $n$ 和 $m$（门票数量和顾客数量），下一行输入包含 $n$ 个整数 $h_1, h_2, \cdots, h_n$（每张门票的价格），最后一行输入包含 $m$ 个整数 $t_1, t_2, \cdots, t_m$（每个顾客愿意支付的最高价格，按到达顺序排列）。

对于每个顾客，输出他们将支付的门票价格。之后，该门票不能再次购买。

如果顾客无法获得任何门票，输出 $-1$。

约束条件：

- $1 \leq n, m \leq 2 \cdot 10^5$。
- $1 \leq h_i, t_i \leq 10^9$。

样例输入：

```
5 3
5 3 7 8 5
4 8 3
```

样例输出：

```
3
8
-1
```

在 C++ 中，我们可以使用 multiset 来解决问题。首先，我们可以将所有门票价格添加到集合中，然后高效地为每个顾客找到门票价格。为了找到门票价格，我们可以使用 upper_bound 函数找到最小的较高价格的门票，然后选择集合中的前一个元素，即所需的门票价格。

要在 Python 中解决这个问题，我们必须设计另一种解决方案，该方案不需要维护具有高效查询的门票价格集合。事实证明，如果我们改变顾客的处理顺序并创建一个离线解决方案，这个问题更容易解决。

思路是创建一个事件列表。有两种类型的事件：（1）顾客想要购买价格不超过 $x$ 的门票，（2）有一张新门票可用，价格为 $x$。我们按门票价格降序对列表进行排序，然后依次处理每个事件。此外，我们维护一个优先队列，其中包含已经请求门票的顾客。顾客按到达时间在优先队列中排序。

当我们处理类型 1 的事件时，我们将顾客添加到优先队列中。当我们处理类型 2 的事件时，我们从优先队列中移除到达时间最早的顾客，并将门票给予该顾客。如果优先队列中没有顾客，则没有人会得到门票。处理完所有事件后，我们可以报告每个顾客的门票价格。

事件的数量是线性的，我们可以使用优先队列高效地处理每个事件，从而得到一个高效的算法。

## 16.4 递归函数

考虑以下计算 $n$ 的阶乘的递归函数：

```
def factorial(n):
    if n == 0:
```

```
        return 1
    return factorial(n - 1) * n
```

对于小数字，该函数工作正常：

```
print(factorial(0))   # 1
print(factorial(2))   # 2
print(factorial(5))   # 120
print(factorial(9))   # 362880
```

然而，我们无法计算 1000 的阶乘：

```
print(factorial(1000))   # RecursionError
```

原因是 Python 中的默认递归深度限制相当小。我们可以使用 sys.setrecursionlimit 函数增加限制，如下所示：

```
import sys

sys.setrecursionlimit(5000)
print(factorial(1000))   # 4023872600770937735437024339230...
```

### 16.4.1 动态规划

我们通常可以使用动态规划来使递归函数高效。以下是一个计算卡特兰数（11.2.2 节）的递归函数：

```
def catalan(n):
    if n == 0:
        return 1
    s = 0
    for i in range(n):
        s += catalan(i) * catalan(n - i - 1)
    return s
```

对于小数字，该函数工作正常：

```
print(catalan(2))   # 2
print(catalan(3))   # 5
print(catalan(5))   # 42
```

然而，对于较大的数字，该函数很慢，因为递归调用的数量太大。

```
print(catalan(100))   # 太慢
```

以下是使用动态规划使函数高效的方法：

```
def catalan(n, d={}):
```

```
    if n == 0:
        return 1
    if n not in d:
        s = 0
        for i in range(n):
            s += catalan(i) * catalan(n - i - 1)
        d[n] = s
    return d[n]
```

现在该函数使用字典来存储其返回值，并且每个参数只进行一次递归调用。经过此修改后，该函数变得高效：

```
print(catalan(100))  # 896519947090131496687170070074...
```

注意，每个函数调用都使用相同的字典来存储结果，该字典作为参数传递。在 Python 中，如果函数参数具有默认值且该默认值创建了一个数据结构，那么每个使用默认值的函数调用都使用相同的数据结构。

在上述情况下，此功能很有用，但它有时会引起混淆。例如，考虑以下代码：

```
def test(t=[]):
    t.append(1)
    print(t)

test()  # [1]
test()  # [1, 1]
test()  # [1, 1, 1]
```

人们可能会认为每次函数调用都会向一个空列表添加一个元素。然而，实际上每次函数调用都会向同一个列表添加一个元素。

### 16.4.2　缓存装饰器

在 Python 中，还有一种内置的方法来存储函数结果并创建高效的动态规划解决方案。模块 `functools` 有一个装饰器 `cache`[1]，可以如下使用：

```
import functools

@functools.cache
def catalan(n):
    if n == 0:
```

---

[1] `cache` 装饰器是在 Python3.9 版本中添加到标准库中的。在此之前，可以使用 `lru_cache(maxsize=None)` 来实现类似的功能。

```
        return 1
    s = 0
    for i in range(n):
        s += catalan(i) * catalan(n - i - 1)
    return s
```

使用装饰器，函数对不同参数的返回值会自动存储，如果函数再次使用相同的参数调用，则返回先前计算的值。

## 16.5 运行效率

本节我们将比较两种 Python 实现（CPython 和 PyPy）以及 C++ 的效率。CPython 是标准的 Python 实现，是最常见的执行 Python 代码的方式。PyPy 是另一种 Python 实现，它包含一个即时编译器（JIT），通常速度更快。

### 16.5.1 寻找素数

在第一个实验中，我们使用 Eratosthenes 筛法计算 2 到 $n$ 之间的素数数量。以下是实验中使用的 Python 代码：

```
sieve = [0]*(n+1)
count = 0
for i in range(2, n+1):
    if sieve[i]:
        continue
    count += 1
    for j in range(2*i, n+1, i):
        sieve[j] = 1
print(count)
```

以下是相应的 C++ 代码：

```
vector<int> sieve(n+1);
int count = 0;
for (int i = 2; i <= n; i++) {
    if (sieve[i]) continue;
    count++;
    for (int j = 2*i; j <= n; j += i) {
        sieve[j] = 1;
    }
}
```

```
cout << count << "\n";
```

表 16.1 显示了实验结果，可以看出，PyPy 和 C++ 在大规模测试中比 CPython 快得多。然而，PyPy 和 C++ 之间的差异非常小。

表 16.1　素数计数实验的结果

| 输入大小 $n$ | CPython | PyPy | C++ |
| --- | --- | --- | --- |
| $10^6$ | 0.32s | 0.12s | 0.01s |
| $2 \cdot 10^6$ | 0.68s | 0.15s | 0.03s |
| $4 \cdot 10^6$ | 1.51s | 0.21s | 0.09s |
| $8 \cdot 10^6$ | 3.00s | 0.34s | 0.19s |
| $16 \cdot 10^6$ | 5.97s | 0.60s | 0.39s |
| $32 \cdot 10^6$ | 12.61s | 1.14s | 0.82s |
| $64 \cdot 10^6$ | 25.05s | 2.22s | 1.69s |

## 16.5.2　计数排列

在第二个实验中，我们计算 1 到 $n$ 的排列中没有相邻数字差为 1 的排列数量。例如，当 $n=4$ 时，有两个这样的排列 (2, 4, 1, 3) 和 (3, 1, 4, 2)。

以下是计数排列的 Python 代码：

```
c = 0
for p in itertools.permutations(range(1,n+1)):
    f = False
    for i in range(n-1):
        if abs(p[i]-p[i+1]) == 1:
            f = True
            break
    if not f:
        c += 1
print(c)
```

以下是相应的 C++ 代码：

```
vector<int> p(n);
iota(p.begin(), p.end(), 1);
int c = 0;
do {
    bool f = false;
    for (int i = 0; i < n-1; i++) {
        if (abs(p[i]-p[i+1]) == 1) {
            f = true;
```

```
            break;
        }
    }
    if (!f) c++;
} while (next_permutation(p.begin(), p.end()));
cout << c << "\n";
```

表 16.2 显示了实验结果，在这个实验中，PyPy 比 CPython 快得多，C++ 比 PyPy 快得多。

表 16.2 排列计数实验的结果

| 输入大小 n | CPython | PyPy | C++ |
|---|---|---|---|
| 8 | 0.06s | 0.07s | 0.01s |
| 9 | 0.33s | 0.12s | 0.01s |
| 10 | 3.46s | 0.37s | 0.03s |
| 11 | 36.00s | 3.19s | 0.26s |
| 12 | > 60s | 36.52s | 2.92s |

# 16.6 将Python作为工具使用

除了使用 Python 解决竞赛问题外，我们还可以将 Python 用作工具，例如生成测试用例或测试解决方案。编写此类程序通常比使用 C++ 更方便。

## 16.6.1 生成测试用例

假设我们想要为一个问题的输入生成一个大的随机测试用例，该输入由两行组成：列表的长度和列表的内容。以下 Python 程序（generate.py）可以解决此问题：

```python
import random
import sys

n = int(sys.argv[1])
t = [str(random.randint(1, 100)) for x in range(n)]
print(n)
print(" ".join(t))
```

列表 sys.argv 包含传递给程序的命令行参数（参数 0 是文件名，参数 1 是第一个"实际"参数）。函数 random.randint 生成两个整数之间的随机整数。例如，我们可以生成一个测试输入，其中 n = 20，如下所示：

```
$ python3 generate.py 20
20
60 19 46 83 12 61 44 58 55 77 79 72 27 94 78 47 23 49 33 41
```

## 16.6.2 压力测试

我们可以使用压力测试来测试实现的解决方案是否正确，或者找到一个使其无法产生正确结果的测试输入。其思路是创建两个额外的程序：一个应该正确工作的暴力解决方案，以及一个生成随机输入并检查两个解决方案是否对每个测试产生相同答案的测试程序。假设我们的解决方案二进制文件是 code（高效解决方案）和 brute（暴力解决方案），输入由两行组成：列表的长度和列表的内容。以下 Python 程序（test.py）可以用于压力测试：

```
import os
import random

c = 0
while True:
    c += 1
    print("test", c)

    n = random.randint(1, 10)
    t = [str(random.randint(1, 100)) for x in range(n)]

    f = open("input.txt", "w")
    f.write(str(n) + "\n")
    f.write(" ".join(t) + "\n")
    f.close()

    os.system("./code < input.txt > output1.txt")
    os.system("./brute < input.txt > output2.txt")

    o1 = open("output1.txt").readline()
    o2 = open("output2.txt").readline()
    if o1 == o2:
        print("ok")
    else:
        print("fail")
        break
```

这里使用 `os.system` 函数来运行外部程序。方法 `readline` 从文件中读取第一行。如果有多行，可以使用方法 readlines 读取所有行并将它们作为列表返回。

这个测试程序有一个循环，每次迭代都会创建一个随机测试用例，将其写入输入文件，将输入文件提供给两个解决方案，并比较它们的输出文件。如果程序找到一个使解决方案产生不同答案的测试用例，程序将停止。之后，我们可以检查输入文件，并尝试找出为什么答案不同。

这里的 $n$ 在每次测试中都在 1 到 10 之间，通常生成大量小测试用例是一个好方法。如果解决方案中存在错误，通常会有一些小的测试用例显示出错误。找到测试用例后，我们会有一个小的输入文件，其中解决方案产生错误的答案。然后我们可以手动检查测试用例，并尝试找出解决方案不正确的原因。

### 16.6.3　寻找多项式

我们还可以使用 Python 方便地实现 11.7.2 节中给出的算法。该算法给出一个包含多项式前几个值的列表，并找到相应的多项式。

由于列表中的中间值和系数可以是分数，因此我们可以使用 Python 中内置的分数。实现代码如下：

```
from fractions import Fraction
from math import factorial

def find(p):
    c = 0
    while min(p) != max(p):
        c += 1
        p = [p[i+1]-p[i] for i in range(len(p)-1)]
    return c, p[0] / factorial(c)

p = [0, 0, 8, 44, 140, 340, 700, 1288]
p = [Fraction(x,1) for x in p]

while True:
    k, a = find(p)
    print(a, k)
    p = [p[i]-a*(i+1)**k for i in range(len(p))]
    if k == 0:
        break
```

这里的输入列表是 [0, 0, 8, 44, 140, 340, 700, 1288]，对应于皇后组合的数量，其中皇后不互相攻击。该算法产生以下结果：

```
1/2 4
-5/3 3
3/2 2
-1/3 1
0 0
```

这意味着多项式是：

$$\frac{1}{2}n^4 - \frac{5}{3}n^3 + \frac{3}{2}n^2 - \frac{1}{3}n$$

# 第17章　如何准备IOI

# 第17章 如何准备IOI

IOI（International Olympiad in Informatics，国际信息学奥林匹克竞赛）是一个面向高中生的国际性信息学竞赛，本章介绍该竞赛的结构，并为未来的IOI参与者提供建议。

17.1节是IOI概述，介绍竞赛的形式以及竞赛多年来如何演变。

17.2节讨论被选入IOI的过程以及在竞赛前如何进行良好的练习和准备。

17.3节涉及在IOI中所需的技术技能。例如，如何使用命令行工具和IOI任务界面。

17.4节提供在实际竞赛中尽量争取高分的建议：如何分配时间以及如何利用子任务和反馈。

## 17.1 竞赛概述

每个参与国家或地区可以派出一个由四名参赛者组成的团队参加IOI。参赛者必须是高中生，并且必须有一个对所有人开放的国家或地区选拔过程。通常会有训练活动和区域竞赛用于团队选拔。

IOI每年举办一次，表17.1列出了撰写本书时的IOI东道主名单。东道主为所有参与者提供住宿、食物、竞赛设施和游览活动，这意味着组织IOI需要大量资金。团队只需支付他们前往东道主的旅行费用。

表17.1　1989—2026年IOI东道主

| 年份 | 国家或地区 | 年份 | 国家或地区 | 年份 | 国家或地区 |
| --- | --- | --- | --- | --- | --- |
| 1989 | 保加利亚 | 2002 | 韩国 | 2015 | 哈萨克斯坦 |
| 1990 | 苏联 | 2003 | 美国 | 2016 | 俄罗斯 |
| 1991 | 希腊 | 2004 | 希腊 | 2017 | 伊朗 |
| 1992 | 德国 | 2005 | 波兰 | 2018 | 日本 |
| 1993 | 阿根廷 | 2006 | 墨西哥 | 2019 | 阿塞拜疆 |
| 1994 | 瑞典 | 2007 | 克罗地亚 | 2020 | 新加坡（线上） |
| 1995 | 荷兰 | 2008 | 埃及 | 2021 | 新加坡（线上） |
| 1996 | 匈牙利 | 2009 | 保加利亚 | 2022 | 印度尼西亚 |
| 1997 | 南非 | 2010 | 加拿大 | 2023 | 匈牙利 |
| 1998 | 葡萄牙 | 2011 | 泰国 | 2024 | 埃及 |
| 1999 | 土耳其 | 2012 | 意大利 | 2025 | 玻利维亚（未来） |
| 2000 | 中国 | 2013 | 澳大利亚 | 2026 | 乌兹别克斯坦（未来） |
| 2001 | 芬兰 | 2014 | 中国台湾 | | |

每个 IOI 参赛者独立竞争，没有团队合作。竞赛为期两天，参赛者在这两天内解决任务[1]。竞赛结束后，最优秀的学生将获得奖牌（金、银和铜）。

### 17.1.1 历 史

第一届 IOI 于 1989 年在保加利亚举行，有来自 13 个国家或地区[1]的 46 名参赛者。随后，参赛人数迅速增加，1992 年在德国已有来自 51 个国家或地区的 171 名参赛者。在撰写本书时，约有 90 个国家或地区参加 IOI。2023 年在匈牙利，有来自 87 个国家或地区的 351 名参赛者。

IOI 多年来发生了很大变化，一个重大变化是 IOI 任务现在比早期更难。例如，以下是 1994 年 IOI 的任务 "The Triangle"：

右图显示了一个数字三角形。编写一个程序，计算从顶部开始并在底部某处结束的路径上的最大数字和。

- 每一步可以向左下或右下移动。
- 三角形中的行数大于 1 但小于等于 100。
- 三角形中的数字均为整数，介于 0 到 99 之间。

```
        7
       3 8
      8 1 0
     2 7 4 4
    4 5 2 6 5
```

**输入数据** 从 INPUT.TXT 文件中读取三角形中的行数。在我们的示例中，INPUT.TXT 如下所示：

```
5
7
3 8
8 1 0
2 7 4 4
4 5 2 6 5
```

**输出数据** 最大和作为整数写入 OUTPUT.TXT 文件。在我们的示例中，最大和为：

```
30
```

这在今天是简单的动态规划练习，不适合 IOI。然而，1994 年的情况不同。当时，动态规划是一种只有部分参赛者掌握的高级技术。上述任务还显示，旧的 IOI 任务中没有子任务。相反，你必须猜测某种类型的解决方案会给你多少分。另一个不同之处是，竞赛期间没有反馈。当你的解决方案准备好时，无法知道你会得到多少分。分数只在竞赛结束后报告给参赛者。

---

1) IOI 问题被称为任务（tasks），本章中我们将使用这一术语。

## 17.1.2 日程安排

典型的 IOI 日程安排如下：

- 第 1 天：抵达。
- 第 2 天：练习赛，开幕式。
- 第 3 天：第一场竞赛。
- 第 4 天：第一次游览。
- 第 5 天：第二场竞赛。
- 第 6 天：第二次游览。
- 第 7 天：闭幕式。
- 第 8 天：离开。

竞赛为期两天，每天有五小时的竞赛时间，这意味着大部分时间都花在编程以外的活动上。事实上，IOI 的目的不仅是找出谁是世界上最好的年轻程序员，还要结识新朋友并获得经验。

## 17.1.3 任 务

两个 IOI 竞赛日各包含三个任务，只有少数人提前知道任务。竞赛日前一天晚上，任务会向团队领队公开，然后领队们讨论这些任务，并将任务从英语翻译成其他语言。

每个任务的分数在 0 到 100 之间，因此，两个竞赛日期间可获得的最大总分数为 600 分。任务被分为子任务，每个子任务都有分数，这意味着你可以决定解决一些较容易的子任务，并获得部分分数。

例如，以下是 2023 年 IOI 的任务 "Overtaking"（省略了一些技术细节和示例）：

有一条从布达佩斯机场到 Forras 酒店的单车道单向道路，道路长度为 $L$ 千米。

在 2023 年 IOI 活动期间，有 $N+1$ 辆转运巴士在这条道路上行驶。巴士编号从 0 到 $N$。巴士 $i$（$0 \leq i < N$）计划在活动开始后的第 $T[i]$ 秒离开机场，并以每秒 $W[i]$ 千米的速度行驶。巴士 $N$ 是一辆备用巴士，以每秒 $X$ 千米的速度行驶，它离开机场的时间 $Y$ 尚未确定。

一般情况下，道路上的超车是不允许的，但巴士可以在排序站超车。道路上有 $M$（$M>1$）个排序站，编号从 0 到 $M-1$。排序站 $j$（$0 \leq j < M$）位于机场沿道路 $S[j]$ 千米处。排序站按与机场的距离顺序排列，即对于每个 $0 \leq j \leq M-2$，有 $S[j] < S[j+1]$。第一个排序站是机场，最后一个排序站是酒店，即 $S[0]=0$ 和 $S[M-1]=L$。

每辆巴士以最大速度行驶，除非它追上前方行驶的较慢巴士，在这种情况下，它们会聚集在一起并以较低速度行驶，直到到达下一个排序站。在那里，较快的巴士会超过较慢的巴士。

对于每个 $i$ 和 $j$，使得 $0 \leq i \leq N$ 和 $0 \leq j < M$，巴士 $i$ 到达排序站 $j$ 的时间 $t_{i,j}$（以秒为单位）定义如下（$i<N$ 时，设 $t_{i,0}=T[i]$；$i=N$ 时，设 $t_{N,0}=Y$；对于每个 $j$，$0<j<M$）：

- 定义巴士 $i$ 到达排序站 $j$ 的预期到达时间（以秒为单位）为 $e_{i,j}$，即巴士 $i$ 从到达排序站 $j-1$ 时开始以全速行驶到达排序站的时间。也就是说，对于 $0 \leq i < N$，设 $e_{i,j}=t_{i,j-1}+W[i] \cdot (S[j]-S[j-1])$；对于 $i=N$，设 $e_{N,j}=t_{N,j-1}+X \cdot (S[j]-S[j-1])$。
- 巴士 $i$ 到达排序站 $j$ 的时间为巴士 $i$ 和所有比巴士 $i$ 早到达排序站 $j-1$ 的其他巴士的预期到达时间的最大值。也就是说，设 $t_{i,j}$ 为 $e_{i,j}$ 和 $e_{k,j}$ 的最大值，其中 $0 \leq k \leq N$ 且 $t_{k,j-1} < t_{i,j-1}$。

IOI 组织者希望安排备用巴士（巴士 $N$）。你的任务是回答组织者的 $Q$ 个问题，这些问题形式如下：给定备用巴士离开机场的时间 $Y$（以秒为单位），它将在何时到达酒店？

约束条件：

- $1 \leq L \leq 10^9$。
- $1 \leq N \leq 1000$。
- $0 \leq T[i] \leq 10^{18}$（对于每个 $0 \leq i < N$）。
- $1 \leq W[i] \leq 10^9$（对于每个 $0 \leq i < N$）。
- $1 \leq X \leq 10^9$。
- $2 \leq M \leq 1000$。
- $0 = S[0] < S[1] < \cdots < S[M-1]=L$。
- $1 \leq Q \leq 10^6$。
- $0 \leq Y \leq 10^{18}$。

子任务：

- （9 分）$N=1$，$Q \leq 1000$。
- （10 分）$M=1$，$Q \leq 1000$。

- （20分）$N, M, Q \leq 1000$。
- （26分）$Q \leq 5000$。
- （35分）无额外约束。

这是竞赛中最简单的任务，平均得分为44.62分。然而，只有28名参赛者完全解决了任务并获得了100分。这表明子任务的重要性：即使你无法完全解决任务，通过解决子任务你也可以获得不错的分数。

### 17.1.4 奖 牌

在闭幕式上，最优秀的参赛者将获得奖牌。过去没有实时记分板，闭幕式前不知道谁会获得什么奖牌。今天的情况不同，因为记分板和奖牌得主在闭幕式前已知。

大约十二分之一的参赛者获得金牌，大约六分之一的参赛者获得银牌，大约四分之一的参赛者获得铜牌。因此，大约一半的参赛者将获得奖牌。

表17.2显示了1989年至2023年获得IOI金、银和铜牌数量前十的国家或地区。

表 17.2

| 国家或地区 | 金牌数量 | 银牌数量 | 铜牌数量 | 国家或地区 | 金牌数量 | 银牌数量 | 铜牌数量 |
|---|---|---|---|---|---|---|---|
| 中 国 | 100 | 27 | 12 | 日 本 | 35 | 28 | 10 |
| 俄罗斯 | 68 | 40 | 12 | 罗马尼亚 | 33 | 58 | 36 |
| 美 国 | 65 | 38 | 16 | 伊 朗 | 31 | 65 | 23 |
| 韩 国 | 48 | 47 | 28 | 保加利亚 | 27 | 51 | 45 |
| 波 兰 | 42 | 50 | 35 | 中国台湾 | 25 | 61 | 27 |

## 17.2 赛前准备

显然，你必须成为自己国家或地区最优秀的高中程序员之一才能进入团队。之后，进行充分的练习和准备竞赛也很重要。

### 17.2.1 进入团队

迈向IOI的第一步是参加你所在国家或地区的竞赛。如果你在竞赛中取得好成绩，就很可能会被邀请参加集训，包括在线解决问题、训练营和参加区域竞赛。最后，选出四名最优秀的选手参加IOI。

成为 IOI 参赛者的难度因国家或地区而异。在一些国家或地区，没有多少学生训练算法竞赛，IOI 团队可能会有几乎不会编程的参赛者。在其他一些国家或地区，可能需要多年的积极练习和奉献才能有机会进入 IOI 团队。

你练习得越多，被邀请参加 IOI 的机会就越大。记住，解决问题的数量并不重要。相反，你应该解决足够难的问题以学习新知识。有许多在线竞赛和问题集可以用于练习。

### 17.2.2 练习

当你确立了自己在国家或地区的 IOI 团队中的位置时，可以放松了吗？一些学生在知道自己已被选中后停止练习，因为不再有对手可以取代他们的位置。然而，这不是一个好主意。

当你被邀请参加 IOI 时，你应该更加努力地练习，以在竞赛中取得好成绩。即使你是自己国家或地区最好的程序员，也不保证你在国际水平上会成功。

使用以往的 IOI 题目和其他类似类型的竞赛（如全国和区域竞赛）进行练习是有用的。你可以通过模拟竞赛情况并在竞赛时间内尽可能多地得分来进行练习。此外，在练习竞赛后，你可以尝试解决在实际竞赛中未能解决的子任务。

在 IOI 中不允许使用任何材料或预先编写的代码。因此，你应该能够快速实现所需的算法和数据结构。例如，从零开始编写一个线段树不应超过几分钟。如果你能快速实现标准算法和数据结构，就会在竞赛中取得巨大的优势。

### 17.2.3 灵活性

你不应期望在 IOI 中使用你最喜欢的编程语言、操作系统、文本编辑器和其他工具。相反，你必须使用竞赛中提供的工具。准备好使用一个对你来说可能并不理想的比赛环境是非常重要的。

通常你会得到一台装有 Linux 环境的计算机，其中包含一些流行的编译器、文本编辑器和工具。你不应期望特定的编程环境已安装在机器上或包含特定的插件。一个安全的选择是使用 Vim 或 Emacs 作为文本编辑器，因为它们通常可用，或者准备好使用一些没有特殊功能的文本编辑器。你应该学习如何在命令行上编译和运行代码，而不应期望有图形界面可用。

在撰写本书时，C++ 是 IOI 中唯一允许的编程语言。因此，无需选择使用哪种语言。多年来，IOI 中可用的语言已经发生了变化，未来可能会引入新语言。

尽管如此，C++ 仍是一个安全的选择，几乎所有的算法竞赛程序员都使用它。如果你使用 C++，你可以确信它会得到良好的支持，使用它没有什么明显劣势。

### 17.2.4 竞赛网站

竞赛网站通常是一个很好的信息来源。有两个重要文档：竞赛规则和竞赛环境。

竞赛规则文档指定了竞赛期间允许和不允许做的事情，例如你可以带入竞赛大厅的物品。它还描述了竞赛系统的工作原理以及提交解决方案后你会得到什么样的反馈。不同竞赛之间通常会有一些小的差异，例如每个任务允许的提交次数。

竞赛环境文档描述了竞赛期间可用的硬件和软件。它通常会告诉你竞赛中可以使用哪些编译器、文本编辑器和工具。它可能还包含一个虚拟机镜像的链接，你可以在自己的计算机上提前测试竞赛环境。

## 17.3 技术技能

IOI 中的典型计算机有一个包含一些文本编辑器、编译器和其他工具的 Linux 环境。在 IOI 期间没有太多时间学习如何使用这种环境，因此最好在竞赛之旅开始前练习使用该环境。

### 17.3.1 命令行

了解如何使用命令行是一个有用的技能。以下是一些用于处理文件和目录的命令：

- `ls` 命令显示目录的内容：

  ```
  $ ls
  a.cpp b.cpp c.cpp
  ```

- `cat` 命令显示文件的内容：

  ```
  $ cat code.cpp
  #include <iostream>
  using namespace std;
  int main() {
      cout << "hello\n";
  }
  ```

- `head` 命令显示文件的前几行：

  ```
  $ head --lines=3 test.txt
  line 1
  line 2
  line 3
  ```

- `tail` 命令显示文件的最后几行：

  ```
  $ tail --lines=3 test.txt
  line 98
  line 99
  line 100
  ```

- `cp` 命令创建文件的副本：

  ```
  $ cp old.cpp new.cpp
  ```

- `mv` 命令移动文件（更改其名称）：

  ```
  $ mv old.cpp new.cpp
  ```

- `rm` 命令删除文件：

  ```
  $ rm old.cpp
  ```

- `touch` 命令创建一个新的空文件：

  ```
  $ touch new.cpp
  ```

- `mkdir` 命令创建一个新的目录：

  ```
  $ mkdir tmp
  ```

- `cd` 命令更改当前目录（语法 `..` 表示父目录）：

  ```
  $ cd tmp
  $ cd ..
  ```

- `rmdir` 命令删除目录[1]：

  ```
  $ rmdir tmp
  ```

我们可以如下编译和运行一个 C++ 程序：

```
$ g++ a.cpp -o a -O2
$ ./a
3
hello
```

---

[1] 译者注：如果目录非空，需要使用 `rm -f` 命令强制删除。

```
hello
hello
```

我们可以通过按"Control+C"来停止正在运行的程序。

"<"可以用于从文件而不是标准输入读取输入,">"可以用于将输出写入文件而不是标准输出。例如,我们可以如下操作:

```
$ cat in.txt
3
$ ./a < in.txt
hello
hello
hello
$ ./a < in.txt >
```

cat 命令也可以使用">"创建新文件:

```
$ cat > in.txt
5
^D
$ cat in.txt
5
```

在上面的示例中,"^D"表示我们按下"Control+D"。

grep 命令显示包含给定字符串的行,wc 命令显示行数、单词数和字符数。

```
$ grep int a.cpp
int main() {
    int n;
    for (int i = 1; i <= n; i++) {
$ wc a.cpp
11 28 151 a.cpp
```

我们可以使用"|"将第一个命令的输出用作第二个命令的输入。例如,我们可以如下操作:

```
$ ./a < in.txt | wc
3 3 18
```

tee 命令既显示其输入又将其写入文件。我们可以如下使用该命令:

```
$ ./a < in.txt | tee out.txt
hello
hello
hello
```

time 命令可以用于测量程序执行所需的时间。例如，我们可以如下测量处理文件中测试用例所需的时间：

```
$ time ./a < in.txt
```

ulimit 命令可以用于设置程序的内存限制。一个常见的用例是增加栈大小以运行使用递归的程序。运行以下命令后，栈大小没有限制：

```
$ ulimit -s unlimited
```

### 17.3.2 键盘布局

通常在 IOI 中可以使用本地键盘或美式键盘，你也可以自带键盘。

setxkbmap 命令可以用于选择键盘布局。例如，以下命令选择芬兰键盘布局：

```
$ setxkbmap fi
```

### 17.3.3 调试工具

竞赛环境中通常有调试工具。两个常见的工具是 Valgrind（valgrind）和 GNU 调试器（gdb）。

使用 C++ 时的一个典型错误是代码写入或读取错误的内存位置。例如，考虑以下代码：

```cpp
#include <iostream>
#include <vector>

using namespace std;

int main() {
    vector<int> v;
    v[0] = 5;
}
```

这里 "v" 是一个空向量，内存位置 v[0] 是无效的。当我们尝试运行代码时，它会崩溃并产生段错误。

在调试代码之前，应使用 "-g" 标志编译代码，该标志会在二进制文件中添加调试信息，并且不应进行优化：

```
$ g++ code.cpp -g -o code
```

我们首先使用 Valgrind 调试代码。Valgrind 是一个可以用于检测内存错误的工具。我们按照如下方式运行代码：

```
$ valgrind ./code
...
Invalid write of size 4
   at 0x10917D: main (code.cpp:8)
```

这里 Valgrind 检测到一个大小为 4 的无效写入（int 值的大小为 4 字节），并显示这发生在第 8 行。

我们也可以使用 GNU 调试器调试代码，如下所示：

```
$ gdb ./code
...
(gdb) run
...
Program received signal SIGSEGV, Segmentation fault.
main () at code.cpp:8
8     v[0] = 5;
```

这里调试器显示段错误发生的行。

### 17.3.4　任务接口

现代 IOI 任务使用一个特殊的输入输出接口，这在许多全国和区域竞赛中不常用。与使用标准输入输出不同，使用函数进行输入输出。例如，以下是 2023 年 IOI 任务"Overtaking"的实现细节，你的任务是实现以下过程：

```
void init(int L, int N, int64[] T, int[] W,
    int X, int M, int[] S)
```

- $L$：道路的长度。
- $N$：非备用巴士的数量。
- $T$：一个长度为 $N$ 的数组，描述非备用巴士离开机场的时间。
- $W$：一个长度为 $N$ 的数组，描述非备用巴士的最大速度。
- $X$：备用巴士行驶 1 千米所需的时间。
- $M$：排序站的数量。
- $S$：一个长度为 $M$ 的数组，描述排序站与机场的距离。

- 此过程在每个测试用例中只调用一次，在调用 arrival_time 之前执行：

  ```
  int64 arrival_time(int64 Y)
  ```

- Y：备用巴士离开机场的时间。
- 此过程应返回备用巴士到达酒店的时间。
- 此过程将调用 Q 次。

这意味着你应该创建一个包含两个函数的文件，评分程序将调用这些函数并测试它们是否正确工作。还有一个示例评分程序可用，其工作方式如下：

（1）按以下格式读取输入：

- 第 1 行：$L$ $N$ $X$ $M$ $Q$
- 第 2 行：$T[0]$ $T[1]$ ... $T[N-1]$
- 第 3 行：$W[0]$ $W[1]$ ... $W[N-1]$
- 第 4 行：$S[0]$ $S[1]$ ... $S[M-1]$
- 第 5 行 $+k(0 \leq k < Q)$：问题 $k$ 的 Y

（2）按以下格式打印答案：

- 第 1 行 $+k(0 \leq k < Q)$：问题 $k$ 的 arrival_time 的返回值。

使用示例评分程序可以更容易地测试程序，因为你仍然可以使用传统的输入输出规范。

无论如何，在 IOI 之前通过解决具有这种接口的任务进行练习是很重要的：如何创建代码文件，如何编译它，以及如何使用示例评分程序和其他方式进行测试。如果在实际 IOI 中因为无法使用任务接口而浪费时间，这将是一个非常糟糕的主意。

## 17.4 竞赛期间

IOI 有一个明确的目标：在两个竞赛日期间尽可能多地得分。然而，IOI 不仅仅是对实际编程技能的考验，良好的竞赛准备也很重要。在竞赛期间你应该怎样做才能取得好成绩？

### 17.4.1 练习赛

在练习赛中，参赛者进入竞赛大厅并可以测试在实际竞赛中可用的竞赛环境。通常有一些练习任务可用。练习任务可以是原本为实际竞赛准备但未被选中的任务。

然而，比尝试解决练习任务更重要的是找出竞赛环境的确切工作方式以及可用的编译器、编辑器和工具。此外，提交不同类型的解决方案到竞赛系统并检查可用的反馈是有用的。

如果你在练习赛中发现任何问题（例如，某些文本编辑器无法正常工作），可以向竞赛组织者报告，他们会在实际比赛前修复这些问题。

### 17.4.2 时间分配

IOI 竞赛的持续时间为 5 个小时，事先制定如何分配时间的计划是很重要的。

IOI 竞赛有三个任务，这意味着你可以为每个任务分配大约 1.5 小时的时间。由于提交时间不影响你的分数，你可以在开始编码前仔细阅读任务陈述并思考任务。你不能假设任务会按难度排序。

重要的是不要在一个任务上卡住而忽略其他任务。如果你在前 4 个小时都在做第一个任务，你将只有一小时的时间来做其他两个任务，你很可能会失去重要的分数。

### 17.4.3 子任务

每个任务由子任务组成，可以用来获得部分分数。通常很难为一个任务获得满分，因此解决子任务非常重要。事实上，许多参赛者的表现并未达到他们应有的水平，因为他们忽略了容易的子任务，试图获得更多分数，最终却一无所获。

在大多数任务中，存在一些相对简单的子任务，它们可以作为你解题的起点，并为你赢得一些基础分数。即使你有更高级的解决方案，如果处理这些简单的子任务并不耗费太多时间，那么先从它们着手会是一个明智的选择。通过解决容易的子任务，你还可以检查自己是否正确理解了任务，并获得解决更难子任务的想法。

在许多情况下，可以逐步构建解决方案，并使用子任务来检查解决方案的某些部分是否正确。例如，假设有一个任务可以使用贪心算法解决，但需要一个复杂的树数据结构。你可以首先使用一个慢速数据结构而不是树结构来实现算法，并检查算法是否正确解决了子任务。之后，你可以假设算法的基本思想是正确的，然后花时间实现树结构。这比首先花一小时实现树结构，然后发现基本思想不正确要好得多。

有时一个解决方案（可能有一些优化）可以解决比预期更多的子任务。在这种情况下，最好先实现一个简单的方案看看效果如何，而不是花大量时间去实现一个实际上并不需要的复杂方案。

### 17.4.4 反 馈

提交解决方案后，你会从竞赛系统获得有用的反馈。通常你会收到每个子任务的反馈，而不是每个测试用例。如果你的程序没有解决子任务中的所有测试用例，你可能会获得诸如"WA（输出不正确）"或"TLE（执行超时）"的反馈。

每道题不限制提交次数，提交错误没有惩罚，有时你可以使用反馈来确保对任务的某些假设是正确的。例如，假设你已经为任务实现了一个正确的暴力解决方案，并且你怀疑由于任务的性质，代码中的某个变量 $n$ 总是偶数，你可以将以下行添加到代码中以检查这个假设是否正确：

```
if (n % 2 != 0) while (true);
```

如果修改后的代码仍然可以正确解决子任务，则说明 $n$ 确实是偶数。然而，如果得到"执行超时"的消息，你就会知道代码已经到达了无限循环，并且存在 $n$ 不是偶数的情况，这意味着假设不正确。

### 17.4.5 心理因素

参加 IOI 可能是一生一次的经历，全球的目光都会在比赛后聚焦于你的排名。心理因素在 IOI 中起着重要作用。在家中没有压力的情况下解决问题比在 IOI 竞赛大厅中要容易得多。

有时你会看到一些参赛者在比赛一开始便迅速地敲打键盘，这并不意味着你也需要这么做，或者如果你不能立刻着手解决某个任务，就意味着你不够聪明。此外，你不知道其他人在做什么，也许他们正在写模板或编写一些完全无用的东西。

竞赛分为两天也是一个可能影响结果的额外因素。如果你在第一天的竞赛中失败了，第二天的竞赛开始时情况会很困难。然而，也会有参赛者在第二天的竞赛中失败，甚至两天都失败。如果第二天的竞赛进行顺利，你仍然可以获得一个好的排名。

如果你在竞赛中完全失败了，需要客观分析原因，为你未来的成功铺平道路。请记住，这并不是世界末日，而是新的开始。事实上，大多数人甚至不知道 IOI 是什么。

## 参考文献

[1] P S Kenderov. Three decades of international informatics competitions: how did IOI start. Olymp. Inf. 2017, 11(2): 3-10.

# 第18章 算法竞赛的未来

许多算法竞赛问题都可以用生成式 AI 来解决，并且可以预期 AI 系统在未来会变得更好。本章讨论的问题是，如果生成式 AI 学会比人类更好地解决竞赛问题，算法竞赛的未来会是什么样子？

18.1 节展示了一个使用生成式 AI 解决算法竞赛问题的例子。我们向 ChatGPT 提供题目要求，它会自动创建问题的高效解决方案。

18.2 节讨论了生成式 AI 对编程竞赛的影响。尽管生成式 AI 可能会影响算法竞赛，但我们并不认为人们会因为 AI 系统而停止解题。

## 18.1　生成式AI

生成式人工智能可以用来解决算法竞赛问题[1]。例如，我们尝试解决以下 CSES 问题：有 $n$ 根棍子，它们的长度各不相同。你的任务是修改这些棍子，使每根棍子的长度相同。你可以延长或缩短每根棍子。这两种操作的成本都是 $x$，其中 $x$ 是新长度和原始长度之间的差值。最小总成本是多少？

输入：第一行输入包含一个整数 $n$，表示棍子的数量；然后有 $n$ 个整数 $p_1$, $p_2$, $\cdots$, $p_n$，表示棍子的长度。

输出：输出一个整数（最小总成本）。

约束条件：

- $1 \leqslant n \leqslant 2 \cdot 10^5$。
- $1 \leqslant p_i \leqslant 10^9$。

样例输入：

    5 2 3 1 5 2

样例输出：

    5

当这个问题描述作为提示词提供给 ChatGPT 时，它产生了以下答案：

为了找到修改棍子以便每根棍子具有相同长度的最小总成本，一种方法是使用棍子长度数组的中位数作为目标长度，所有棍子都将被修改到这个长度。中位数是有序数字列表中的中间值，使用中位数可以最小化与列表中数字的绝对差值之和。如果有偶数根棍子，则我们可以选择两个中间数字之间的任何值作为最优长度，而不改变总成本（因为它是对称的）。以下是按步骤给出的解决方案：

（1）读取棍子数量 $n$。

（2）读取 $n$ 根棍子的长度 $p_1, p_2, \cdots, p_n$ 并将它们存储在列表或数组中。

（3）对棍子长度列表进行排序。

（4）找到中位数棍子长度。如果 $n$ 是奇数，中位数是中间的数字；如果 $n$ 是偶数，中位数可以是两个中间数字中的任何一个（甚至它们之间的任何值），但为了简单起见，我们可以只选择其中一个。

（5）通过计算中位数与所有棍子长度之间的绝对差值之和来计算总成本。

（6）输出总成本。

以下是对应于上述步骤的伪代码：

```
read n
read list of stick lengths: p[1], p[2], ..., p[n]
sort the list p
if n is odd:
median = p[(n + 1) / 2]
else:
median = p[n / 2] or p[(n / 2) + 1]
# since it does not matter which one we choose
total_cost = 0
for i from 1 to n:
total_cost += abs(p[i] - median)
print total_cost
```

上述伪代码可以翻译成像 Python 这样的编程语言：

```python
n = int(input())
stick_lengths = list(map(int, input().split()))
# 对棍子长度进行排序以找到中位数
stick_lengths.sort()
# 找到中位数
if n % 2 == 1:
median = stick_lengths[n // 2]
else:
median = stick_lengths[(n // 2) - 1]
# 计算总成本
total_cost = 0
for length in stick_lengths:
    total_cost += abs(length - median)
print(total_cost)
```

这段代码片段将计算修改棍子以便每根棍子具有相同长度的最小总成本，前提是提供了棍子数量 $n$ 及其长度，格式如上所述。注意：如果你使用的编程语言支持更简洁的函数来求和，则可以优化代码——例如，在 Python 中使用 `sum(abs(x-median) for x in sticklengths)`。然而，整体逻辑将保持不变。

这是一个非常好的答案：它描述了一个有效的问题算法，并提供了伪代码和 Python 实现。如果我们把 Python 代码发送到 CSES，代码可以正确地解决所有测试，没有任何问题。实际上，这段代码比大多数算法竞赛程序员编写的代码更容易理解，因为它有良好的变量名和注释。有个细节可以优化：没有必要根据 $n$ 的奇偶性来分别计算。相反，我们可以在两种情况下都使用值 `sticklengths[n // 2]`，因为它在 $n$ 为偶数时也能工作。

## 18.2 接下来会发生什么

在写这本书时，生成式 AI 可以解决大量标准算法竞赛问题，也能解决一些更难的问题。如果生成式 AI 变得更好并超过大多数（或所有）算法竞赛选手会发生什么？这会是算法竞赛的终结吗？

1997 年，一台象棋计算机首次击败了世界最佳棋手。如今，标准的国际象棋程序已经强大到人类完全没有胜算。然而，这并不意味着没有人再下国际象棋了。相反，根据一些估计，国际象棋现在比以往任何时候都更受欢迎。因此，即使计算机掌握了某种技能，也不会使人们停止从事这项活动。

在 IOI 和 ICPC 等重要的现场比赛中是不允许使用互联网（包括生成式 AI）的。因此，如果你想在这些比赛中取得成功，就必须能够自己解决问题。然而，在在线比赛中很难检测或防止使用生成式 AI，特别是当它被用来提供算法设计思路而不是直接生成代码时。如果生成式 AI 变得更好且很多人开始使用它，可能会影响在线比赛。

另一方面，参加编程竞赛的目的应该是学习编程和解决问题。如果你使用生成式 AI 来解决问题，就没有学习的过程。你可能在没有真实技能的情况下使用生成式 AI 在比赛中获得好成绩，但这并不提倡——特别是当其他人也可以这样做的时候。

**参考文献**

[1] Y Li et al. Competition-level code generation with AlphaCode. Science, 2022, 378(6624): 1092-1097.

# 附录 数学背景知识

## 1. 求和公式

每个形如 $\sum_{x=1}^{n} x^k = 1^k + 2^k + 3^k + \cdots + n^k$ 的求和公式（其中 $k$ 是正整数），都有一个 $k+1$ 次多项式的封闭形式公式，例如：

$$\sum_{x=1}^{n} x = 1 + 2 + 3 + \cdots + n = \frac{n(n+1)}{2}$$

和

$$\sum_{x=1}^{n} x^2 = 1^2 + 2^2 + 3^2 + \cdots + n^2 = \frac{n(n+1)(2n+1)}{6}$$

等差数列是相邻两项之差为常数的数列。例如，3, 7, 11, 15 是公差为 4 的等差数列。等差数列的和可以用以下公式计算：

$$a + \cdots + b(n \text{ 个数}) = \frac{n(a+b)}{2}$$

其中，$a$ 是第一项，$b$ 是最后一项，$n$ 是项数，例如：

$$3 + 7 + 11 + 15 = 4 \cdot \frac{3+15}{2} = 36$$

上述公式基于数列中有 $n$ 个数，每个数的平均值是 $\dfrac{(a+b)}{2}$ 这一事实。

几何数列[1]是相邻两项之比为常数的数列。例如，3, 6, 12, 24 是公比为 2 的几何数列。几何数列的和可以用以下公式计算：

$$a + ak + ak^2 + \cdots + b = \frac{bk - a}{k - 1}$$

其中，$a$ 是第一项，$b$ 是最后一项，$k$ 是相邻项的比值，例如：

$$3 + 6 + 12 + 24 = \frac{24 \cdot 2 - 3}{2 - 1} = 45$$

推导上述公式时，令

$$S = a + ak + ak^2 + \cdots + b$$

---

[1] 一般也叫做等比数列。

两边同乘以 $k$，得到

$$kS = ak+ak^2+ak^3+\cdots+bk$$

解方程

$$kS-S = bk-a$$

即可得到该公式。

几何级数求和的一个特例是公式：

$$1+2+4+8+\cdots+2^{n-1} = 2^n-1$$

调和级数是形如

$$\sum_{x=1}^{n}\frac{1}{x} = 1+\frac{1}{2}+\frac{1}{3}+\cdots+\frac{1}{n}$$

的求和。

调和级数的上界是 $\log_2(n)+1$。具体来说，我们可以将每项 $1/k$ 修改为不超过 $k$ 的最近的 2 的幂。例如，当 $n=6$ 时，我们可以这样估计和：

$$1+\frac{1}{2}+\frac{1}{3}+\frac{1}{4}+\frac{1}{5}+\frac{1}{6} \leq 1+\frac{1}{2}+\frac{1}{2}+\frac{1}{4}+\frac{1}{4}+\frac{1}{4}$$

这个上界由 $\log_2(n)+1$ 部分组成（1，2·1/2，4·1/4 等），每部分的值最多为 1。

## 2. 集　合

集合是一组元素。例如，集合 $X = \{2, 4, 7\}$ 包含元素 2、4 和 7。符号 $\Phi$ 表示空集，$|S|$ 表示集合 $S$ 的大小，即集合中元素的个数。例如，在上述集合中，$|X| = 3$。如果集合 $S$ 包含元素 $x$，我们写作 $x \in S$，否则写作 $x \notin S$。例如，在上述集合中，$4 \in X$ 且 $5 \notin X$。

可以使用集合运算构造新的集合：

- 交集 $A \cap B$ 由同时在 $A$ 和 $B$ 中的元素组成。例如，如果 $A = \{1, 2, 5\}$ 且 $B = \{2, 4\}$，则 $A \cap B = \{2\}$。

- 并集 $A \cup B$ 由在 $A$ 或 $B$ 或两者中的元素组成。例如，如果 $A = \{3, 7\}$ 且 $B = \{2, 3, 8\}$，则 $A \cup B = \{2, 3, 7, 8\}$。

- 补集 $\overline{A}$ 由不在 $A$ 中的元素组成。补集的解释取决于全集，全集包含所有可能的元素。例如，如果 $A = \{1, 2, 5, 7\}$ 且全集是 $\{1, 2, \cdots, 10\}$，则 $\overline{A} = \{3, 4, 6, 8, 9, 10\}$。

- 差集 $A \backslash B = A \cap \overline{B}$ 由在 $A$ 中但不在 $B$ 中的元素组成。注意，$B$ 可以包含不在 $A$ 中的元素。例如，如果 $A = \{2, 3, 7, 8\}$ 且 $B = \{3, 5, 8\}$，则 $A \backslash B = \{2, 7\}$。

如果 $A$ 的每个元素也属于 $S$，则我们说 $A$ 是 $S$ 的子集，记作 $A \subset S$。一个集合 $S$ 总是有 $2^{|S|}$ 个子集，包括空集。例如，集合 $\{2, 4, 7\}$ 的子集是 $\Phi$、$\{2\}$、$\{4\}$、$\{7\}$、$\{2, 4\}$、$\{2, 7\}$、$\{4, 7\}$ 和 $\{2, 4, 7\}$。

一些常用的集合是 $\mathbb{N}$（自然数）、$\mathbb{Z}$（整数）、$\mathbb{Q}$（有理数）和 $\mathbb{R}$（实数）。集合可以有两种定义方式，取决于具体情况：要么 $\mathbb{N} = \{0, 1, 2, \cdots\}$，要么 $\mathbb{N} = \{1, 2, 3, \cdots\}$。

定义集合有几种符号，例如，$A = \{2n : n \in \mathbb{Z}\}$ 包含所有偶数，而 $B = \{x \in \mathbb{R} : x > 2\}$ 包含所有大于 2 的实数。

### 3. 逻辑运算

逻辑表达式的值只能是真（1）或假（0）。最重要的逻辑运算符是 $\neg$（否定）、$\wedge$（合取）、$\vee$（析取）、$\Rightarrow$（蕴含）和 $\Leftrightarrow$（等价）。表 1 显示了这些运算符的含义。

表 1　逻辑运算符

| $A$ | $B$ | $\neg A$ | $\neg B$ | $A \wedge B$ | $A \vee B$ | $A \Rightarrow B$ | $A \Leftrightarrow B$ |
| --- | --- | --- | --- | --- | --- | --- | --- |
| 0 | 0 | 1 | 1 | 0 | 0 | 1 | 1 |
| 0 | 1 | 1 | 0 | 0 | 1 | 1 | 0 |
| 1 | 0 | 0 | 1 | 0 | 1 | 0 | 0 |
| 1 | 1 | 0 | 0 | 1 | 1 | 1 | 1 |

表达式 $\neg A$ 的值与 $A$ 相反，表达式 $A \wedge B$ 在 $A$ 和 $B$ 都为真时为真，表达式 $A \vee B$ 在 $A$ 或 $B$ 或两者都为真时为真，表达式 $A \Rightarrow B$ 在当 $A$ 为真时 $B$ 也为真时为真。表达式 $A \Leftrightarrow B$ 在 $A$ 和 $B$ 都为真或都为假时为真。

谓词是一个根据其参数取值为真或假的表达式。谓词通常用大写字母表示。例如，我们可以定义一个谓词 $P(x)$，当且仅当 $x$ 是质数时为真。使用这个定义，$P(7)$ 为真，但 $P(8)$ 为假。

量词将逻辑表达式与集合中的元素联系起来。最重要的量词是 $\forall$（任意）和 $\exists$（存在）。例如，$\forall x(\exists y(y < x))$ 表示对集合中的每个元素 $x$，都存在一个集合中的元素 $y$，使得 $y$ 小于 $x$。这在整数集合中为真，但在自然数集合中为假。

使用上述符号，我们可以表达多种逻辑命题，例如：

$$\forall x\bigl((x>1 \land \neg P(x)) \Rightarrow \bigl(\exists a(\exists b(a>1 \land b>1 \land x=ab))\bigr)\bigr)$$

表示如果一个数 $x$ 大于 1 且不是质数，那么存在大于 1 的数 $a$ 和 $b$，它们的积等于 $x$。这个命题在整数集合中为真。

### 4. 函　数

函数 $\lfloor x \rfloor$ 将数 $x$ 向下取整到最近的整数，函数 $\lceil x \rceil$ 将数 $x$ 向上取整到最近的整数。例如：

$$\lfloor 3/2 \rfloor = 1 \text{ 且 } \lceil 3/2 \rceil = 2$$

函数 $\min(x_1, x_2, \cdots, x_n)$ 和 $\max(x_1, x_2, \cdots, x_n)$ 给出值 $x_1, x_2, \cdots, x_n$ 中的最小值和最大值。例如：

$$\min(1, 2, 3) = 1 \text{ 且 } \max(1, 2, 3) = 3$$

阶乘 $n!$ 可以定义为

$$\prod_{x=1}^{n} x = 1 \cdot 2 \cdot 3 \cdot \ldots \cdot n$$

或递归定义为

$$0! = 1, \; n! = n \cdot (n-1)!$$

斐波那契数列在许多情况下都会出现，它们可以递归定义如下：

$$f(0) = 0 \; f(1) = 1 \; f(n) = f(n-1) + f(n-2)$$

前几个斐波那契数是

$$0, 1, 1, 2, 3, 5, 8, 13, 21, 34, 55, \cdots$$

计算斐波那契数还有一个闭合形式的公式，有时称为 Binet 公式：

$$f(n) = \frac{\left(1+\sqrt{5}\right)^n - \left(1-\sqrt{5}\right)^n}{2^n \sqrt{5}}$$

### 5. 对　数

数 $x$ 的对数记作 $\log_b(x)$，其中 $b$ 是对数的底数。它的定义是当且仅当 $b^a =$

$x$ 时，$\log_b(x) = a$。自然对数 $\ln(x)$ 是以 e（$\approx 2.71828$）为底的对数。

对数的一个有用性质是 $\log_b(x)$ 等于将 $x$ 除以 $b$ 直到得到 1 所需的次数。例如，$\log_2(32) = 5$，因为需要 5 次除以 2：

$$32 \to 16 \to 8 \to 4 \to 2 \to 1$$

乘积的对数是：

$$\log_b(xy) = \log_b(x) + \log_b(y)$$

因此，

$$\log_b(x^n) = n \cdot \log_b(x)$$

此外，商的对数是：

$$\log_b\left(\frac{x}{y}\right) = \log_b(x) - \log_b(y)$$

另一个有用的公式是：

$$\log_u(x) = \frac{\log_b(x)}{\log_b(u)}$$

使用该公式，如果能计算某个固定底数的对数，就可以计算任意底数的对数。

### 6. 进制系统

通常，数字以十进制写出，这意味着使用数字 0, 1, ⋯, 9。然而，还有其他进制系统，如只有两个数字 0 和 1 的二进制系统。一般来说，在 $b$ 进制系统中，用 0, 1, ⋯, $b-1$ 作为数字。

我们可以通过不断除以 $b$ 直到变成零来将一个十进制数转换为 $b$ 进制。余数的逆序即为 $b$ 进制下的数字。

例如，将数字 17 转换为三进制：

- 17/3 = 5（余数 2）。
- 5/3 = 1（余数 2）。
- 1/3 = 0（余数 1）。

因此，17 的三进制表示是 122。

要将一个 $b$ 进制数转换为十进制，只需将每个数字乘以 $b^k$，其中 $k$ 是从右边开始的以零为基数的位置，然后将结果相加。例如，我们可以将三进制数 122 转换回十进制：

$$1 \cdot 3^2 + 2 \cdot 3^1 + 2 \cdot 3^0 = 17$$

一个整数 $x$ 在 $b$ 进制下的位数可以用公式 $\lfloor \log_b(x) + 1 \rfloor$ 计算。例如，$\lfloor \log_3(17) + 1 \rfloor = 3$。